高等院校程序设计系列教材

Android

移动应用开发

王进　陆培军　主编

袁鸿燕　张晓峰　窦立云　副主编

清华大学出版社
北　京

内 容 简 介

本书参照《移动互联网综合标准化体系建设指南》的相关要求,注重 Android 应用开发与移动互联网技术的融合,探索新一代互联网技术在移动应用中的实际应用与发展。通过深入分析移动互联网架构与技术,本书不仅帮助开发者掌握基础的 Android 开发技能,还提升其在智能化应用开发方面的能力,推动智能移动应用的发展与创新。

本书是一本系统讲解 Android 应用开发的教材,涵盖从环境配置、UI 设计到后台功能实现的各方面。书中介绍了 Android 操作系统的架构和开发流程,重点讲解了 UI 设计、数据存储、线程管理、网络开发等核心技术。同时,还结合 AI 大模型应用,展示了智能化功能的实现。最后,通过综合项目的案例分析,帮助读者掌握完整的开发流程,适用于各个层次的 Android 开发者。

本书强调实用性、系统性和前瞻性,力求让读者不仅掌握 Android 应用开发的基本技能,还能够应对实际开发中的复杂问题,并具备将前沿技术,如人工智能集成到移动应用中的能力。本书通过深入浅出的讲解与实际项目案例,帮助开发者高效学习、快速应用。适合作用高等学校教材,也可供相关技术开发人员参考学习。

图书在版编目(CIP)数据

Android 移动应用开发 / 王进,陆培军主编. -- 北京:清华大学出版社,2025.6. --(高等院校程序设计系列教材). -- ISBN 978-7-302-69478-6

Ⅰ. TN929.53

中国国家版本馆 CIP 数据核字第 2025GV0612 号

责任编辑:袁勤勇　薛　阳
封面设计:常雪影
责任校对:刘惠林
责任印制:沈　露

出版发行:清华大学出版社
　　　网　　　址:https://www.tup.com.cn,https://www.wqxuetang.com
　　　地　　　址:北京清华大学学研大厦 A 座　　　邮　　编:100084
　　　社 总 机:010-83470000　　　邮　　购:010-62786544
　　　投稿与读者服务:010-62776969,c-service@tup.tsinghua.edu.cn
　　　质量反馈:010-62772015,zhiliang@tup.tsinghua.edu.cn
　　　课件下载:https://www.tup.com.cn,010-83470236
印　装　者:三河市铭诚印务有限公司
经　　　销:全国新华书店
开　　　本:185mm×260mm　　印　张:19　　　　　　字　　数:442 千字
版　　　次:2025 年 8 月第 1 版　　　　　　　　　　印　　次:2025 年 8 月第 1 次印刷
定　　　价:59.00 元

产品编号:108317-01

FOREWORD

前　言

在当今数字化时代,移动设备已成为人们日常生活和工作中不可或缺的一部分,Android 操作系统作为全球最广泛使用的移动操作平台,已经成为众多开发者和技术专家的首选平台。Android 系统不仅应用于智能手机,还广泛应用于平板电脑、电视、汽车等设备,覆盖了几乎所有移动互联网终端。因此,Android 移动应用开发成为计算机类专业,尤其是软件工程专业的重要课程。

本书是专门为计算机类专业的本科生开设的课程而编写的,涵盖了Android 系统的基本原理、开发工具、应用组件、界面设计、数据存储、网络通信及多媒体应用等核心内容,适合于高等学校计算机科学与技术、软件工程等专业的学生。本书内容紧跟 Android 技术发展的步伐,结合最新的技术和 Android Studio 工具,帮助读者掌握当前行业中的热门技能。

在本书编写过程中,作者注重理论与实践的结合,并融入了丰富的项目案例,以帮助读者理解和掌握 Android 开发的核心技术。这些案例来源于真实的开发场景,涵盖了从简单应用到复杂项目的开发过程,帮助读者从实践中学习并逐步提升自己的技术水平。

本书共分 10 章,每章都围绕 Android 开发的关键领域展开。

第 1 章介绍移动应用开发概述,从历史和发展趋势的角度出发,帮助读者了解 Android 操作系统的起源和发展,熟悉其技术架构和应用开发流程。

第 2 章介绍 Android 手机开发环境配置,详细介绍如何配置 Android Studio 及其相关工具,帮助读者为后续开发打下扎实的基础。

第 3 章介绍 UI 设计与 Activity 开发,聚焦用户界面的设计和 Activity 组件的使用,帮助读者掌握 Android 应用的界面布局和交互方式。

第 4 章介绍 Intent 与广播消息,深入剖析 Android 中的 Intent 和广播机制,帮助读者理解如何实现组件间的通信和消息传递。

第 5 章介绍 Android 服务,介绍如何使用服务来处理后台任务,使Android 应用在长时间运行或需要后台工作的场景下有高效表现。

第 6 章介绍数据存储,讲解 Android 平台上的不同数据存储方式,如SharedPreferences、文件存储、SQLite 数据库等,帮助读者选择合适的存储方案来管理应用数据。

第 7 章介绍 Android 后台线程,讨论如何处理多线程任务,提升 Android 应用的性能,尤其是在处理复杂操作和实时任务时的重要性。

第 8 章介绍 Android 网络开发,介绍 HTTP 通信协议及 OkHttp 框架,帮助开发者实现高效、稳定的网络请求及与 Web 服务器的交互。

第 9 章介绍 AI 大模型在 Android 中的应用,探索如何在 Android 应用中应用 AI 大语言模型,如通义灵码,以提升开发效率并实现智能化功能,特别是在助老项目中的实际应用。

第 10 章以"光纤拉丝"为例,通过一个实际的光纤拉丝项目案例,展示如何结合 Android 开发与工业控制系统的应用,帮助读者理解在复杂工业场景中的应用开发和实时数据处理。

本书内容设计由浅入深,从 Android 开发的基本概念和简单应用开始,逐步过渡到更为复杂的系统功能和性能优化技术。每章都紧密联系实际开发需求,保证理论与实践的结合。通过不断升级的技术实例,读者能够逐步掌握 Android 开发的各方面,从基础的界面设计到高级功能的实现,再到复杂的项目开发。

此外,本书强调了思政内容的融入,通过企业案例的分享,激发学生的国家意识和社会责任感,强化他们的职业道德观和价值观。通过介绍企业中的创新技术应用和社会责任,鼓励学生将所学技术应用到实际的社会发展和国家建设中。书中还给出了一个助老 App 的开发案例,鼓励开发者用技术造福社会,帮助老年人。

本书适合 Android 开发初学者,也适合具有一定基础的开发者,帮助他们在掌握基础知识的同时,具备解决实际问题的能力。通过这本书的学习,读者将能够全面掌握 Android 开发的核心技能。

本书由王进、陆培军担任主编,由袁鸿燕、张晓峰、窦立云担任副主编,付弘阳、陈顾艳、杨子龙、金煦然负责资料整理等工作,陈翔、张金宝、陈亮、丁飞参与审阅和校对工作。在编写过程中,编写团队虽然力求严谨,但难免有疏漏和不当之处,衷心希望广大读者提出宝贵的意见和建议。

本书受到江苏省高等教育学会 2024 年高等教育数字化转型与教育现代化实践研究专项课题"基于 AI 技术的移动应用开发课程的教学改革研究(2024CXJG152)"支持。

作　　者

2025 年 1 月

于南通大学

目录

第 1 章
移动应用开发概述

　　智能手机的出现不仅改变了传统手机的功能限制,更带来了多任务处理、应用扩展和高速互联网支持的可能性。当前主流的操作系统(如 Android、iOS、Harmony OS 等)各具特点,推动了移动互联网的发展,同时也形成了独特的应用生态系统。

　　本章将通过介绍智能手机操作系统的演变历史和技术特点,帮助读者理解智能手机与非智能手机的主要区别、各操作系统的核心优势及其对应用生态的影响。重点讲解 Android 操作系统的产生与发展、技术架构和程序组成,展示其在开发中的独特优势。此外,本章还将结合移动应用开发的相关法律法规,帮助读者认识隐私保护和合规开发的重要性。

本章学习目标:

1. 知识理解

- 理解智能手机与非智能手机的主要区别,掌握智能手机操作系统的特点及其对应用生态的影响。
- 了解 Symbian、Windows Phone、BlackBerry OS、iOS、Android OS、Harmony OS 等主要操作系统的发展历程及特点。
- 掌握 Android 操作系统的产生背景、发展历程和市场优势,理解其开放性、多任务处理能力、应用生态和设备支持的核心特点。
- 理解 Android 系统架构中各层(Linux 内核层、核心类库层、硬件抽象层、Android Runtime 层、应用程序架构层和应用层)的功能与设计理念。
- 理解 Android 程序的基本组成,包括活动(Activity)、服务(Service)、广播接收器(BroadcastReceiver)和内容提供者(ContentProvider)的作用与应用场景。

2. 技能应用能力

- 能够描述并对比不同智能手机操作系统的特点与应用场景。
- 能够分析 Android 系统架构中各层的功能及其在应用开发中的具体作用。

3. 分析与解决问题能力

- 能够分析和总结不同智能手机操作系统的优缺点及其在市场上的竞争表现,结合实际场景选择合适的开发平台。
- 能够根据我国相关法律法规对个人信息的保护要求,设计并实施符合合规要求的开发解决方案。

1.1　移动应用操作系统简介

早期的手机,所有软件均由生产商在设计阶段预先定制,功能扩展性极为有限,因此通常被称为非智能手机。与之相比,智能手机的最大区别在于其支持操作系统、应用下载和多任务处理,用户可以根据需求安装各种应用,极大地丰富了手机的功能和使用场景。智能手机拥有强大的硬件配置,支持高速互联网连接、触摸屏和复杂应用,而非智能手机通常仅限于基本通信功能,如打电话和发短信,无法进行功能扩展。

随着技术进步和用户需求变化,智能手机的兴起彻底改变了传统手机的格局。它不仅是一种设备升级,更是信息技术和通信技术的革命。通过搭载开放操作系统,智能手机支持应用程序的安装和功能扩展,用户可以随时下载各种应用,享受更灵活的使用体验。此外,触摸屏技术的普及使操作体验更加流畅,推动了手机从传统通信工具向多功能智能终端的转变。

智能手机的普及加速了移动互联网的发展,改变了人们的信息获取和互动方式,提升了社会的互动性。同时,智能手机催生了繁荣的应用生态,推动了数字经济和智能化社会的形成。移动支付、电商等新兴商业模式通过智能手机广泛应用,推动了经济和社会结构的变革。

智能手机制造商选用的半导体芯片存在差异,因此不同的手机可能会搭载和运行不同的操作系统。智能手机的主要操作系统如表 1.1 所示。

表 1.1　智能手机的主要操作系统

手机操作系统	适用手机类型	系统开发厂商
Symbian	诺基亚 N73、5230、N97 系列	Symbian 公司
BlackBerry OS	黑莓 Bold 系列、Torch 系列	BlackBerry 公司
Windows Phone	诺基亚 Lumia 系列、三星 ATIV S 系列	Microsoft 公司
Android OS	三星 Galaxy S 系列、小米数字系列	Google 公司
iOS	iPhone 系列	Apple 公司
Harmony OS	华为 Mate 系列、P 系列、Nova 系列	Huawei 公司

1.1.1　Symbian

1998 年,Symbian 公司推出了 Symbian 操作系统,并迅速成为早期智能手机的主流操作系统,尤其是在诺基亚手机中。1998 年到 2007 年,凭借多任务处理、丰富的硬件支持以及无线功能,Symbian 占据了智能手机市场的主导地位,特别是在商务用户中获得了广泛的认可。然而,Symbian 的开发语言——Symbian C++,相比 Android 的 Java 和 iOS 的 Swift、Objective-C 更加复杂,导致开发者社区相对较小,限制了应用生态的丰富性和创新。此外,Symbian 的界面在长时间内未进行显著改进,未能跟上触摸屏时代的潮流,缺乏新鲜感,逐渐导致用户的兴趣下降。2010 年后,iPhone 和 Android 的崛起带来了更现代化的用户体验和更加丰富的应用生态,这使得 Symbian 的市场份额急剧下降。2012 年,诺基亚宣布停止开发 Symbian 系统,全面转向 Windows Phone,标志着 Symbian 几乎完全退出智能手机市场,而此时 Android 和 iOS 已占据了市场的大部分份额。Symbian 手机如图 1.1 所示。

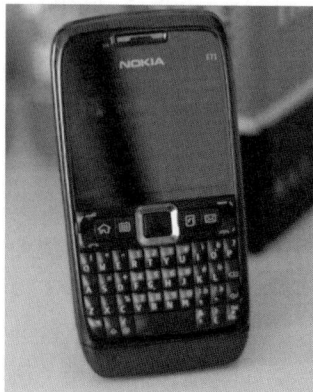

图 1.1　Symbian 手机

1.1.2　Windows Phone

2010 年,Microsoft 推出了 Windows Phone 系统,尽管发布时 Apple 和 Google 已经在智能手机市场占据了主导地位,但 Windows Phone 凭借独特的"活砖"界面和硬件与软件的紧密整合,吸引了一部分用户,尤其是在企业市场中得到了青睐。该系统提供了流畅的用户体验和高度优化的性能,给那些寻求稳定、安全且高效的智能手机的用户带来了新的选择。然而,在激烈的竞争中,Windows Phone 逐渐衰退。首先,Microsoft 进入市场时,已经被 Apple 和 Google 主导,面临巨大的竞争压力和市场挑战。其次,Windows Phone 的应用商店中的应用数量远远落后于 iOS 和 Android,用户在应用选择上的受限影响了整体体验。再者,Microsoft 未能有效吸引足够的开发者支持其平台,也未能及时跟上移动市场的快速变化。到了 2014 年,Windows Phone 的市场份额开始急剧下降,最终在 2017 年,Microsoft 宣布停止对 Windows Phone 的开发,彻底退出了智能手机市场。使用 Windows Phone 系统的手机如图 1.2 所示。

图 1.2　Windows 手机

1.1.3　BlackBerry OS

1999 年,加拿大的 Research In Motion(RIM)公司推出了 BlackBerry OS,这是一款专为无线手持邮件解决终端设备设计的操作系统。特别是 2005—2010 年期间,BlackBerry 手机凭借其强大的邮件服务和高效的通信功能,成为企业和商务人士的首选,其硬件设计与操作系统紧密结合,提供了极为流畅的用户体验。凭借其在移动邮件和通信领域无可匹敌的优势,成功占据了商务市场的大部分份额。然而,BlackBerry OS 的衰退源于多个因素:操作系统更新缓慢,存在 bug 和兼容性问题;硬件设计保守,未能满足用户对创新和性能的需求;对开发者支持不足,导致应用生态萎缩。随着 iPhone 和 Android 的崛起,BlackBerry 逐渐失去市场份额,最终在 2013 年宣布退出智能手机硬件市场,标志着其衰退。BlackBerry 手机如图 1.3 所示。

图 1.3   BlackBerry 手机

1.1.4   iOS 操作系统

2007 年,Apple 公司推出了自主研发的操作系统 iOS,标志着智能手机时代的新纪元。iOS 的最大特点是封闭性,Apple 公司严格控制系统和应用的审核,确保平台的安全性、稳定性和优质的用户体验。iOS 还采用 Swift 编程语言进行应用开发,Swift 以简洁、高效和安全的特性获得了开发者的广泛青睐。与此同时,Apple 公司通过深度优化硬件和软件,确保 iOS 设备在性能、流畅性和稳定性方面始终表现出色。

自推出以来,iOS 迅速成为全球最受欢迎的移动操作系统之一。根据 2024 年的数据,iOS 在全球智能手机市场的份额约为 27%,紧随 Android(占约 70%)之后。尽管 Android 占据了市场的主导地位,iOS 凭借其卓越的用户体验和严格的应用审核机制,在高端市场中依然占据主导地位。iOS 不仅在智能手机领域取得了成功,还推动了数字支付、智能家居等新兴领域的发展,成为多个行业创新的核心驱动力。此外,iOS 的高质量应用生态吸引了大量开发者,进一步推动了智能手机行业的繁荣与发展。

1.1.5   Android OS

2008 年,Android 操作系统首次发布,基于开源的 Linux 内核开发。作为一个开放源代码的系统,Android 允许开发者自由访问和修改源代码,不同厂商可以根据自身需求对系统进行深度定制,打造各具特色的用户界面和功能。Android 系统支持多种硬件平台和设备,从低端到高端的智能手机、平板电脑、智能手表等设备均有覆盖。

Android 应用开发主要使用 Java 语言,通过 Android SDK 和 NDK 提供的 API 进行开发。近年来,Kotlin 作为官方开发语言之一逐渐得到广泛应用,越来越多的开发者选择 Kotlin 进行 Android 应用开发。此外,对于需要高性能或底层交互的应用,开发者可以使用 C/C++,并通过 JNI(Java Native Interface)与 Java 层进行交互。

自推出以来,Android 迅速成为全球智能手机市场的主导操作系统。截至 2024 年,Android 在全球智能手机市场的份额约为 70%,远超其他操作系统。由于其开放性、广泛的

硬件支持以及庞大的应用生态系统,Android
在全球范围内的普及率极高,尤其在低端和中
端市场占据主导地位。其灵活性和定制性吸
引了众多厂商,推动了智能手机行业的快速发
展。Android 图标如图 1.4 所示。

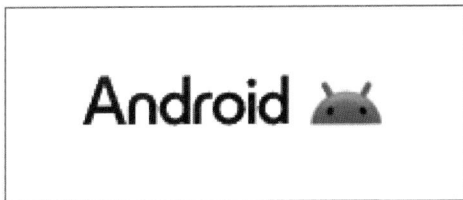

图 1.4　Android 图标

1.1.6　Harmony OS

2019 年,华为公司发布了 Harmony OS(鸿蒙操作系统)。该系统采用分布式架构设计,支持多设备之间的协同工作和资源共享,实现跨设备的无缝体验。Harmony OS 采用微内核设计,增强了系统的安全性和稳定性,减少了潜在的漏洞和攻击面。

在应用开发方面,Harmony OS 支持使用 Java 语言进行开发,同时也支持底层开发和系统级编程,常用的语言包括 C/C++等。此外,Harmony OS 引入了 ArkTS(ArkUI),一个声明式 UI 开发框架,支持开发者使用 JavaScript 等语言进行应用开发,简化了跨设备应用的开发和部署。

华为公司独立研发 Harmony OS,体现了中国科技企业自主创新和国家战略的结合。面对全球科技竞争和美国的技术封锁,华为公司加快了自主研发进程,减少对外部技术的依赖。我国政府推动的自主可控战略和华为作为科技领军企业的责任,促使华为公司开发出符合自身需求的操作系统。Harmony OS 不仅增强了华为产品的独立性,还为我国在全球科技竞争中争取了更大话语权。

因此,随着 Symbian 系统、Windows Phone、BlackBerry OS 等操作系统在市场上逐渐失去了竞争力,目前 Android OS、iOS、Harmony OS 占据主要市场份额。

1.2　Android 产生与发展

Android 是一种基于 Linux 内核的开放源代码操作系统,主要用于移动设备如智能手机和平板电脑。2005 年,Google 公司收购了 Android Inc. 公司,并将 Android 操作系统开源。为了发展和推广 Android 操作系统。Google 公司整合众多移动设备制造商、半导体公司、软件公司和商业公司,建立了 Open Handset Alliance(OHA)联盟,促进移动设备行业的开放性和创新,OHA 联盟成员如图 1.5 所示。目前,Android 系统已成为全球最受欢迎的移动操作系统之一。

图 1.5　OHA 联盟成员

Android 的发展是一个持续演进、不断创新的过程,自其诞生以来,就以其开放性和灵活性迅速在全球移动操作系统市场占据主导地位。Android 发展历程如图 1.6 所示。

Android 各版本发布时间线

Android 1.0	2008年9月23日
Android 1.1	2009年2月9日
Android 1.5 Cupcake	2009年4月27日
Android 1.6 Donut	2009年9月15日
Android 2.0 Eclair	2009年10月26日
Android 2.2 FroYo	2010年5月20日
Android 2.3 Gingerbread	2010年12月6日
Android 3.0 Honeycomb	2011年2月22日
Android 4.0 Ice Cream Sandwich	2011年10月18日
Android 4.1 Jelly Bean	2012年7月9日
Android 4.4 KitKat	2013年10月31日
Android 5.0 Lollipop	2014年11月3日
Android 6.0 Marshmallow	2015年10月5日
Android 7.0 Nougat	2016年8月22日
Android 8.0 Oreo	2017年8月21日
Android 9.0 Pie	2018年8月6日
Android 10	2019年9月3日
Android 11	2020年9月8日
Android 12	2021年10月4日
Android 13	2022年8月15日
Android 14	2023年8月17日

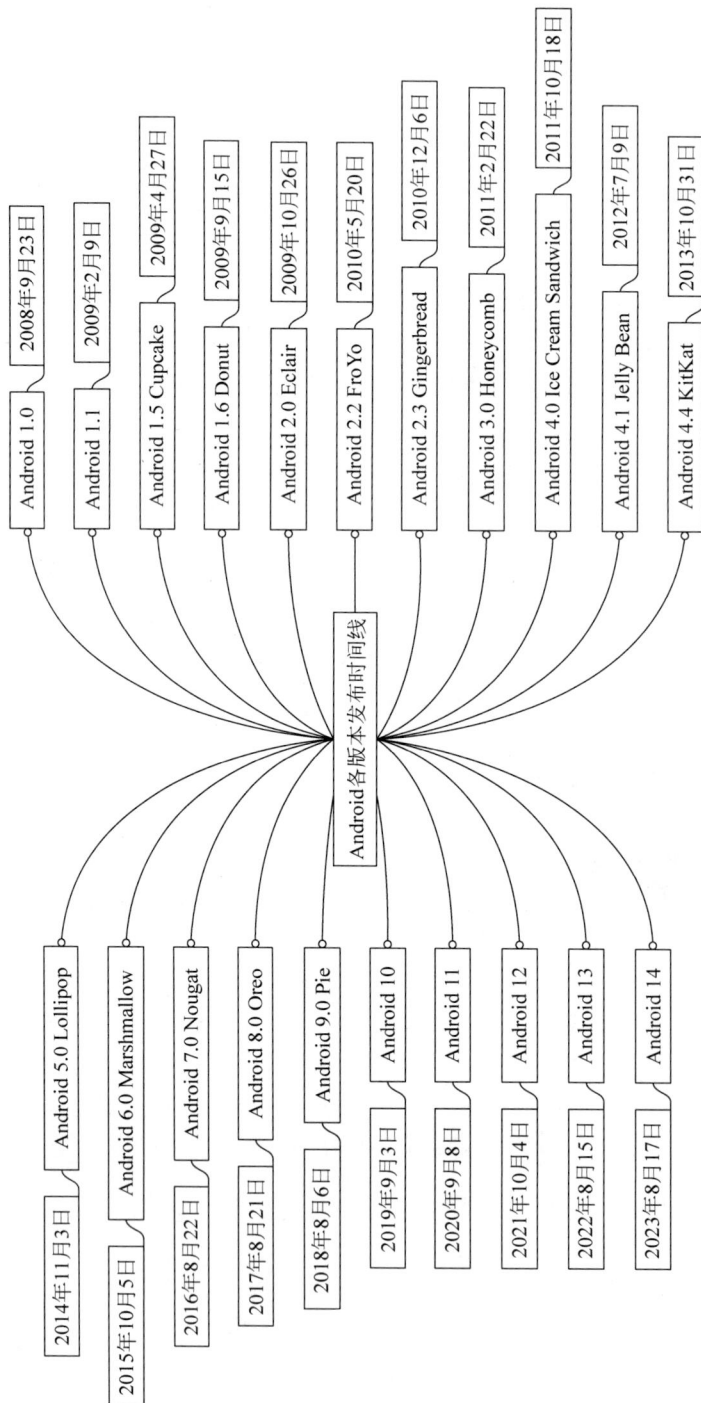

图 1.6 Android 发展历程

Android 每一个版本都新增了功能,不同的版本都对应一个 API 版本,每个版本的 API 级别与系统的特点如表 1.2 所示。

表 1.2　Android 各版本简介

系 统 版 本	支持 API 级别	特　　　点
Android 1.0	API 1	支持基本的智能手机功能
Android 1.1	API 2	引入了更多的 API 示例
Android 1.5	API 3	引入虚拟键盘、视频录制等功能
Android 1.6	API 4	增加快捷搜索框、支持 CDMA 网络
Android 2.0/2.1	API 5~7	HTML5 支持和扩展的通知栏等功能
Android 2.2	API 8	引入移动热点功能
Android 2.3	API 9/10	支持前置摄像头和 NFC
Android 3.0	API 11~13	支持平板设备
Android 4.0	API 14/15	引入截图和图片编辑功能
Android 4.1~4.3	API 16~18	增强无障碍操作和语音搜索能力
Android 4.4	API 19/20	支持了沉浸式全屏模式
Android 5.0/5.1	API 21/22	支持一些可穿戴设备
Android 6.0	API 23	改进指纹识别支持、应用链接功能
Android 7.0/7.1	API 24/25	提升大屏设备和 VR 体验
Android 8.0/8.1	API 26/27	增加对蓝牙 5.0、Wi-Fi Aware 的支持
Android 9.0	API 28	全新的手势导航、智能文本等功能
Android 10	API 29	引入全局黑暗模式、智能回复、泡泡
Android 11	API 30	改进瀑布屏、折叠屏和双屏设备的支持
Android 12	API 31	改进通知系统、大屏设备的优化
Android 13	API 33	允许用户对特定的 App 进行语言设置
Android 14	API 34	改进 Google 的生成式 AI,提高智能化水平

Android 操作系统具有以下特点。

(1) 开放源代码。Android 是一个开放源代码的操作系统,任何人都可以访问其源代码并根据需要进行修改和定制。

(2) 多任务处理。Android 支持多任务处理,用户可以同时运行多个应用程序并在应用程序之间进行切换。

(3) 应用丰富。Android 拥有丰富的应用程序生态系统,用户可以从 Google Play 商店下载各种类型的应用程序,包括社交媒体、游戏、办公工具等。

(4) 定制性强。Android 操作系统可以根据用户的需求进行定制,用户可以自定义主题、图标、小部件等。

(5) 多种设备支持。Android 操作系统适用于多种设备类型,包括智能手机、平板电脑、智能手表等。

总的来说,Android 操作系统具有开放性、多功能性和定制性强的特点,为用户提供了丰富的功能和灵活的操作体验。

1.3　Android 系统架构

Android 系统的设计采用了软件叠层结构,使得层与层之间相互分离,明确各层的分工,保证了层与层之间的低耦合。这种设计使得下层的变化不会影响到上层,从而保证了系

统的稳定性和可扩展性。从架构图看,Android 主要分为 6 层,从低层到高层分别是 Linux
内核层、核心类库、硬件抽象层(Hardware Abstraction Layer,HAL)、Android Runtime、应
用程序框架层、Android 应用层。Android 技术架构如图 1.7 所示。

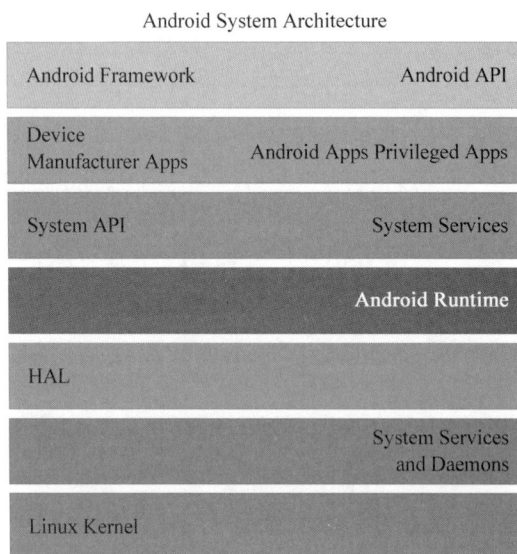

Android System Architecture

Android Framework	Android API
Device Manufacturer Apps	Android Apps Privileged Apps
System API	System Services
	Android Runtime
HAL	
	System Services and Daemons
Linux Kernel	

图 1.7　Android 技术架构

1.3.1　Linux 内核层

Linux 内核层是 Android 系统的核心基础,提供核心系统服务,如安全性、内存管理、进
程管理、网络堆栈和驱动模型。Linux 内核作为硬件和软件栈之间的抽象层,隐藏了硬件的
具体实现细节,为上层软件提供统一的服务,如显示驱动、音频驱动、蓝牙驱动。

其特点如下。

(1)安全性。通过进程沙箱隔离机制,确保每个应用程序都在独立的 Linux 进程空间
中运行,防止数据泄露和恶意攻击。

(2)内存管理。基于 Linux 的低内存管理机制,实现了独特的 LMK,将进程重要性分
级、分组,当内存不足时自动清理。

(3)进程管理。支持多任务处理,确保系统资源的有效利用和应用程序的顺畅运行。

1.3.2　核心类库层

系统库通过 C/C++库的集合,如 OpenGL ES、OpenSL ES、SQLite、Media Framework
等,为 Android 应用提供底层服务。

Android 运行时包括一个核心库的集合,提供了 Java 编程语言的核心库中的绝大多数
功能。在 Android 5.0 及更高版本中,使用 ART(Android RunTime)来预先编译应用程序
代码为机器代码,提高运行效率。之前的版本使用 Dalvik 虚拟机,以字节码形式运行应用
程序。

其特点如下。

（1）C/C++库包括系统 C 库（libc）、媒体库、Surface Manager、LibWebCore、3D 库、FreeType 和 SQLite 等。

（2）Android 运行时，ART（Android RunTime）在 Android 5.0 及以上版本中使用，支持预先（AOT）和即时（JIT）编译，提高应用程序的运行效率。

（3）Dalvik 虚拟机（在 Android 5.0 之前使用）为 Android 应用程序提供一个高效的运行环境，但执行效率较低。

1.3.3　硬件抽象层

Android 的 HAL 层建立在 Linux 内核之上，进一步细化了硬件抽象的概念。它为上层应用提供了统一的硬件操作接口，屏蔽了底层硬件的具体实现细节。

其特点如下。

（1）HAL 层使 Android 系统轻松适配不同的硬件设备。随着新硬件的出现，HAL 层可以通过扩展支持新设备，保持系统的兼容性和扩展性。

（2）HAL 层将硬件与操作系统功能分离，避免操作系统依赖特定硬件的实现。不同硬件设备可以通过标准化的 HAL 接口接入，而不影响系统本身。

（3）HAL 层的设计使得设备驱动和硬件特性可以根据实际硬件配置进行优化，从而提高设备的性能和响应速度。

1.3.4　Android Runtime 层

Android Runtime 是 Android 应用和部分系统服务使用的托管式运行时。它提供了执行应用程序代码的环境，并影响着应用程序的性能和响应性能。

其特点如下。

（1）ART 使用 Ahead-of-Time（AOT）编译技术，将应用程序的字节码预先编译成本地机器代码，从而减少了应用程序在运行时的即时编译开销，提高了应用程序的启动速度和执行效率，尤其在首次启动时表现尤为突出。

（2）ART 改进了垃圾回收（Garbage Collection，GC）机制，减少了内存泄漏和碎片化问题，提高了内存的使用效率，减少了不必要的内存回收延迟，从而提高了系统的稳定性和应用程序的响应速度。

（3）ART 提供更丰富的调试功能，如跟踪应用执行的性能瓶颈，并提供相关优化建议，帮助开发者进行高效的性能调优。

1.3.5　应用程序架构层

应用程序架构层提供了一系列 API，包括 Activity 管理、内容提供者、广播接收器、服务、意图、视图系统等，供应用开发者构建应用。这一层简化了组件的重用，使得任何应用程序都可以发布其功能块，且任何其他应用程序可以使用这些功能块。

应用程序架构层主要包括如下部分。

（1）视图（Views）：用于构建应用程序的用户界面，包括列表、网格、文本框、按钮等。

（2）内容提供器（Content Providers）：允许应用程序访问其他应用程序的数据或共享自己的数据。

（3）资源管理器（Resource Manager）：提供对非代码资源的访问，如本地字符串、图形和布局文件。

（4）通知管理器（Notification Manager）：允许应用程序在状态栏中显示自定义的提示信息。

（5）活动管理器（Activity Manager）：管理应用程序的生命周期并提供导航回退功能。

1.3.6　Android 应用层

Android 应用层提供了一组核心应用程序，包括所有安装在 Android 设备上的应用程序，如电子邮件客户端、短信程序、日历、地图、浏览器和联系人管理程序等。这些应用程序通常使用 Java 或 Kotlin 语言编写，并可以通过 Android SDK 进行开发。Android 应用程序具有良好的互操作性，允许不同应用之间共享数据和功能，提供了灵活的跨应用协作机制。例如，用户可以直接在短信应用中点击电话号码来启动拨号应用，或者在地图应用中共享位置数据给社交媒体应用。

1.4　Android 程序的基本组成

Android 程序由开发 4 大组件组成：活动（Activity）、服务（Service）、广播接收器（BroadcastReceiver）、内容提供者（ContentProvider）。

1. 活动

在 Android 开发中，Activity 是每个应用的核心组件之一，几乎所有的应用流程都在 Activity 中进行。它是开发者在 Android 平台上最常接触到的模块，也是构建应用的基础。在 Android 应用中，Activity 通常代表手机屏幕上的一个界面或视图。可以把手机比作一个浏览器，在这个比喻中，Activity 就像浏览器中的一个网页。在 Activity 中，开发者可以添加各种用户界面组件，如按钮（Button）、复选框（CheckBox）等，来实现应用的交互功能。因此，Activity 的概念和网页的概念具有相似之处，都是展示内容和交互的基本单元。

2. 服务

后台运行服务，不提供界面呈现。在 Android 中，Service 与 Activity 的级别差不多，但是不能自己运行，只能后台运行，并且可以和其他组件进行交互。因此，Service 是没有界面的长生命周期的代码。

ActivityManagerService 管理 Android 应用程序中所有活动的生命周期，包括创建、暂停、恢复和销毁等，负责处理 Intent 的解析和分发，管理应用程序的进程和线程。

WindowManagerService 负责管理窗口的创建、显示、布局和销毁等，处理输入事件的分发，如触摸、按键等，协调应用程序和系统 UI 的显示。

PackageManagerService 负责应用程序包的安装、卸载和更新等，管理应用程序的权限和组件声明，提供应用程序信息查询服务。

AlarmManagerService 提供闹钟和定时器功能，允许应用程序设置和取消定时任务。

BluetoothService 负责蓝牙设备的发现、配对、连接和通信等。

ConnectivityService 管理网络连接状态，包括移动网络、Wi-Fi、蓝牙等，提供网络状态变化通知。

3. 广播接收器

在 Android 中，Broadcast 是一种广泛运用的在应用程序之间传输信息的机制。BroadcastReceiver 是对发送出来的 Broadcast 进行过滤接收并响应的一类组件。BroadcastReceiver 和事件处理机制类似，不同的是，广播处理机制是系统级别的，而事件处理机制是应用程序组件级别的。

BOOT_COMPLETED 是当设备启动完成后发送的广播消息。应用程序可以在接收到这个广播消息后执行一些初始化操作，如启动服务等。

BATTERY_CHANGED 是当设备的电池状态发生改变时发送的广播消息，包括电量变化、充电状态等。这个广播消息是黏性的，意味着即使接收者注册时广播消息已经发出，接收者也能接收到最新的电池状态信息。

BATTERY_LOW 是当电池电量低时发送的广播消息，提示用户电量不足。

CONNECTIVITY_CHANGE 是当设备的网络连接状态发生改变时发送的广播消息，包括 Wi-Fi、移动网络等连接状态的改变。

TIME_TICK 每分钟发送一次，用于处理与时间相关的更新，如更新时钟显示。

MEDIA_BUTTON 是当用户按下媒体按钮（如耳机上的播放/暂停按钮）时发送的广播消息。

ACTION_AIRPLANE_MODE_CHANGED 是当飞行模式打开或关闭时发送的广播消息。

4. 内容提供者

ContentProvider 是 Android 提供的第三方应用数据的访问方案。在 Android 中，对数据的保护是很严密的，除了放在 SD 卡中的数据，一个应用所持有的数据库、文件等内容，都是不允许其他应用直接访问的。ContentProvider 为不同应用之间的数据共享提供了统一的标准和接口，这使得数据可以在多个应用之间安全、高效地传递和访问。ContentProvider 封装了数据的具体存储细节，对外提供了一套简单的访问接口。开发者无需关心数据是如何存储的，只需通过 URI 和操作码（如 CRUD 操作）来与 ContentProvider 交互，即可实现数据的访问和操作。

1.5　Android 开发的法律法规

1.《中华人民共和国网络安全法》

如图 1.8 所示，《中华人民共和国网络安全法》规定："网络产品、服务具有收集用户信息功能的，其提供者应当向用户明示并取得同意；涉及用户个人信息的，还应当遵守本法和有关法律、行政法规关于个人信息保护的规定。"

开发者应当严格遵守确保在收集用户个人信息时，向用户明示收集目的、方式和范围，并取得用户的明确同意。特别是，对于涉及敏感个人信息的应用，开发者应当采取严格的安全措施，如加密存储和传输、身份验证等，防止信息泄露、篡改或未经授权的访问。同时，开发者还应遵守数据最小化原则，确保只收集为提供服务所必需的个人信息，并保障用户随时查询、更正或删除其个人信息的权利，避免对用户隐私造成不当损害。

2.《移动互联网应用程序信息服务管理规定》

如图 1.9 所示，2022 年，国家互联网信息办公室发布了《移动互联网应用程序信息服务

图 1.8   《中华人民共和国网络安全法》

管理规定》,要求:"应用程序提供者和应用程序分发平台应当遵守宪法、法律和行政法规,弘扬社会主义核心价值观,坚持正确政治方向、舆论导向和价值取向,遵循公序良俗,履行社会责任,维护清朗网络空间。"

图 1.9   《移动互联网应用程序信息服务管理规定》

开发者应当确保其应用程序遵循法律法规,建立健全内容管理机制,避免发布、传播违法和有害信息。开发者还需建立有效的投诉和反馈机制,及时处理用户的举报和投诉,防止其平台成为非法信息的载体。尤其要加强对用户发布内容的监控和审核,防止虚假信息、淫秽色情、暴力等违法内容的传播。

3.《App 违法违规收集使用个人信息行为认定方法》

如图 1.10 所示,国信办秘字〔2019〕191 号文件《App 违法违规收集使用个人信息行为认定方法》规定:"应用首次运行时,应通过弹窗或其他显著方式提示用户阅读隐私政策及相关信息收集使用规则。隐私政策及相关规则必须便于访问,用户能够在应用主界面或其他明显位置轻松找到,并且不应超过四次点击操作即可访问。"

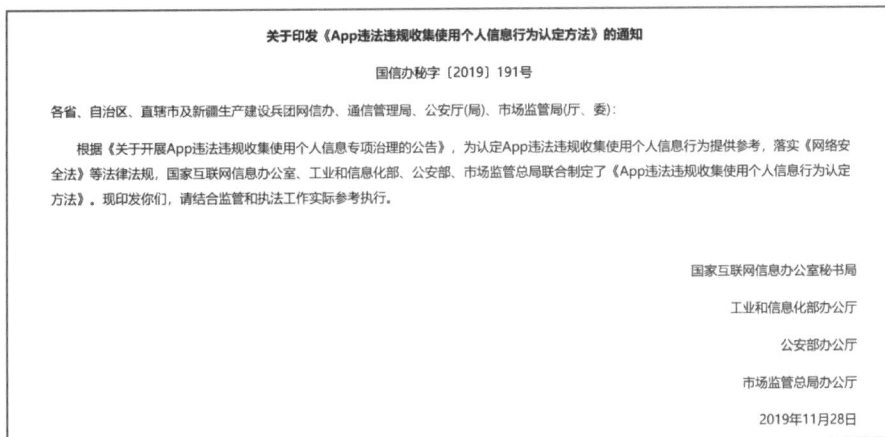

图 1.10　《App 违法违规收集使用个人信息行为认定方法》

开发者应当严格遵守个人信息保护的相关规定,在应用中提供明确的隐私政策,列出收集和使用个人信息的规则。首次运行时,开发者应通过弹窗或其他显著方式提示用户阅读隐私政策,并确保隐私政策易于访问,用户可在不超过四次点击的操作下找到。同时,隐私政策的内容应清晰可读,避免文字过小、过密、颜色过淡或模糊不清,并确保提供简体中文版,保障用户能够清晰理解其内容。

4.《常见类型移动互联网应用程序必要个人信息范围规定》

如图 1.11 所示,国信办秘字〔2021〕14 号文件《常见类型移动互联网应用程序必要个人信息范围规定》规定:"根据应用类型,例如,地图导航类收集位置信息和出发地、到达地;网络约车类收集电话号码、位置信息、行踪轨迹及支付信息;即时通信类收集电话号码和账号信息;网络社区类收集电话号码;网络支付类收集支付信息。必须确保信息收集合法、必要,并保障用户隐私安全。"

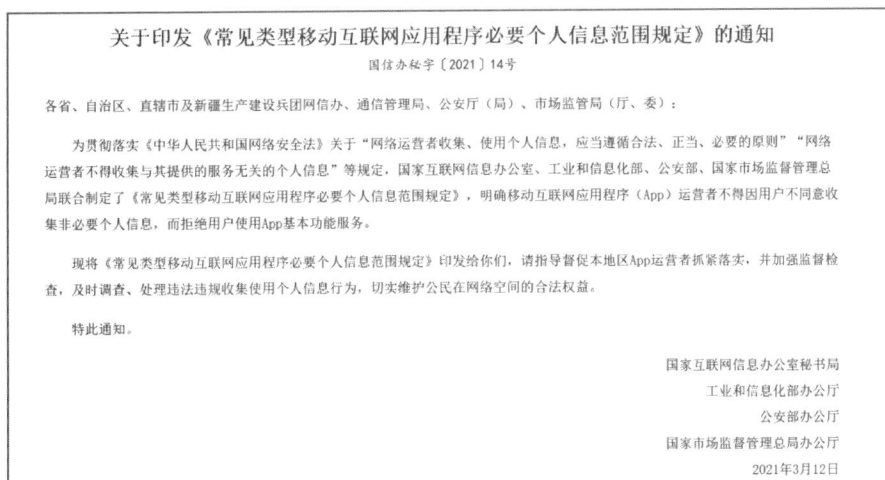

图 1.11　《常见类型移动互联网应用程序必要个人信息范围规定》

　　开发者应当严格按照最小化原则收集用户信息,仅收集其提供服务所必需的最少信息,避免收集不相关的个人数据。此外,应当在应用中明确告知用户哪些信息是必须提供的,哪些是可选的,确保用户自主选择是否提供额外信息。开发者应避免过度收集、滥用用户数据,避免侵犯用户隐私。

习题

一、单项选择题

1. Android 操作系统平台是基于以下哪个操作系统内核开发的?（　　）

    A. UNIX　　　　　B. Windows　　　　C. Linux　　　　　D. Chrome OS

2. Android 应用开发主要使用哪种编程语言?（　　）

    A. Java　　　　　B. Objective-c　　　C. C♯　　　　　D. Javascript

3. 以下哪一项不属于 Android 操作系统的核心组件之一?（　　）

    A. Service　　　　　　　　　　B. Content Provider

    C. Intent　　　　　　　　　　　D. Activity

4. 以下哪个选项属于 Android 平台架构中的应用程序组件?（　　）

    A. WebKit　　　　B. SQLite　　　　　C. Intent　　　　　D. 浏览器

5. 以下哪个选项属于 Android 系统架构中的应用框架层?（　　）

    A. 活动管理器　　B. 短信程序　　　　C. 联系人程序　　D. 音频驱动

6. 在 Android 架构中,短信管理、联系人管理和浏览器属于哪个层次?（　　）

    A. 应用程序层　　B. 应用程序框架层　C. 核心类库层　　D. Linux 内核层

7. 以下哪一项不属于 Android 体系结构中的应用程序层?（　　）

    A. 电话簿　　　　B. 日历　　　　　　C. SQLite　　　　D. SMS 程序

8. 关于 Android 平台的优势,下列哪项表述是不准确的?（　　）

    A. 不受任何限制的开发商　　　　B. 开放性,开源,免费,可定制

    C. 丰富的硬件选择　　　　　　　D. 过分依赖开发商,缺乏标准配置

9. 常用的 Android 应用开发的集成开发环境(IDE)是(　　)。

    A. Visual Studio　　B. Android Studio　C. Dreamweaver　D. PyCharm

10. 在 Android 应用开发中,根据《中华人民共和国网络安全法》的要求,开发者在收集用户个人信息时,应该(　　)。

    A. 自动收集所有可用的个人信息

    B. 仅在应用功能需要时收集用户个人信息,并告知用户收集目的

    C. 不需要向用户说明收集目的和方式

    D. 无须获得用户同意即可收集个人信息

11. 在 Android 应用开发中,开发者需要如何处理用户的隐私政策?（　　）

    A. 隐私政策只需在应用启动后通过弹窗提示一次

    B. 隐私政策必须在首次使用应用时通过弹窗或其他显著方式提示用户,并且内容必须清晰可读

    C. 隐私政策可以随意更改,不需要通知用户

D. 隐私政策不需要展示,只要在后台收集数据就可以

二、判断题

1. Android Studio 集成了 Android 开发所需的工具。(　　)

2. 短信管理应用属于 Android 系统架构中的应用框架层。(　　)

3. Android 系统的 Linux 内核层主要为应用开发提供各种 API。(　　)

4. Java 是 Android 应用开发的主要编程语言。(　　)

5. Android 操作系统的第一个版本 Android 1.0 于 2008 年 9 月发布。(　　)

6. Linux 内核层为 Android 设备提供各种硬件驱动,如显示、音频等驱动。(　　)

7. Android 操作系统并非开源。(　　)

8. 根据《移动互联网应用程序信息服务管理规定》,Android 应用开发者应遵循法律法规,维护清朗网络空间,防止违法信息的传播,并及时处理用户的举报和投诉。(　　)

9. 根据《常见类型移动互联网应用程序必要个人信息范围规定》,Android 应用开发者在收集用户信息时应遵循最小化原则,仅收集为提供服务所必需的最少个人信息。(　　)

三、填空题

1. Android 是 Google 公司基于＿＿＿＿平台开发的智能手机和平板电脑的操作系统。

2. Android 系统采用分层架构,由高到低依次为＿＿＿＿、应用程序框架层、Android Runtime、硬件抽象层(HAL)、核心类库层、＿＿＿＿。

四、简答题

1. 简述 Android 系统架构中各个层次的功能。

2. 简述 Android 系统中的 4 大核心组件 Activity、Service、BroadcastReceiver 和 ContentProvider 的用途。

第 2 章
Android 手机开发环境配置

在 Android 应用开发中,开发环境的搭建和工具的使用是开发工作的起点。一个高效、稳定的开发环境不仅能够提升开发效率,还能减少开发过程中可能出现的配置问题。Android Studio 作为 Google 公司推荐的官方开发工具,已经成为 Android 开发的标准集成开发环境(IDE)。

本章将介绍 Android Studio 的功能与特点,帮助读者了解其相较于 Eclipse 的显著优势,包括 Gradle 构建系统、实时 UI 预览、性能调试和测试工具等。通过详细的安装与配置步骤,读者将学会如何搭建 Android 开发环境,包括 SDK 和 AVD 的配置。同时,本章还将讲解 Android Studio 的工作区结构与主要功能,帮助读者快速上手开发工具。最后,将通过项目创建与调试,带领读者熟悉 Android 应用开发的基本流程,为后续深入开发打下坚实基础。

本章学习目标:

1. 知识理解

- 了解 Android Studio 作为 Android 官方集成开发环境(IDE)的功能和特点。
- 理解 Android Studio 相较于 Eclipse 的优势,包括 Gradle 构建系统、实时 UI 预览、性能调试和测试支持等。
- 掌握 Android Studio 工作区的基本组成,包括工具栏、编辑窗口、项目结构、Gradle Scripts 等。
- 理解 AVD(Android Virtual Device)和 SDK 的作用,以及它们在应用开发与测试中的重要性。
- 了解 Log 类和断点调试在应用调试中的作用和使用场景。

2. 技能应用能力

- 能够安装和配置 Android Studio,包括 SDK 版本的管理、AVD 模拟器的创建与设置。
- 能够创建新项目并完成基本的项目结构配置(如 manifests、java、res 和 Gradle Scripts)。
- 能够利用 Android Studio 运行和调试应用程序,熟练使用 Log 类进行日志输出。
- 能够通过断点调试工具定位并解决程序中的常见问题。

3. 分析与解决问题能力

- 能够分析不同开发环境(如 Eclipse 和 Android Studio)的优缺点,选择适合的开发工具。

- 能够识别和解决开发环境配置中的常见问题(如 SDK 版本冲突、模拟器配置问题等)。
- 能够通过日志和调试工具高效定位代码中的问题并进行优化。

2.1　Android Studio 简介

Android 操作系统在初期主要依赖 Eclipse 作为开发环境,开发者通过安装 Android 开发工具(ADT)插件来支持 Android 应用的开发。Eclipse 作为一个通用 IDE,凭借其灵活的插件架构,在 Android 平台初期发挥了重要作用。然而,随着 Android 的迅猛发展,开发者开始面临更多挑战,包括对高效构建系统的需求、更强大的 UI 设计工具以及更精细的性能调试和优化功能。为了解决这些问题,Google 公司决定推出一个专门针对 Android 开发的集成开发环境——Android Studio,并于 2015 年年底宣布停止对 Eclipse 的支持。

Android Studio 相较于 Eclipse 具有显著优势。首先,Android Studio 是专为 Android 开发量身定制的,集成了代码编辑、调试、构建、UI 设计等多种工具,显著提升了开发效率。其次,Android Studio 采用 Gradle 作为构建系统,支持灵活的自动化构建、依赖管理和多种版本控制,使得构建过程更加高效和可定制。此外,Android Studio 内置的 UI 设计器和实时预览功能,使得开发者可以直观地设计和调整应用界面。再者,它提供了强大的性能分析工具,如内存、CPU 和网络监控,帮助开发者更好地优化应用性能。因此,Android Studio 成为 Google 公司推荐的 Android 开发环境,满足了开发者对更高效、更智能工具的需求,并推动了 Android 开发的技术进步。Android Studio 如图 2.1 所示。

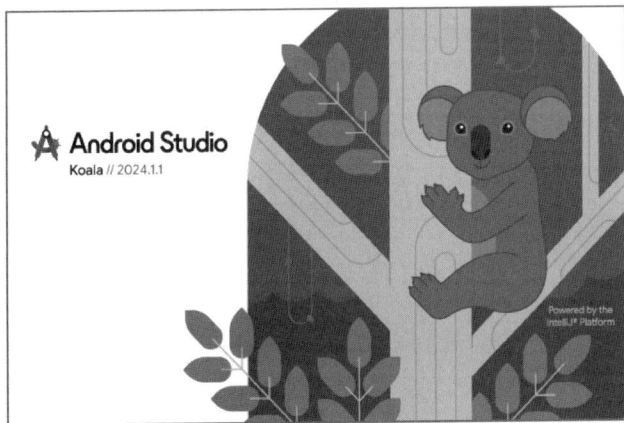

图 2.1　Android Studio

Android Studio 是 Google 公司发布的用于 Android 开发的官方集成开发环境(IDE),它基于 IntelliJ IDEA,提供了强大的代码编辑器和开发者工具,以及一系列可提高 Android 应用构建效率的功能。以下是对 Android Studio 的详细介绍。

主要功能:

(1) 代码编辑与重构。提供智能代码补全、语法高亮、代码折叠、代码检查等功能,支持快速重构代码。

(2) 实时预览。开发者可以在编写程序的同时看到自己的应用在不同尺寸屏幕中的样子,便于调整 UI 布局。

（3）构建系统。基于 Gradle，提供灵活的构建系统，支持自定义、配置和扩展构建流程。

（4）模拟器。提供快速且功能丰富的模拟器，支持多种 Android 设备配置，便于开发者测试应用。

（5）调试工具。内置强大的调试工具，支持断点调试、变量检查、表达式求值等功能，帮助开发者快速定位和解决问题。

（6）性能分析器。提供性能分析器，可跟踪应用的内存和 CPU 使用情况，查找内存泄漏和优化图形性能。

（7）测试工具。包含大量的测试工具和框架，如 JUnit、Espresso 等，帮助开发者进行单元测试和 UI 测试。

（8）Lint 工具。自动运行 Lint 检查，帮助开发者识别代码中的潜在问题，包括性能、易用性和版本兼容性等方面的问题。

（9）C++ 和 NDK 支持。可以使用 C++ 和 NDK 开发，便于开发者进行原生代码开发。

（10）Google Cloud Platform 支持。内置对 Google Cloud Platform 的支持，可轻松集成 Google Cloud Messaging 和 App Engine 等服务。

常用的 Android Studio 快捷键如表 2.1 所示。

表 2.1　常用的 Android Studio 快捷键

功　　能	Windows/Linux 快捷键	macOS 快捷键
基本操作		
打开文件	Ctrl+E	Cmd+E
查找文件	Ctrl+Shift+N	Cmd+Shift+O
查找类	Ctrl+N	Cmd+O
查找并替换	Ctrl+R	Cmd+R
跳转到定义	Ctrl+B 或 Ctrl+左键	Cmd+B 或 Cmd+左键
跳转到实现	Ctrl+Alt+B	Cmd+Alt+B
运行/调试	Shift+F10	Ctrl+R
停止运行/调试	Shift+F2	Ctrl+F2
调试		
切换断点	Ctrl+F8	Cmd+F8
调试运行	Shift+F9	Cmd+F9
继续运行	F9	Cmd+Option+R
单步执行	F7	F7
跳过当前方法	F8	F8
停止调试	Shift+F2	Cmd+F2
运行与构建		
生成项目	Ctrl+F9	Cmd+F9
清理项目	Ctrl+Shift+F9	Cmd+Shift+F9
构建 APK/AAB	Ctrl+Shift+B	Cmd+Shift+B
重构		
重命名变量/方法/类	Shift+F6	Shift+F6
提取方法	Ctrl+Alt+M	Cmd+Option+M
提取变量	Ctrl+Alt+V	Cmd+Option+V
提取常量	Ctrl+Alt+C	Cmd+Option+C

2.2　Android Studio 安装与配置

2.2.1　安装 Android Studio

在 Windows 中 Android Studio 的下载与安装教程如下。

(1) 访问 Android Studio 官网 https://developer. android. google. cn/studio 下载最新版本或访问 https://developer. android. google. cn/studio/archive 下载历史版本,如图 2.2所示。

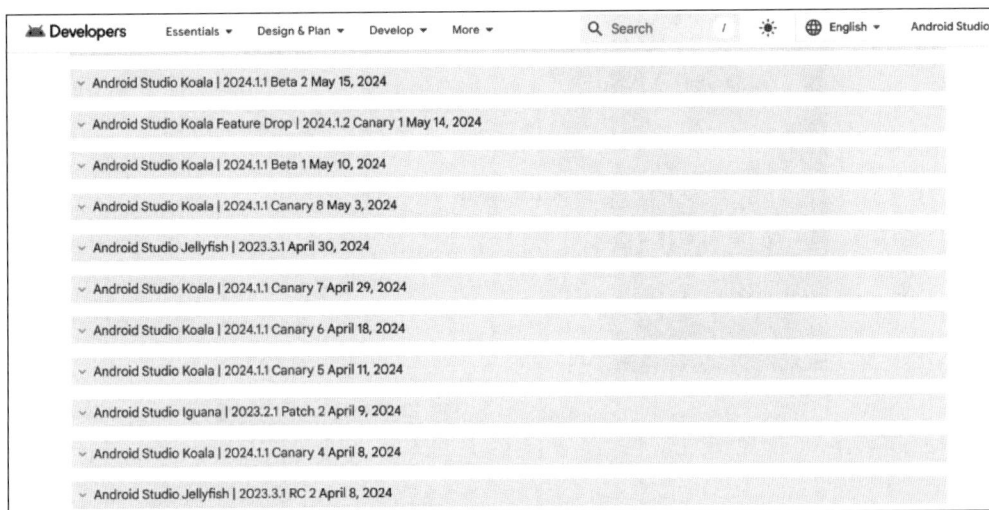

图 2.2　Android Studio 历史版本

不同的操作系统需要下载适配的安装包,如图 2.3 所示,本书以在 Windows 中安装Android Studio 为例演示,安装时需要在磁盘中预留 30GB 左右的磁盘空间。

Platform	Android Studio package	Size	SHA-256 checksum
Windows (64-bit)	android-studio-2024.1.1.12-windows.exe Recommended	1.2 GB	049f91189fd7a8815c9e2a06664e4bbb92de51684d328e0fe34b8e088b9c7496
Windows (64-bit)	android-studio-2024.1.1.12-windows.zip No .exe installer	1.2 GB	386ecb9807a68ac410257178b6aa06c5da504ffc0f4b49feab99cf3748510c77
Mac (64-bit)	android-studio-2024.1.1.12-mac.dmg	1.3 GB	1f4c31bbb92249034737c81f8713941e09c4171b583f432a1091cbd5f90f8c2a

图 2.3　不同操作系统的安装包

(2) 单击下载 Android Studio Koala,并同意许可说明,如图 2.4 所示。

(3) 下载完成后,选择 Android Studio Koala 安装,单击 Next 按钮,如图 2.5 所示。

(4) 勾选 Android Virtual Device 复选框,单击 Next 按钮,如图 2.6 所示。

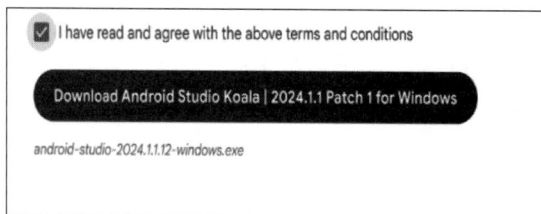

图 2.4　下载 Android Studio Koala

图 2.5　安装界面

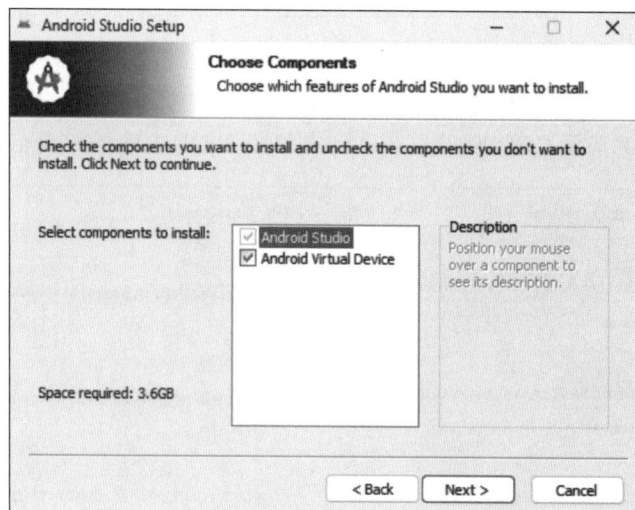

图 2.6　勾选 Android Virtual Device 复选框

（5）选择安装路径，单击 Next 按钮，如图 2.7 所示。

（6）单击 Install 按钮进行安装，如图 2.8 所示。

（7）勾选 Start Android Studio 复选框后单击 Finish 按钮，进入 Android Studio 配置界面，如图 2.9 所示。

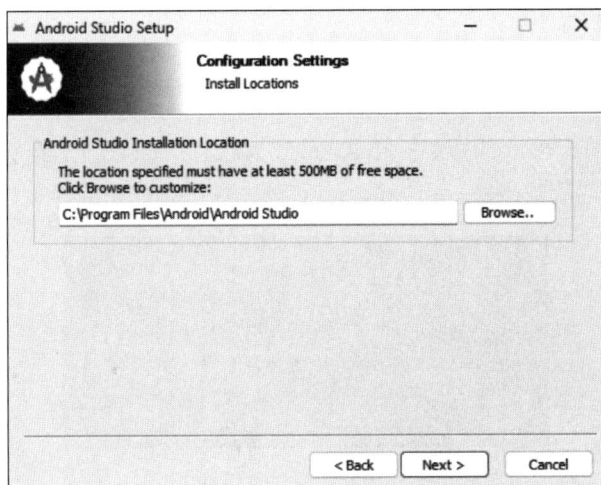

图 2.7　选择安装路径

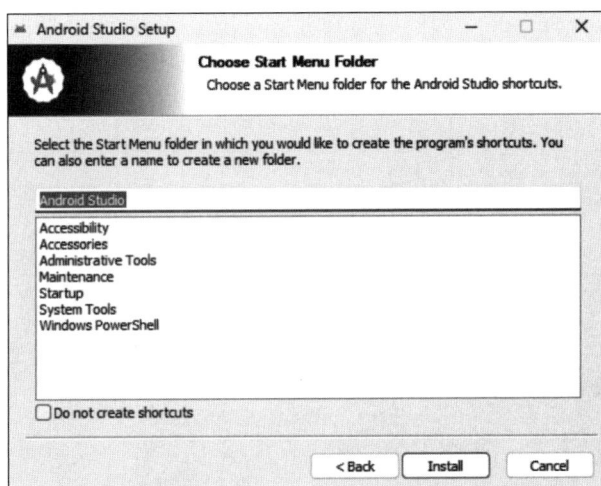

图 2.8　单击 Install 按钮进行安装

图 2.9　勾选 Start Android Studio 复选框

2.2.2　配置 Android Studio

首次启动 Android Studio 时,弹出提示框,如图 2.10 所示。如果之前已经安装并配置过 Android Studio,那么可以选择第一个选项,导入已有的配置。这样做可以帮助保留以往的设置和偏好。如果首次安装 Android Studio,选择 Do not import settings 单选按钮。

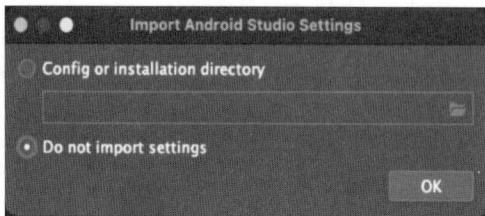

图 2.10　首次启动提示框

进入 Android Studio 的安装向导界面,单击 Next 按钮,进行下一步的安装,选择安装类型,如图 2.11 所示。Standard 为默认自动的标准安装,会安装最新的 SDK 与一些必要的组件,满足开发需求。Custom 为自定义安装,需要手动配置需要安装的 SDK 内容。这里勾选 Standard,默认安装开发配置,并单击 Next 按钮。

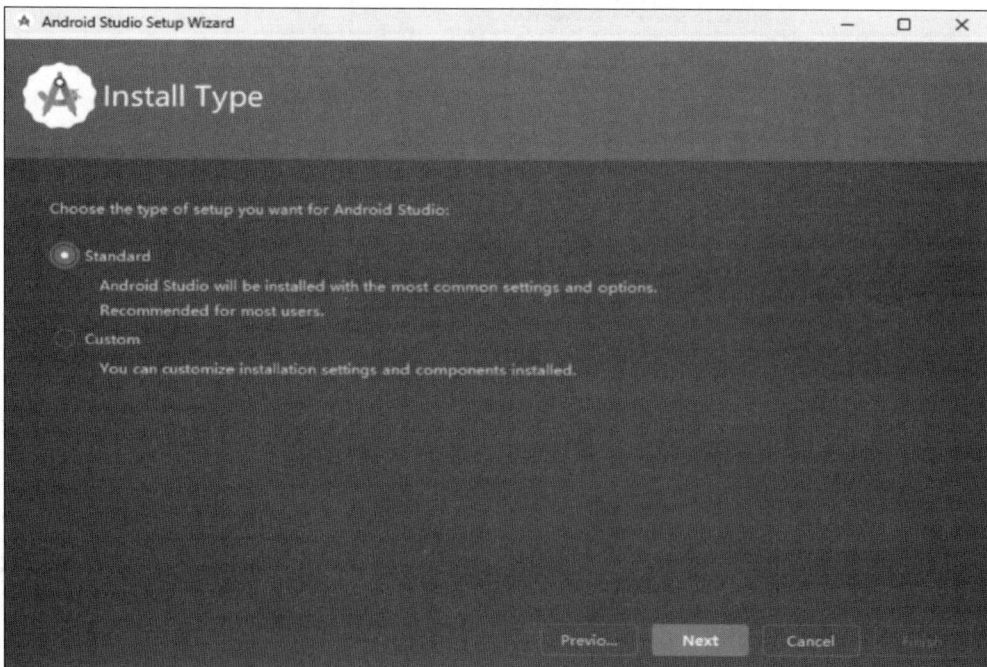

图 2.11　Android Studio 安装类型

当前设置信息:安装类型(Setup Type)、安装路径(SDK Folder)、总文件下载大小(Total Download Size)、SDK 要下载的组件(SDK Components to Download),如图 2.12 所示,单击 Next 按钮,进行下一步安装。

Android SDK 的相关授权协议,在左侧显示红色星号"＊"的地方单击并选择 Accept 单选按钮,单击 Next 按钮进行安装下载,如图 2.13 所示。

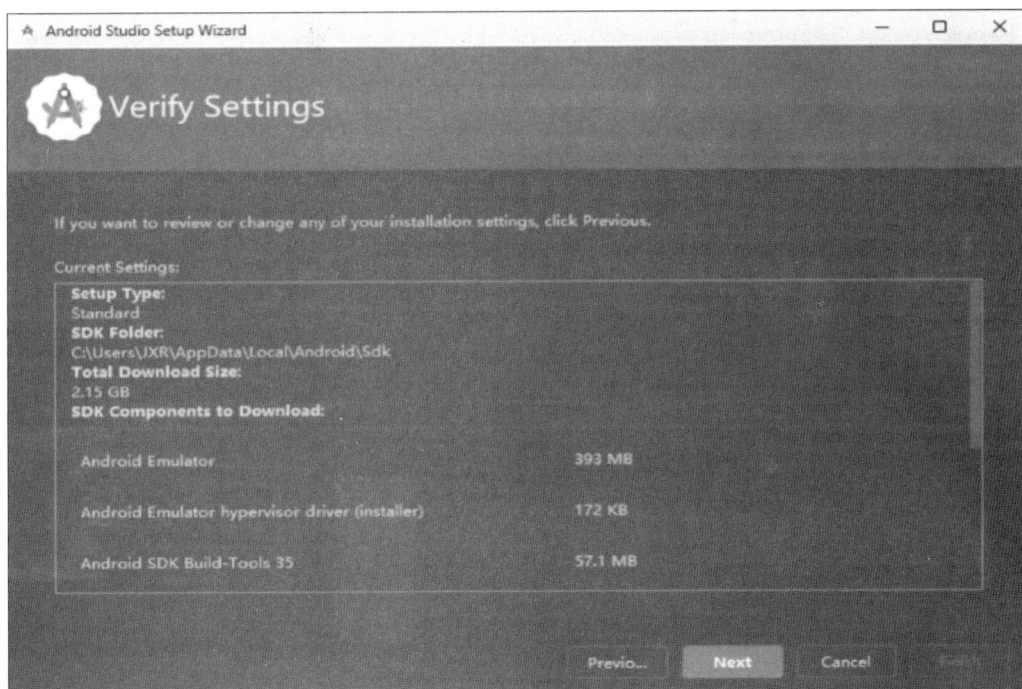

图 2.12　当前设置信息

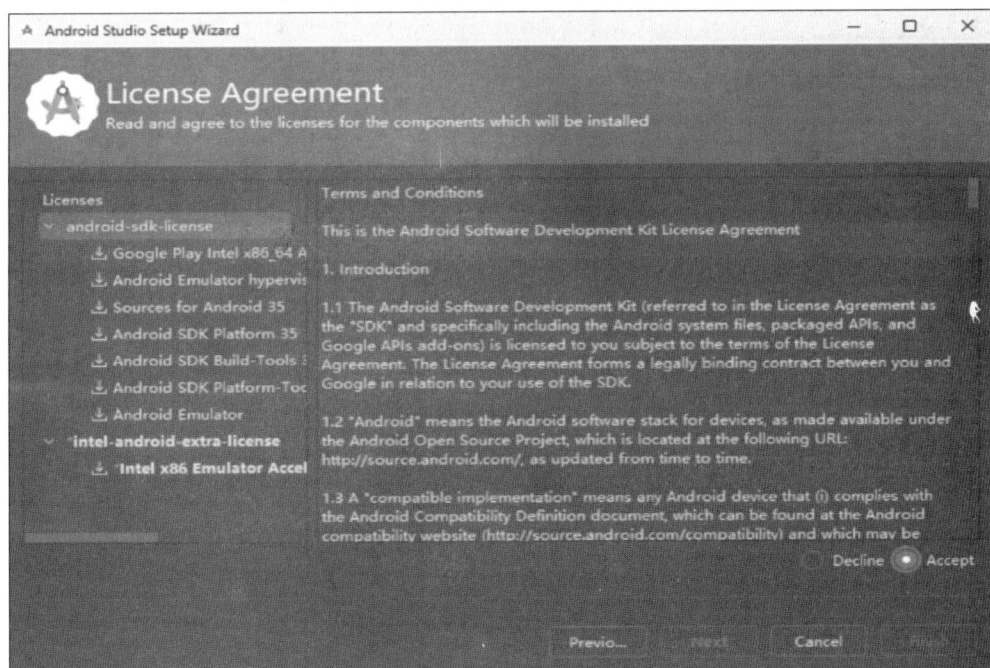

图 2.13　Android SDK 的相关授权协议

耐心等待下载完成,如图 2.14 所示。

配置完 SDK 后,启动 Android Studio 弹出项目创建界面,如图 2.15 所示,安装完成。

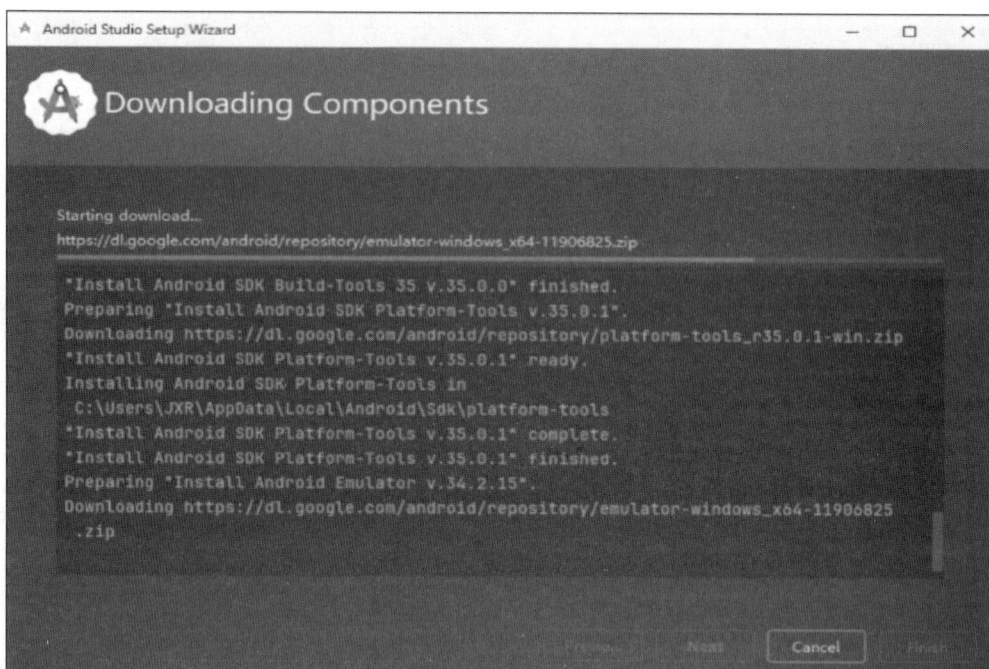

图 2.14　下载界面

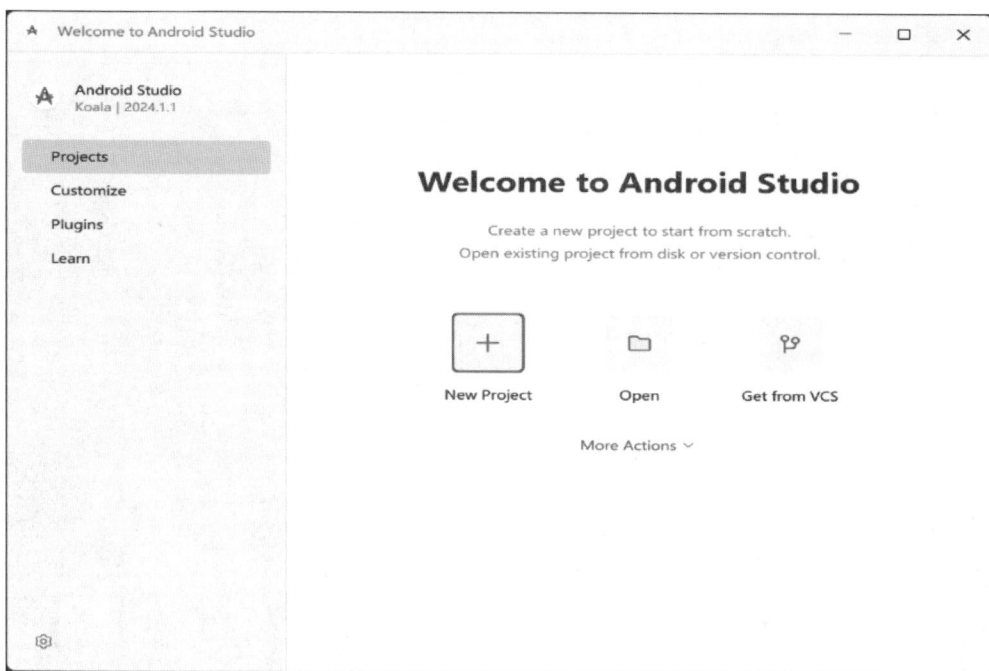

图 2.15　Android Studio 项目创建界面

2.2.3　配置 SDK

Android Studio 中的 SDK(Software Development Kit)是开发 Android 应用所必需的一套工具。它包括操作系统的库、API、模拟器和其他工具,可帮助开发者编写、测试和调试他们的应用。通过 Android Studio 的 SDK Manager,开发者可以方便地管理和更新所需的 SDK 组件,以支持不同版本的 Android 设备。

1. Android SDK 包含组件

(1) platforms:包含 SDK 和 AVD 管理器下载的各种版本的 SDK。

(2) platform-tools:包含用于与 Android 平台交互的工具,如 adb(Android 调试桥)、dmtracedump 等工具。

(3) Build-tools:包含构建应用程序所需的工具,如 aapt、dx、zipalign。

(4) Android Emulator:在虚拟设备上运行和测试 Android 应用程序的模拟器。

(5) Android Support Libraries:提供了向后兼容的库,扩展了 Android 平台的功能。

2. 修改 SDK 版本

Android Studio 在安装过程中,会自动安装最新的 API 35 版本 SDK。本书中使用稳定的 API 34 版本,即 Android 14(UpsideDownCake)版本。修改方式如下:在项目创建界面单击 More Actions,选择 SDK Manager,如图 2.16 所示。

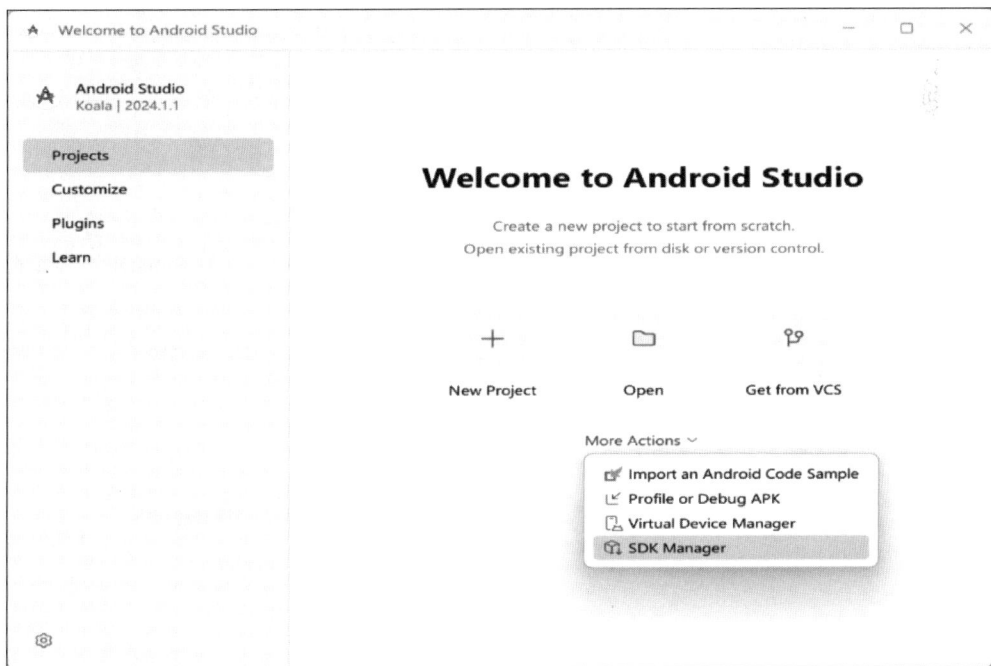

图 2.16　选择 SDK Manager

然后在 SDK Platforms 中勾选 Android 14.0("UpsideDownCake")、API 34 如图 2.17 所示,以上 SDK 配置过程全部完成。

2.2.4　配置 AVD

AVD(Android Virtual Device)是 Android Studio 中的模拟器,可模拟各种 Android 设备不同的屏幕尺寸、分辨率、硬件特性等,使开发者能够测试应用在不同设备上的兼容性和表现。此外,AVD 提供了丰富的配置选项,如屏幕尺寸、分辨率、内存大小、SD 卡大小等,开发者可以根据需要自定义这些参数。

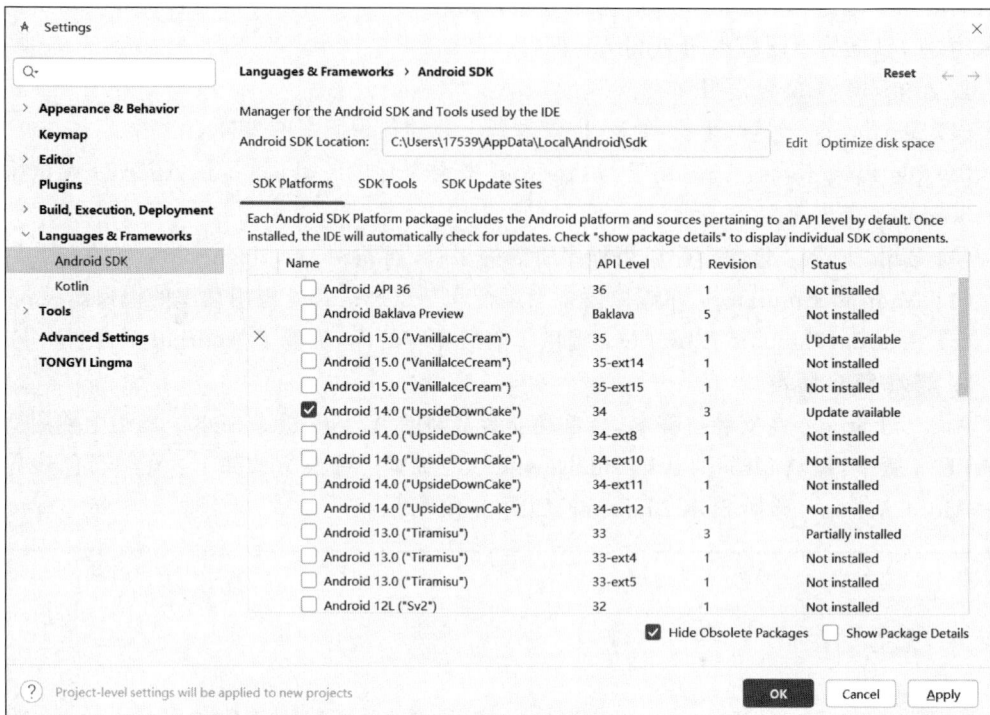

图 2.17 勾选 Android 14.0("UpsideDownCake")

创建 AVD：在项目创建界面单击 More Actions，选择 Virtual Device Manager，如图 2.18 所示。

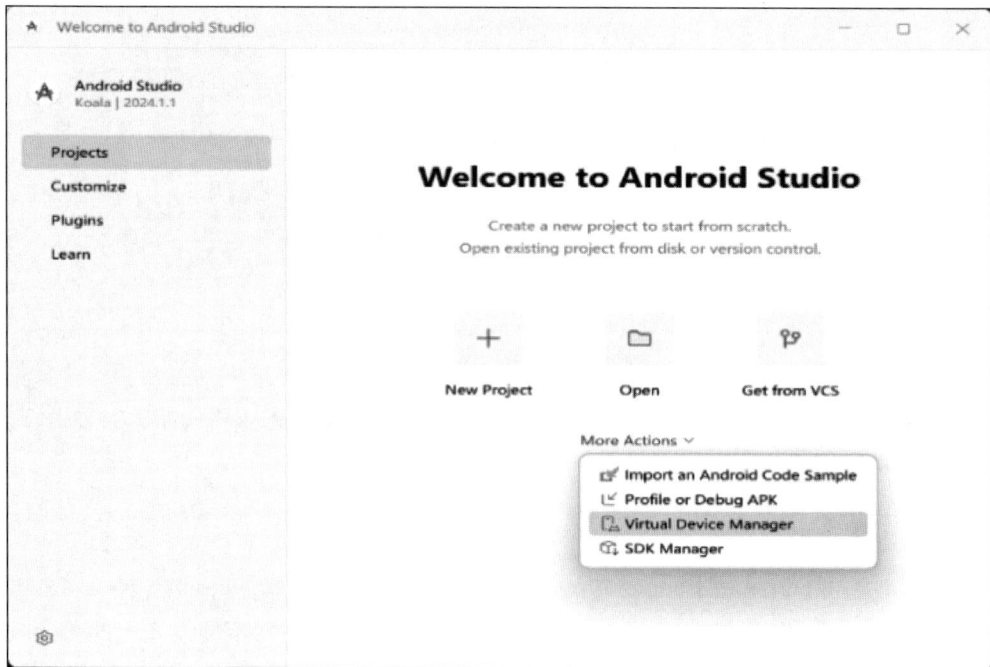

图 2.18 选择 Virtual Device Manager

选择 Create virtual device，如图 2.19 所示。

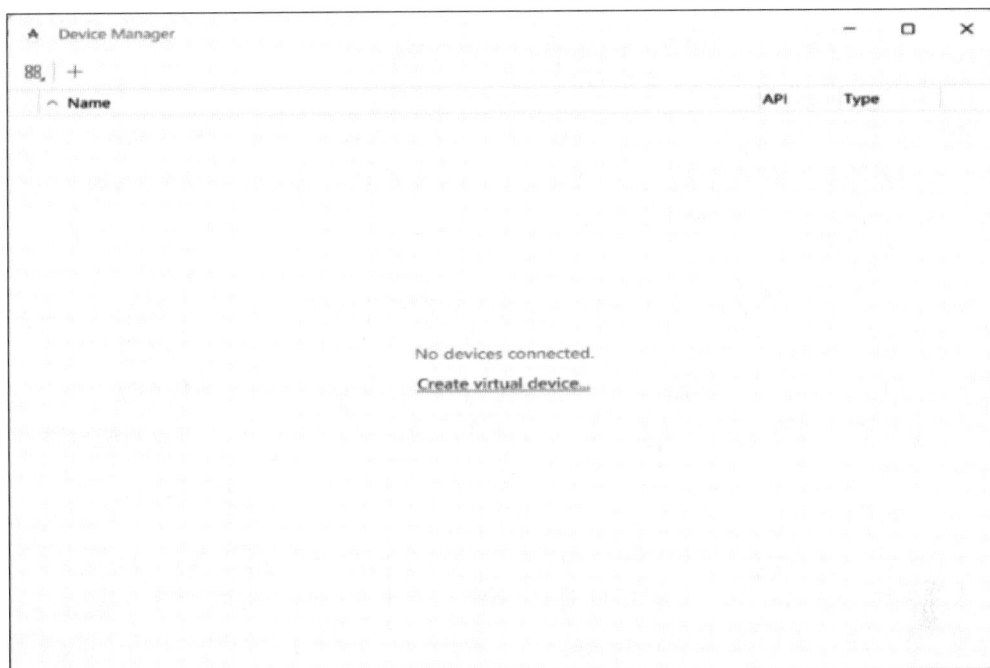

图 2.19　选择 Create virtual device

选择模拟手机为 Pixel 4，单击 Next 按钮，如图 2.20 所示。

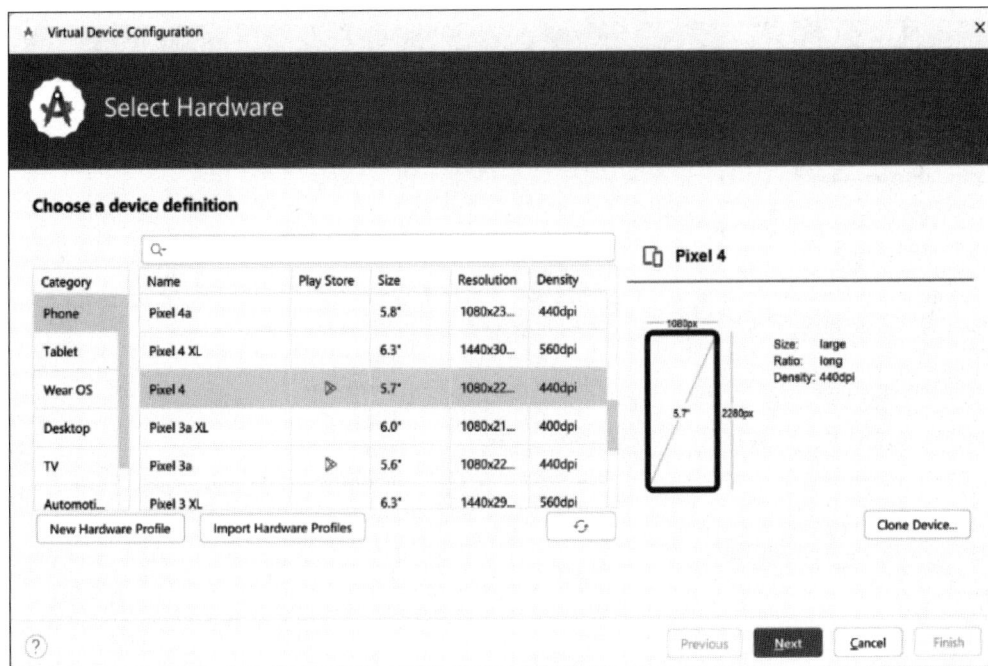

图 2.20　选择模拟手机

选择 Android 系统镜像文件,此处选择 UpsideDownCake(x86_64),类型为 Google Play,单击 Next 按钮,如图 2.21 所示。每个版本的系统镜像一般分为 x86_64、Google Play、Google API 等版本,不同的版本在使用上有区别。

(1) x86_64 版本。

x86_64 是 x86 架构的一个 64 位扩展,它允许处理器以 64 位模式执行操作,从而提供更大的地址空间和更高的性能。这种架构是在 x86 架构的基础上发展而来的,因此它保持了与 32 位 x86 应用程序的兼容性。

(2) Google API。

Google API 是由 Google 公司提供的一组开放式服务接口。Google API 提供了广泛的服务,涵盖地图、搜索、广告、翻译等多个领域。开发人员可以利用这些 API 在自己的应用程序中集成 Google 的各项功能,如果要在 App 中使用这些功能,则需要使用这个版本。例如,在 App 中如果需要使用 Google Maps API 在应用中嵌入 Google 地图和导航功能,则应该选择这个版本。

(3) Google Play。

Google Play 是 Android 操作系统的官方在线应用程序商店,也是 Android 操作系统的数字媒体商店。Google Play 允许用户浏览、下载和使用 Android SDK 开发并通过 Google 发布的应用程序。此外,它还包含 Google Play 图书、Google Play 游戏、Google Play 影视和 Google Play 音乐等服务,允许用户浏览和下载电子图书、音乐、游戏、影视剧集等数字媒体内容。如果开发者开发的 App 需要上传到 Google Play,则需要选择此版本。

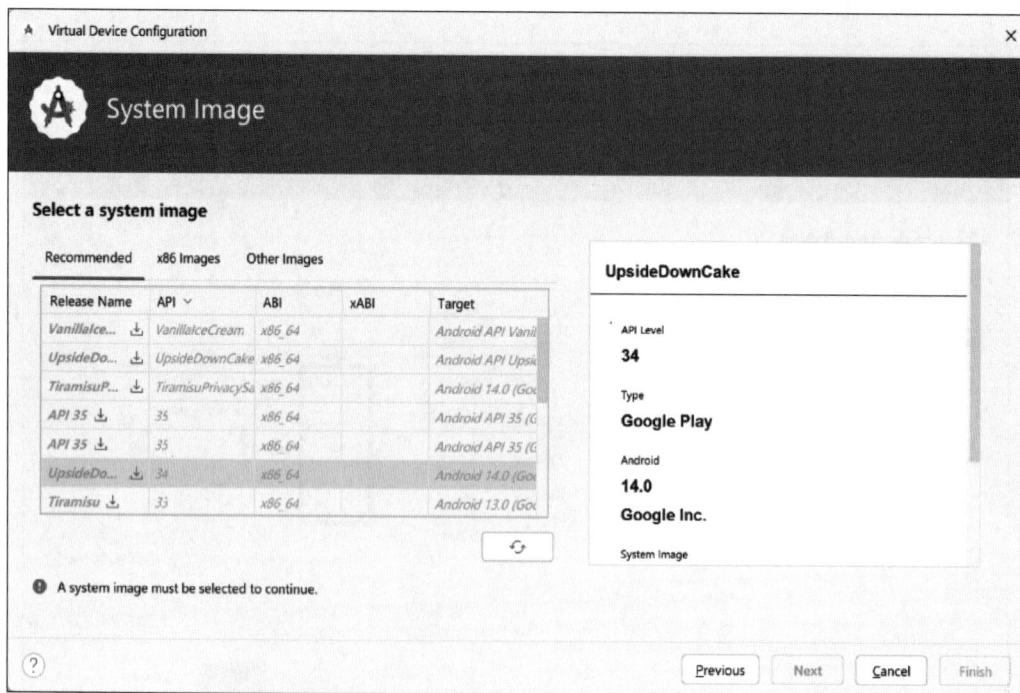

图 2.21　下载 UpsideDownCake

选择好版本后，耐心等待软件下载完成后单击 Finish 按钮，如图 2.22 所示。

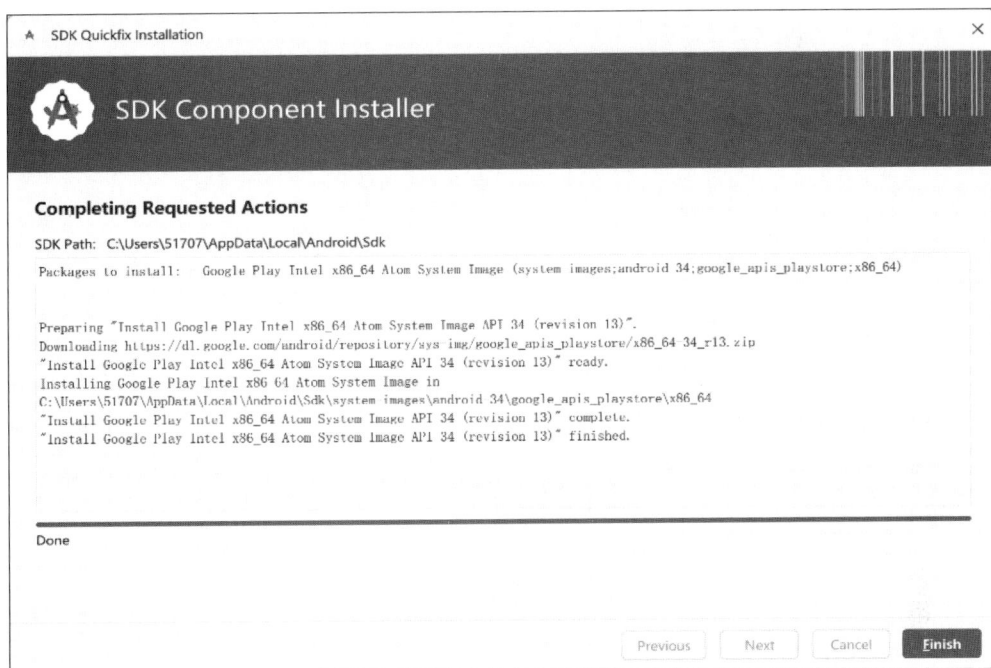

图 2.22　下载等待

重命名 AVD 的名称，单击 Finish 按钮，如图 2.23 所示。

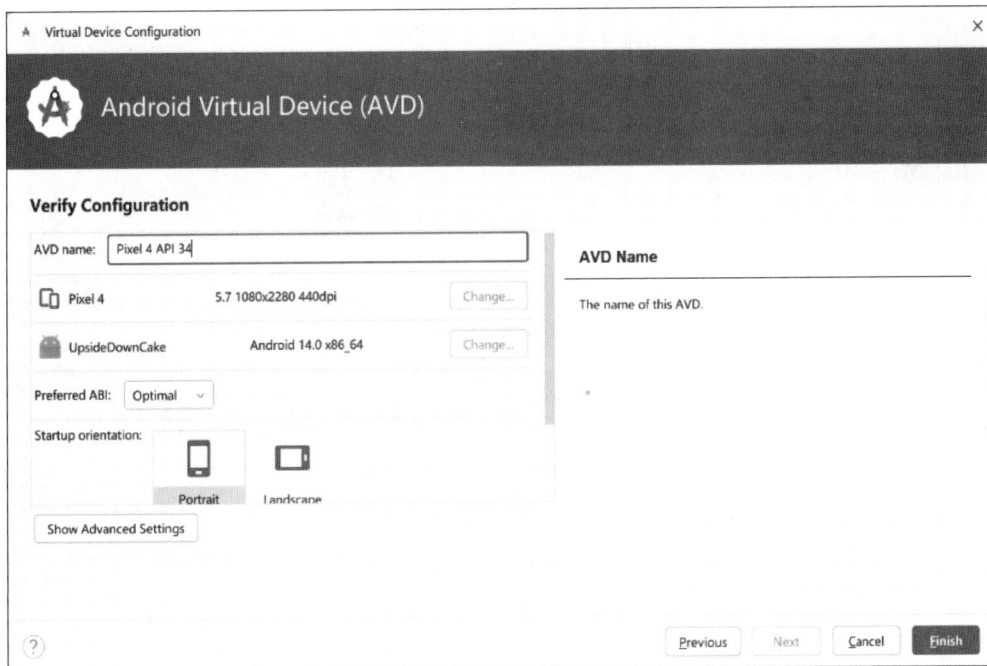

图 2.23　AVD 配置介绍

至此，AVD 创建完成，如图 2.24 所示。

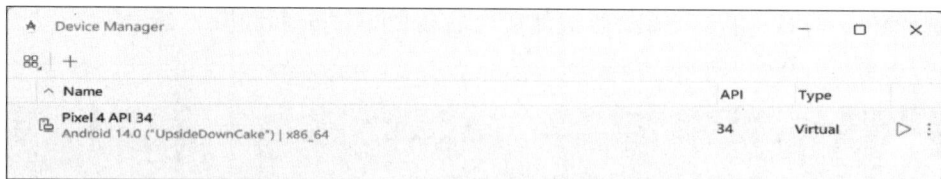

图 2.24 AVD 创建完成

2.3 Android 工作区

Android Studio 的工作区(Workspace)是开发环境的核心部分,它集成了多个工具和视图,可帮助开发者进行 Android 应用的开发、调试和测试。以下是 Android Studio 工作区中包含的主要内容和视图,如图 2.25 所示。

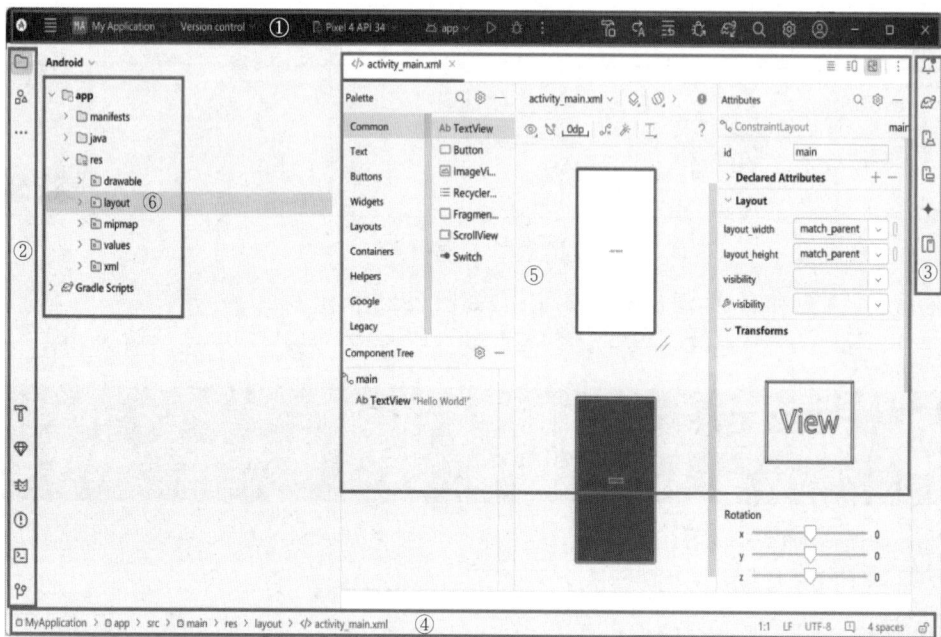

图 2.25 Android Studio 工作区

(1)上方工具栏:包含常用操作的快捷方式,如运行、调试、构建项目等,从左至右分别为 Android Studio 的 Logo、菜单、当前项目、版本控制、当前选择的 AVD、当前选择的运行配置文件、"运行"按钮、"调试"按钮、运行配置、"编译"按钮、应用更改并重启 App、应用更改、开启调试器、同步 Gradle、查找、设置、Google 账户以及"最小化"、"最大化"和"关闭"按钮。

(2)左侧工具栏:Project(项目视图)用于浏览和管理项目文件结构,支持 Android、Project 等多种视图模式,方便开发者定位和编辑代码及配置文件。Resource Manager(资源管理器)则专注于集中管理各类应用资源,如图片、布局和字符串等,提供可视化预览和拖拽添加功能,极大地简化了资源管理工作。More Tool Windows(更多工具窗口)可以访问其他隐藏工具窗口,如 Build Variants 和 Device File Explorer 等特殊功能模块。开发过程中,Logcat(日志查看器)是调试利器,实时显示设备和模拟器的系统及应用日志,帮助开发者快速定位崩溃和性能问题；当遇到代码错误时，Problems（问题视图）会汇总显示编译错误和警告信息。对于线上应用监控，App Quality Insights 集成了 Firebase Crashlytics 等工具，提供崩溃报告和性能数据分析。Terminal（终端）内置了命令行环境，支持直接执行 gradlew、git 等命令；Version Control（版本控制）深度整合 Git，提供代码变更追踪、提交历史和分支管理功能。

（3）右侧工具栏：通知，显示历史弹窗信息；Gradle，工作区包含 Gradle 文件（如 build.gradle）和 Gradle 控制面板，用于配置和管理项目的构建过程；设备管理器，精简的 AVD 管理器，也能显示当前连接的实体机；正在运行的设备，显示当前正在运行设备的屏幕，并对其进行控制；Gemini，Google 公司开发的 AI，用于协作 Android Studio；布局验证器，用来将当前布局与其他设备（如平板设备）进行适配。

（4）下方状态栏：显示当前文件、行号、编码、警告等信息。在运行任务时会显示任务管理器，显示当前运行的任务，如构建、同步等。

（5）中间编辑器窗口：主编辑区域，用于编写和编辑代码、XML 布局、资源文件等。支持多标签，可以同时打开多个文件。其中，如果编辑的是 XML 布局，可以在右上方标签中选择代码模式、分割模式与设计模式，便于设计布局。

（6）Android 项目结构：将在 2.4.2 节中详细介绍。

2.4　创建 App 应用

2.4.1　创建项目

打开 Android Studio，如果从未打开任何项目，则会进入欢迎界面，如图 2.26 所示。

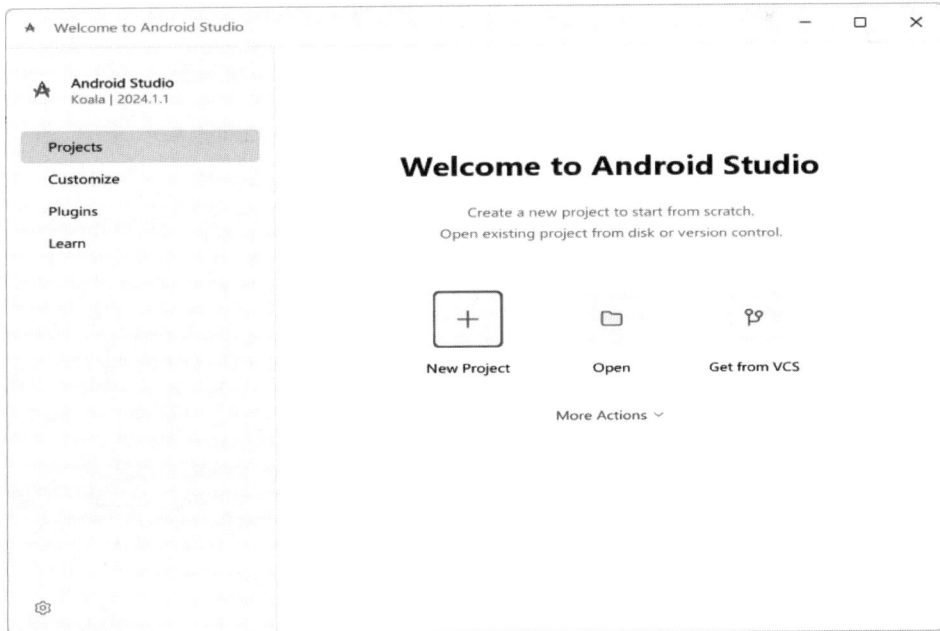

图 2.26　Android Studio 项目界面

新建项目，单击 New Project，打开 New Project 对话框，左侧从上到下依次为 Phone and Tablet(手机与平板电脑)、Wear OS(穿戴设备)、Television(电视)、Automotive(车载)。选择项目模板 Empty Views Activity，因为该模板支持 Java 语言，可以直接运行一个 Hello World 项目，而其他模块支持 Kotlin 语言，如图 2.27 所示。

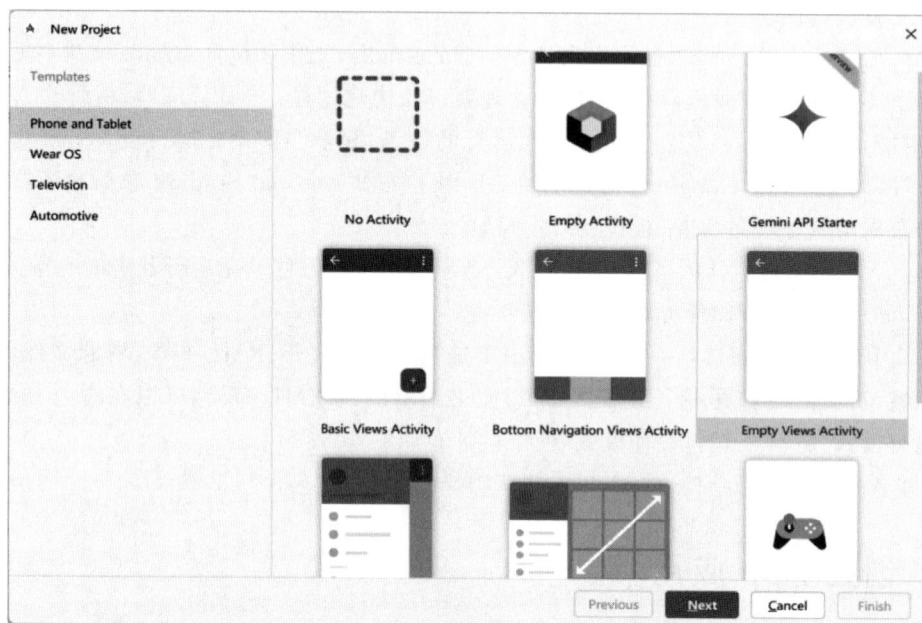

图 2.27　选择项目模板

可自定义创建项目名称、设置项目存储路径，这里 Language 选择 Java，Minimum SDK 选择 API 34，Build configuration language 选择 Kotlin DSL，单击 Finish 按钮，如图 2.28 所示。

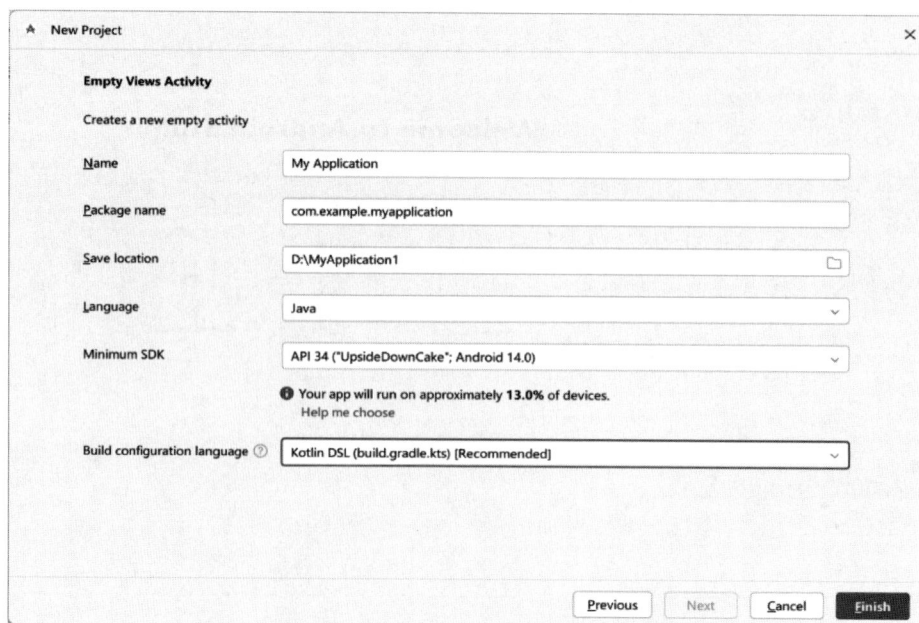

图 2.28　项目属性配置

此外，配置项目，填写 Name、Package name、Save location、Language、Minimum SDK 和 Build configuration language 信息，它们的具体含义如表2.2所示。

表 2.2　配置项目属性

属　　　性	含　　　义
Name	项目名称，生成默认的 App 名称
Package name	包名，用来标识 App，发布后无法更改
Save location	保存路径，将项目文件保存在该路径下
Language	选择应用程序代码的编程语言
Minimum SDK	App 支持的最低 Android 版本与可安装的设备比例
Build configuration language	用于选择构建脚本的语言

进入工作区将运行构建脚本，运行速度取决于网络环境，初次运行可能持续数分钟至数小时。

2.4.2　项目结构

当项目创建完成时，Android 的项目结构如图2.29所示，在 Android Studio 中，一个 Android 项目的结构通常分为 manifests、java、res 和 Gradle Scripts 等几部分。

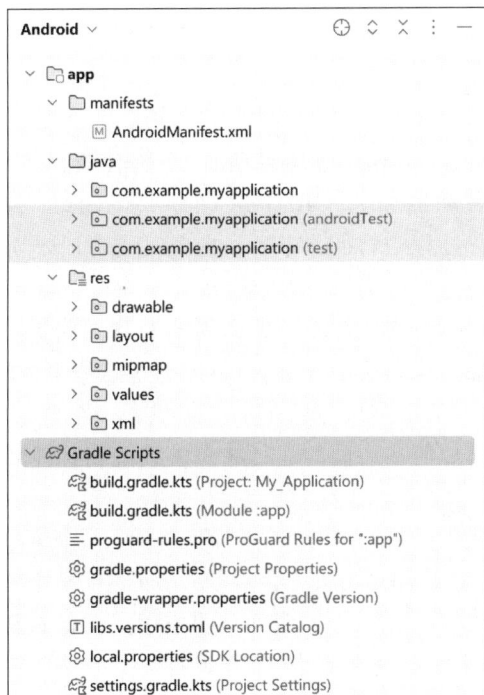

图 2.29　Android 的项目结构

1. manifests

目录 mainifests 用于存放 App 的配置文件 AndroidManifest.xml。这个文件定义了 App 的基本信息，包括应用组件如活动、服务等和 App 运行所需的权限等配置信息。

1）AndroidManifest.xml 文件中的关键标签

＜manifest＞标签：文件的根标签，包含所有其他标签，定义了 Android 命名空间

(xmlns:android)以及应用的包名(package)。

<application>标签：用于定义整个应用的全局设置以及声明所有应用组件(如
Activity、Service、BroadcastReceiver 等)。这个标签中可以设置应用的图标(icon)、标签
(label)、主题(theme)等属性。

<activity>标签：声明一个活动(Activity)，活动是应用的界面交互单元。必须指定
android:name 属性来指定类名。还可以通过<intent-filter>标签来声明哪些 Intent 能够
启动该 Activity，通常包括 android. intent. action. MAIN 和 android. intent. category.
LAUNCHER，标识该 Activity 为启动 Activity。

<service>标签：声明一个后台服务(Service)，用于执行长时间运行的操作，如下载任
务或数据同步。指定服务类名时使用 android:name 属性。

<receiver>标签：声明一个广播接收器(BroadcastReceiver)，用于接收和响应广播事
件。在该标签中，通过 android:name 属性指定接收器的类名，并可以通过<intent-filter>
指定接收哪些广播事件。

<provider>标签：声明内容提供者(ContentProvider)，用于在应用之间共享数据。它
使得不同的应用可以通过统一接口访问彼此的数据。

<uses-permission>标签：声明应用所需的权限，以确保应用能够执行特定的操作，如
读取存储(android. permission. READ_EXTERNAL_STORAGE)等。

2) App 的启动与执行

AndroidManifest. xml 并不直接控制应用的执行流程，但它为 Android 系统提供了识
别和管理应用组件所需的关键信息。应用启动时，系统会查找 AndroidManifest. xml 中标
记为主活动(MAIN)和启动器(LAUNCHER)的<activity>标签，并启动对应的活动
(Activity)。在应用的运行过程中，用户与界面的交互通常通过 Intent 实现活动之间的跳
转，而每个活动都有自己的生命周期，包括创建(onCreate)、启动(onStart)、暂停(onPause)、
停止(onStop)和销毁(onDestroy)等阶段。生命周期的管理确保了资源的有效使用和应用
性能的优化，特别是在处理内存和后台任务时，系统通过这些生命周期方法来控制活动的状
态与执行。通过这些机制，AndroidManifest. xml 提供了一个框架，定义了应用组件如何与
系统和其他应用交互，以及如何在不同的运行状态下维持和管理活动。

3) App 中的权限

权限是 Android 安全模型的核心部分，用于确保应用仅能访问其所需的系统资源和其他
应用的数据，从而保护用户隐私和设备安全。在 Android 中，开发者必须在 AndroidManifest.
xml 文件中通过<uses-permission>标签明确声明应用所需的权限。这些权限声明帮助系
统识别应用是否有权访问特定资源或执行特定操作。例如，要访问互联网，必须声明
android. permission. INTERNET 权限；如果需要访问用户的位置信息，则需要声明 android.
permission. ACCESS_FINE_LOCATION 权限。

正常权限通常不会对用户的隐私或安全产生较大影响，例如，访问网络状态、设置壁纸
或使用设备的 Wi-Fi 功能等。这些权限一般是与设备的基本功能相关，不涉及敏感信息，系
统会在安装过程中默认允许应用获取。

危险权限则涉及用户的敏感数据或关键系统功能，可能会对用户的隐私和安全产生较
大风险。因此，Android 要求开发者在应用运行时动态请求用户授权。这些权限包括访问

联系人、摄像头、麦克风、存储、位置数据等，需要在应用启动后通过权限请求对话框获取用户的明确授权。

2. java

目录 java 存放着 Android 应用的所有源代码文件，其中包括实现各种组件的类文件。常见的组件有：Activity，负责界面的展示和用户交互，是 Android 应用的核心组件之一；Service，用于在后台执行长时间运行的任务，如下载、数据同步等，不涉及用户界面；BroadcastReceiver，用于接收和处理系统或应用发出的广播消息，响应特定的事件；ContentProvider，提供在不同应用之间共享数据的接口，常用于跨进程的数据共享。为了确保项目结构清晰、便于维护，开发者通常按照包名组织这些类，使得项目的逻辑更加模块化和易于管理。

3. res

目录 res 是 Android 项目中用于存放所有与界面相关资源文件的目录，这些资源文件根据设备的分辨率、语言、屏幕大小等配置自动选择，确保应用能够在各种设备上良好适配。资源类型主要包括：drawable，用于存放图像资源，如不同分辨率的图片以适配不同屏幕密度的设备；layout，用于存放布局文件，定义应用的 UI 结构和组件位置，如 activity_main.xml；values，用于存放静态数据资源，如字符串（strings.xml）、颜色（colors.xml）、尺寸（dimens.xml）等，用于统一定义应用的外观和内容；mipmap，用于存放应用的图标文件，包含不同分辨率的图标资源，以确保图标在不同设备上的显示效果。通过这种资源管理机制，res 目录中的资源能够根据设备的配置自动选择，确保应用在各种设备上拥有一致的外观和体验。

为了使用这些资源，Android 提供了两种引用资源的方式：在代码中引用资源和在资源文件中引用资源。

在代码中引用资源时，需要使用资源 ID，通常通过 R.resource_type.resource_name 或 android.R.resource_type.resource_name 的形式获取资源 ID。其中，resource_type 表示资源的类型，对应 R 类中的内部类名称；resource_name 表示资源的名称，与资源文件的文件名（不含扩展名）或在 XML 中定义的资源名称属性相对应。这种方式可以在 Java 或 Kotlin 代码中直接调用资源。

在资源文件中引用资源时，通常采用@［package：］type/name 的格式。其中，@表示资源引用的标识符；package 表示资源所在的包名，如果资源与当前包相同，则可以省略；type 表示资源的类型，如 string 或 drawable；name 表示资源的名称，用于唯一标识具体的资源。例如，在布局文件中引用字符串资源或图像资源时，分别可以通过@string/resource_name 或@drawable/resource_name 来实现。

4. Gradle Scripts

目录 Gradle Scripts 包含与构建相关的脚本和配置文件，主要用于管理自动化构建过程。关键文件是 build.gradle，分为项目级和模块级，分别用于定义全局构建配置和单个模块的构建设置。项目级 build.gradle 定义了整个项目的构建配置，包括构建工具版本、依赖库管理等；而模块级 build.gradle 则用于配置特定模块（如应用模块）的构建方式，涵盖依赖项、插件、构建类型、版本信息等。Gradle 通过其脚本化的构建工具，使得项目构建过程更加高效和灵活，支持自定义任务、插件，并能够与其他工具链（如测试、打包、发布等）进行集成，提升了构建过程的自动化和可扩展性。

2.4.3　运行项目

单击状态栏上的三角形按钮（Run 'app'）或按 Shift＋F10 组合键，Android Studio 会编译项目→生成 APK 文件→启动 AVD→安装并运行 App，如图 2.30 所示。

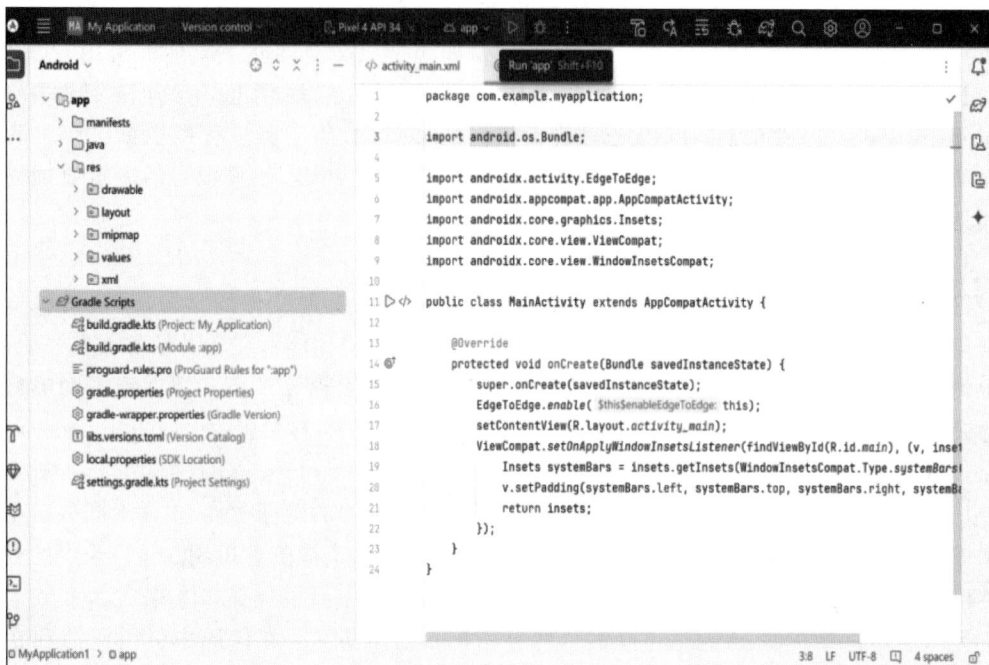

图 2.30　运行 Android 项目

耐心等待 AVD 启动，可看见"Hello Word!"出现在 Pixel 4 中央，如图 2.31 所示。

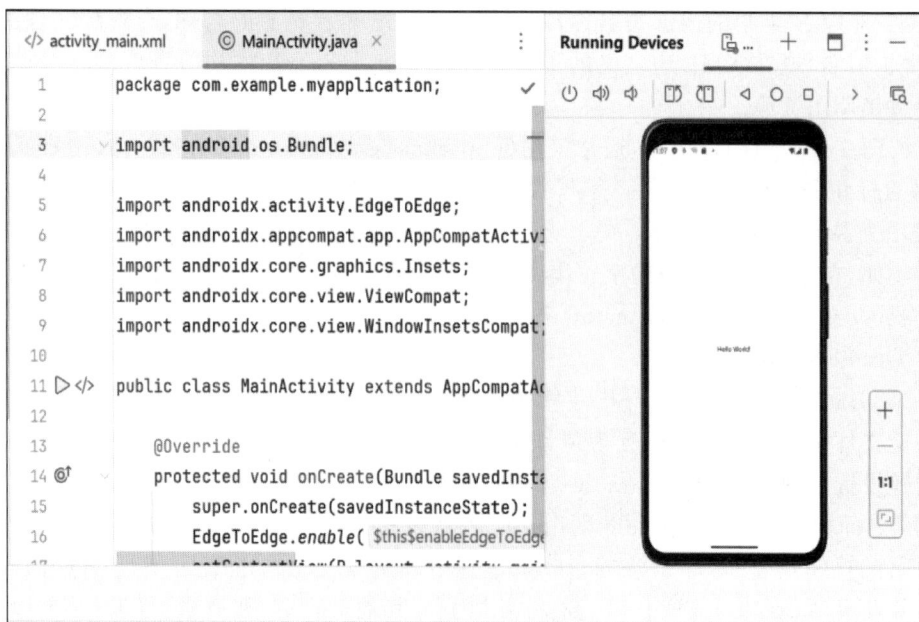

图 2.31　Hello Word 运行结果

2.5　App 调试

2.5.1　Log 类调试

Log 类是 Android 中用于输出日志信息的工具类,提供了多个静态方法用于在不同日志级别上输出信息。日志信息在开发、调试、测试和维护应用程序时非常有用,能够帮助开发者跟踪应用的执行流程、捕获异常、排查问题。

Log 类常用的方法如下。

(1) Log. v(String tag，String msg)：Verbose,详细信息日志,最常用来记录非常详细的信息。

(2) Log. d(String tag，String msg)：Debug,调试信息日志,用于开发调试。

(3) Log. i(String tag，String msg)：Info,信息日志,通常用于记录一般信息。

(4) Log. w(String tag，String msg)：Warning,警告信息日志,表示有潜在问题。

(5) Log. e(String tag，String msg)：Error,错误信息日志,表示有错误发生。

(6) Log. wtf(String tag，String msg，Throwable tr)：What a Terrible Failure,用于记录严重错误。异常 tr 为可选参数,可以将异常 tr 也一起输出到 Log 中。

程序 Logdemo\MainActivity. java 的代码如下：

```java
public class MainActivity extends AppCompatActivity {
    @Override
    protected void onCreate(Bundle savedInstanceState) {
        super.onCreate(savedInstanceState);
        setContentView(R.layout.activity_main);
        Log.v("MainActivity", "This is a verbose message");
        Log.d("MainActivity", "This is a debug message");
        Log.i("MainActivity", "This is an info message");
        Log.w("MainActivity", "This is a warning message");
        Log.e("MainActivity", "This is an error message");
        try {
            int n = 1 / 0;
        } catch (Exception e) {
            Log.wtf("MainActivity", "What a Terrible Failure!", e);
        }
    }
}
```

Logcat 窗口：用于查看和过滤日志信息。打开 Logcat 窗口,可以实时查看应用程序的日志输出信息,运行结果如图 2.32 所示。

Logcat 输出的默认过滤器为 package：mine,可通过修改输入框查找类名或查找包名,进行 Log 信息查找,如图 2.33 所示。

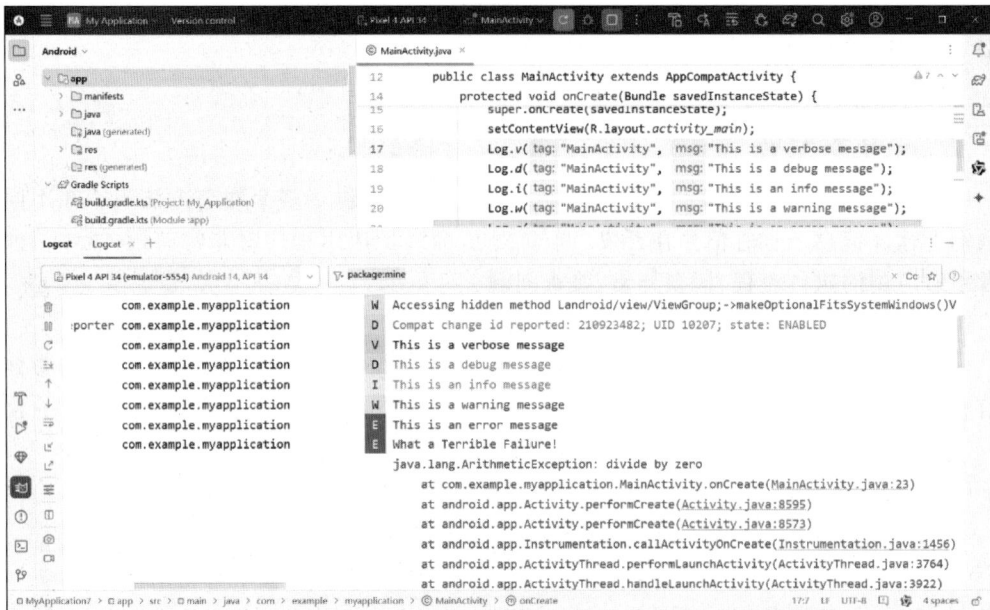

图 2.32　Log 调试结果

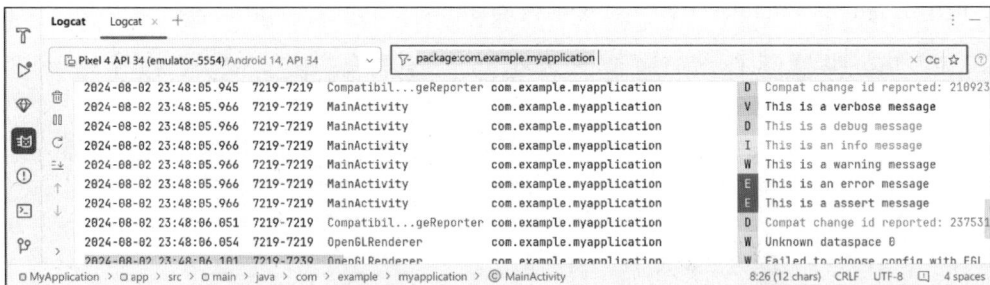

图 2.33　Log 信息过滤查找

过滤器的相关标签如下。

（1）tag：过滤日志中的标签。

（2）package：过滤日志中的包名。

（3）process：过滤日志中的进程名。

（4）message：过滤日志中的信息。

（5）level：过滤日志中的 Log 级别，会显示输入级别及更高级别的 Log。

（6）age：过滤一段时间之内的 Log。单位：s（秒）、m（分钟）、h（小时）、d（天）。

2.5.2　断点与调试

断点是调试时的功能，它不会影响正常的运行，只会影响调试，程序运行到某行代码时会暂停，允许开发者检查和修改应用的状态。

单击状态栏上的虫子按钮（Debug 'app'），会启用调试模式，可以监控变量和内存、查看调用堆栈并步进代码，遇到断点时暂停，如图 2.34 所示。在运行第 25 行前，调试器会暂停代码，单击上方恢复按钮（Resume）即可继续运行到下一个有效断点（第 27 行）。恢复三次后来到图片位置,此时第 28 行代码已运行完毕,编辑器指针跳转到第 29 行,下方堆栈信息中显示了已有的变量 n 值为 1,异常 e 为除以 0 错误。再恢复一次,代码中断的部分运行完毕,遇到致命异常错误 java.lang.AssertionError,程序退出,得以判断是第 29 行到下一个断点前的部分存在错误。

图 2.34　断点调试

习题

一、单项选择题

1. Android 的虚拟设备的缩写是(　　)。

A. JVM　　　　　　B. KVD　　　　　　C. DVM　　　　　　D. AVD

2. SDK 是(　　)。

A. 虚拟设备　　　　　　　　　B. Android 集成开发环境

C. Java 开发工具包　　　　　　D. 软件开发工具包

3. 以下关于 Android 模拟器的说法,正确的是( )。

    A. 在模拟器上可预览和测试 Android 应用程序

    B. 只可以在模拟器上预览 Android 应用程序

    C. 模拟器属于物理设备

    D. 只可以在模拟器上测试 Android 程序

4. 在 Android 项目中,布局文件通常存放在哪个目录下?( )

    A. res/layout   B. res/value   C. assets   D. res/drawable

5. 在 Android 项目中,主题和样式资源通常放在哪个目录下?( )

    A. res/drawable   B. res/layout   C. res/values   D. Assets

6. 在创建 Android 工程时,填写的 Minimum SDK 表示( )。

    A. 匹配的目标版本   B. 程序最低兼容的版本

    C. 使用哪个 SDK 版本编译程序   D. SDK 的主题

7. 以下关于 AndroidManifest.xml 文件的说法中,哪项是错误的?( )

    A. 它是整个程序的配置文件

    B. 可以在该文件中配置程序所需的权限

    C. 可以在该文件中注册程序用到的组件

    D. 该文件可以设置 UI 布局

8. 以下哪一项是 AndroidManifest.xml 文件的功能?( )

    A. 声明要求的最低 API 级别

    B. 都是

    C. 声明要求的用户权限的级别

    D. 记录程序中使用的 Activity 等资源

9. 在 Android 项目中,在 res 目录下存放字符串资源的文件是( )。

    A. values.xml   B. const.xml   C. colors.xml   D. strings.xml

10. 在 Android 工程中,存放各种程序资源的目录是( )。

    A. src   B. gen   C. res   D. Bin

二、判断题

1. 在 Android 工程中,gen 目录是自动生成的,主要包含 R.java 文件,该文件可手动修改。( )

2. 在创建 Android 程序时,填写的 Package Name 表示项目的名称。( )

3. 在 Android 工程中,AndroidManifest.xml 文件是整个应用程序的配置文件。( )

4. Android 程序中,Log.e()用于输出警告级别的日志信息。( )

5. Android 中的布局文件通常放在 res/layout 文件夹中。( )

6. <intent-filter>标签中只能包含一个 action 属性。( )

三、填空题

1. 创建 Android 程序时,填写的 Application Name 表示_____。

2. 在 Android 工程中,src 目录下存放_____文件,包含所有 Java 代码。

3. Android 程序入口的 Activity 在_____文件中注册。

4. 用于查看 Android 应用程序日志的工具是_____。

5. Android 虚拟设备的缩写是_____。

6. 在 Logcat 区域中,有 V、D、I、W 和 E 共 5 个字母,其中,V 代表显示_____信息,D 代表显示_____信息,I 代表显示一般信息,W 代表显示_____信息,E 代表显示_____信息。

四、简答题

1. Android 应用的基本目录结构中,每个核心目录包含哪些内容?

2. 简要描述 Android 应用中 AndroidManifest.xml 文件的作用和功能。

3. Logcat 窗口通常显示哪些类型的日志信息? 如何在代码中输出日志?

第 3 章
UI 设计与 Activity 开发

在 App 开发中，UI 设计的流程通常包括明确用户需求与目标、功能模块设计、界面布局设计、交互设计、原型设计与用户测试，以及优化与迭代。首先，通过用户调研和需求分析，了解用户痛点和目标，进而确定核心功能模块；接着根据功能模块，设计每个页面的布局，包括配色、字体、图标等元素，形成一个视觉风格统一的 UI 界面；然后进行交互与调试，确保流畅的操作体验并收集反馈优化设计；最后通过迭代不断提升 UI 设计。

UI 设计不仅是 App 外观的表现，更是用户体验的关键，它影响到用户对 App 的第一印象以及使用感受。因此 UI 设计至关重要。

在 Android Studio 中设计 UI，首先需要规划布局，明确界面各个部分的结构和功能，确定页面中的主要视图元素（如按钮、文本框、图像等）以及它们的排列方式。接着，使用 XML 布局文件编写布局，选择合适的布局管理器（如 ConstraintLayout、LinearLayout 等）来组织视图元素，并根据设计需求设置元素的属性（如大小、颜色、间距等）。然后，通过设计视图来可视化界面，进行组件的拖放和调整，确保布局在不同设备上的显示效果。接下来，为控件设置交互事件（如按钮点击、文本输入等），并在相应的 Activity 或 Fragment 中编写代码实现功能。最后，通过实时预览和布局调试工具检查 UI 效果，确保界面流畅、适配不同屏幕，并根据需要进行优化。

本章将围绕 UI 设计与 Activity 开发展开详细的学习内容。在实际开发中，UI 设计不仅需要理论知识的支持，还需要结合实际的项目需求，灵活运用不同的布局和控件，并在复杂的交互场景下高效管理生命周期。本章将通过对常见布局、控件、高级 UI 设计元素（如对话框、日期选择器等）以及 Activity 的深入讲解，帮助读者全面掌握 Android 界面开发的核心技能，并将其应用到实际项目中，为开发用户体验优秀的 Android 应用打下扎实的基础。

本章学习目标：

1. 知识理解

- 理解 Android 中常见布局（如线性布局、相对布局、框架布局等）的特点、实现方式及其适用场景。
- 掌握常用控件（如 TextView、Button、ImageView、Spinner、ListView 等）的使用方法及其通用属性。
- 熟悉高级 UI 设计中的 AlertDialog、ProgressBar、DatePicker、TimePicker 和菜单与

ActionBar 的应用场景和实现方法。
- 理解 Context、Activity 和 AppCompatActivity 之间的关系及其在开发中的作用。
- 掌握 Activity 的生命周期及其与 UI 设计的结合应用。

2. 技能应用能力
- 能够灵活使用常见布局和控件,设计符合需求的 Android 用户界面。
- 能够使用 AlertDialog 创建消息对话框、列表对话框、单选列表框、多选列表框等交互元素。
- 熟练实现 ProgressBar、日期选择器(DatePicker)、时间选择器(TimePicker)等控件的功能。
- 能够设计和实现菜单与 ActionBar 的交互功能。
- 使用 Activity 生命周期管理界面更新和资源释放,并结合 UI 控件实现完整的用户界面逻辑。

3. 分析与解决问题能力
- 能够分析不同布局和控件的优缺点,并针对具体场景选择合理的布局和控件。
- 能够综合运用对话框、菜单、控件等高级 UI 设计元素,创建用户友好的交互界面。
- 能设计一个完整的 UI 界面,结合 Activity 和 AppCompatActivity,实现多样化、可扩展的用户体验。

3.1　用户界面概述

用户界面(User Interface,UI)是指人与计算机系统之间交流和交互的界面,是 Android 系统的重要组成部分,它包括用户能够看到的页面以及与系统交互的组件等元素。用户界面设计的好坏直接影响用户的体验和满意度,因此,设计一个整齐、美观的界面至关重要。

在 Android 的 UI 开发中,View 与 ViewGroup 是构建用户界面的基础组件。View 是 Android 中所有用户界面组件的基类,几乎所有的 UI 元素,如按钮(Button)、文本框(TextView)、图片视图(ImageView)等都继承自 View 类或其子类。

ViewGroup 是 View 的一个特殊子类,它充当了容器的角色,用于包含和管理多个子视图(View)。常见的 ViewGroup 类有 LinearLayout(线性布局)、RelativeLayout(相对布局)、FrameLayout(框架布局)等。

3.2　UI 常用布局

3.2.1　实现方法与常用属性

1. 布局实现的两种方式
在 App 开发中,界面的布局可以通过使用 XML 文件定义布局和使用 Java 代码动态创建布局两种主要方式实现。
1) 使用 XML 文件定义布局
特点:易于阅读和维护,可以在设计时预览布局效果,支持多种布局类型,如线性布局、相对布局、帧布局等。

创建步骤如下。

（1）创建 XML 文件。在 res/layout 目录下创建一个 XML 文件，选中 layout 文件夹，单击右键，依次选中 New→XML→Layout XML File 选项。

（2）添加布局元素。在 XML 文件中添加所需的布局和组件并设置属性。

（3）使用布局。在相应的 Activity 中引用这个 XML 文件。

2）使用 Java 代码动态创建布局

特点：灵活性高，可以在运行时根据条件动态创建布局，适用于需要动态内容的场景，如列表项或动态生成的视图。

【例 3.1】 使用 Java 代码动态创建布局示例。

```
//创建一个 TextView 或 Button。this 指的是当前的 Context 对象,通常是 Activity
TextView textView = new TextView(this);
//设置属性:为视图实例设置所需的属性,如文本、颜色等
textView.setText("Hello, World!");
textView.setTextColor(Color.RED);
//创建布局,设置布局参数
LinearLayout linearLayout = new LinearLayout(this);
//设置宽高
linearLayout. setLayoutParams ( new LinearLayout. LayoutParams ( LinearLayout.
LayoutParams.MATCH_PARENT, LinearLayout.LayoutParams.MATCH_PARENT));
//将视图添加到布局中,通常是通过调用父布局的 addView()方法
linearLayout.addView(textView);
linearLayout.addView(button);
```

2. 布局的通用属性

布局中常用的属性的含义如表 3.1 所示。

表 3.1 常用属性的含义

组 件 属 性	功 能 描 述
android:id	视图指定一个唯一的资源 ID,用于在代码中引用
android:layout_width	定义视图的宽度
android:layout_height	定义视图的高度
android:visibility	控制视图的可见性
android:background	定义视图的背景
android:gravity	定义子视图在布局中的对齐方式
android:layout_gravity	定义子视图在父视图中的对齐方式
android:layout_margin	设置当前组件与某组件的距离
android:layout_marginTop	设置当前组件的上边界与某组件的距离
android:layout_marginBottom	设置当前组件的下边界与某组件的距离
android:layout_marginLeft	设置当前组件的左边界与某组件的距离
android:layout_marginRight	设置当前组件的右边界与某组件的距离
android:layout_marginStart	设置当前组件的开始边距

组 件 属 性	功 能 描 述
android:layout_marginEnd	设置当前组件的结束边距
android:padding	设置所有 4 个方向的内边距
android:paddingLeft	设置布局左边内边距的距离
android:paddingRight	设置布局右边内边距的距离
android:paddingTop	设置布局上边内边距的距离
android:paddingBottom	设置布局下边内边距的距离

3.2.2　线性布局

线性布局(LinearLayout)是 Android 开发中使用非常广泛的一个布局容器,它能够将子视图(如按钮、文本视图、图片等)按照水平(horizontal)或垂直(vertical)的方式排列。线性布局常用属性如下。

(1) android:orientation：定义子视图的排列方向,有水平和垂直两个方向,默认为水平方向。

(2) android:layout_weight：定义子视图在父视图中的权重。

在线性布局中,若希望某子视图在布局中占据更多的空间,可以通过设置 android:layout_weight 属性来实现。这个属性的值越高,子视图占据的空间就越多。当使用 android:layout_weight 属性时,通常将子视图的 android:layout_width 或 android:layout_height 设置为"0dp",这样视图的宽度将完全由权重决定。

【例 3.2】　使用 XML 文件实现线性布局,在布局中设置两个按钮,使其水平排列,具体代码如下:

```
布局代码: linearlayoutdemo1/activity_main.xml
<?xml version="1.0" encoding="utf- 8"?>
<LinearLayout xmlns:android="http://schemas.android.com/apk/res/android"
    android:layout_width="match_parent"
    android:layout_height="match_parent"
    android:orientation="horizontal">
    <Button
        android:layout_width="0dp"
        android:layout_height="wrap_content"
        android:layout_weight="2"
        android:text="按钮 1" />
    <Button
        android:layout_width="0dp"
        android:layout_height="wrap_content"
        android:layout_weight="1"
        android:text="按钮 2"/>
</LinearLayout>
```

运行结果如图 3.1 所示。

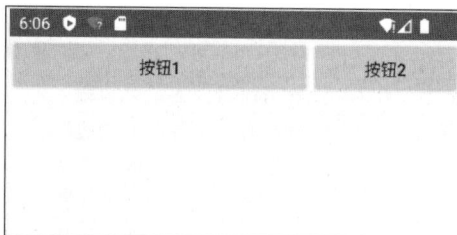

图 3.1　线性布局

在上述代码中，layout_weight 属性被用来指定两个 Button 在 LinearLayout 中的相对宽度。由于 layout_width 被设置为 0dp，layout_weight 成为决定按钮宽度的唯一因素。按钮 1 的权重是 2，按钮 2 的权重是 1，这使得它们的宽度按比例分配，在 LinearLayout 内的宽度分别是总宽度的 2/3 和 1/3。

当组件水平排列时，组件的 layout_width 不能设置为 match_parent，否则其他的组件会被挤出屏幕而不显示；同样，当组件垂直排列时，组件的 layout_height 也不能设置为 match_parent。

【例 3.3】 使用 Java 代码在程序中动态构建线性布局。与 XML 一样，创建两个按钮，使其水平排列，MainActivity.java 中的具体代码如下：

```
程序代码：linearlayoutdemo2/MainActivity.java
package com.example.linearlayoutdemo2;
public class MainActivity extends AppCompatActivity {
    @Override
    protected void onCreate(Bundle savedInstanceState) {
        super.onCreate(savedInstanceState);
        //创建一个新的 LinearLayout 实例
        LinearLayout linearLayout = new LinearLayout(this);
        linearLayout.setOrientation(LinearLayout.HORIZONTAL); //设置布局为水平方向
        linearLayout.setLayoutParams(new LinearLayout.LayoutParams(
                LinearLayout.LayoutParams.MATCH_PARENT,
                LinearLayout.LayoutParams.MATCH_PARENT));    //设置宽高
        //创建第一个 Button 实例
        Button button1 = new Button(this);
        button1.setText("按钮 1");                          //设置按钮文本
        //设置宽度为 0, 将使用 weight 属性来分配空间
        LinearLayout.LayoutParams button1Params = new
                LinearLayout.LayoutParams( 0,
                LinearLayout.LayoutParams.WRAP_CONTENT);
        button1Params.weight = 2;                           //设置 weight 属性
        button1.setLayoutParams(button1Params);
        //创建第二个 Button 实例
        Button button2 = new Button(this);
        button2.setText("按钮 2");                          //设置按钮文本
        //设置宽度为 0, 将使用 weight 属性来分配空间
```

```
LinearLayout.LayoutParams button2Params = new
    LinearLayout.LayoutParams(0,
    LinearLayout.LayoutParams.WRAP_CONTENT);
button2Params.weight = 1;           //设置 weight 属性
button2.setLayoutParams(button2Params);
//将 TextView 和 Button 添加到 LinearLayout 中
linearLayout.addView(button1);
linearLayout.addView(button2);
//设置 Activity 的内容视图为刚刚创建的 LinearLayout
setContentView(linearLayout);
    }
}
```

3.2.3　相对布局

相对布局(RelativeLayout)是 Android 开发中一种常用的布局方式,它允许开发者根据组件之间的相对位置来安排界面元素。这种布局方式基于参照物,可以指定子视图相对于父容器或兄弟组件的位置,从而实现更灵活的界面布局。相对布局的属性较多,常用属性如表 3.2 所示。

表 3.2　相对布局的属性

组 件 属 性	功 能 描 述
android:layout_centerInParent	设置当前组件位于父布局的中央位置
android:layout_centerVertical	设置当前组件位于父布局的垂直居中位置
android:layout_centerHorizontal	设置当前组件位于父布局的水平居中位置
android:layout_above	设置当前组件位于某组件的上方
android:layout_below	设置当前组件位于某组件的下方
android:layout_toLeftOf	设置当前组件位于某组件的左侧
android:layout_toRightOf	设置当前组件位于某组件的右侧
android:layout_alignParentTop	设置当前组件是否与父组件顶端对齐
android:layout_alignParentBottom	设置当前组件是否与父组件底端对齐
android:layout_alignParentLeft	设置当前组件是否与父组件左对齐
android:layout_alignParentRight	设置当前组件是否与父组件右对齐
android:layout_alignTop	设置组件的上边界与某组件的上边界对齐
android:layout_alignBottom	设置组件的上边界与某组件的下边界对齐
android:layout_alignLeft	设置组件的上边界与某组件的左边界对齐
android:layout_alignRight	设置组件的上边界与某组件的右边界对齐

【例 3.4】　相对布局示例,通过相对布局设置文本框和两个按钮组件位置。

```
布局代码: relativelayoutdemo/activity_main.xml
<?xml version="1.0" encoding="utf- 8"? >
<RelativeLayout xmlns:android="http://schemas.android.com/apk/res/android"
  android:layout_width="match_parent"
  android:layout_height="match_parent"
```

```
      android:paddingTop="20dp"
      android:paddingLeft="10dp">
   <TextView
      android:id="@ + id/tv"
      android:layout_width="match_parent"
      android:layout_height="320dp"
      android:layout_alignParentTop="true"
      android:text="这里是文本框"
      android:textSize="20sp"/>
   <RelativeLayout
      android:layout_width="match_parent"
      android:layout_height="match_parent"
      android:layout_alignTop="@ id/tv"
      android:layout_marginTop="40dp">
      <Button
         android:id="@ + id/btn1"
         android:layout_width="wrap_content"
         android:layout_height="wrap_content"
         android:layout_centerInParent="true"
         android:text="确定"/>
      <Button
         android:layout_width="wrap_content"
         android:layout_height="wrap_content"
         android:layout_toRightOf="@ + id/btn1"
         android:layout_alignTop="@ + id/btn1"
         android:text="取消"/>
   </RelativeLayout>
</RelativeLayout>
```

相对布局预览效果如图 3.2 所示。

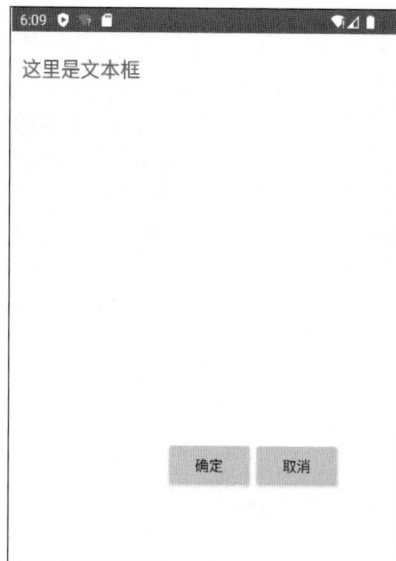

图 3.2　相对布局

在上述代码中,在 RelativeLayout 布局中设置了 paddingTop 和 paddingLeft 属性,使该布局上边与左边内边距都为 20dp,文本框设置 layout_alignParentTop 属性为"true",使该文本框与布局顶端对齐。

在 RelativeLayout 布局中又内嵌了一个 RelativeLayout 布局,用来控制两个按钮之间的位置。通过 android:layout_alignTop 和 android:layout_marginTop 两个属性使内嵌的布局的上边界与 TextView 文本框的上边界距离 40dp。

3.2.4　框架布局

框架布局(FrameLayout)又称为帧布局。在 Android 开发中,FrameLayout 是布局中最简单的一个布局,视图默认从屏幕的左上角开始,并按顺序将它们叠加在一起。子视图的层叠顺序由它们在 XML 布局文件中出现的顺序决定,先定义的视图会在底部,后定义的视图会覆盖在顶部。

在框架布局中,其尺寸通常由其内部最大的子视图所决定。如果所有子视图的尺寸相等,则只有最上层的子视图可见。

【例 3.5】　框架布局示例,界面使用框架布局显示三个 TextView。

```
布局代码: framelayoutdemo/activity_main.xml
<?xml version="1.0" encoding="utf-8"?>
<FrameLayout xmlns:android="http://schemas.android.com/apk/res/android"
    android:layout_width="match_parent"
    android:layout_height="match_parent">
    <TextView
        android:layout_width="200dp"
        android:layout_height="200dp"
        android:background="#FF6143"/>
    <TextView
        android:layout_width="150dp"
        android:layout_height="150dp"
        android:background="#7BFE00"/>
    <TextView
        android:layout_width="100dp"
        android:layout_height="100dp"
        android:background="#FFFF00"/>
</FrameLayout>
```

App 运行结果如图 3.3 所示。在上述代码中,设置了三个 TextView 组件,所有 TextView 都被放置在 FrameLayout 的左上角。由于 FrameLayout 的特性,后添加的视图会覆盖前面的视图。因此,最上面的视图(即第三个 TextView,黄色背景)会完全覆盖其他两个 TextView 的区域。

3.2.5　网格布局

网格布局(GridLayout)是 Android 中一种用于将

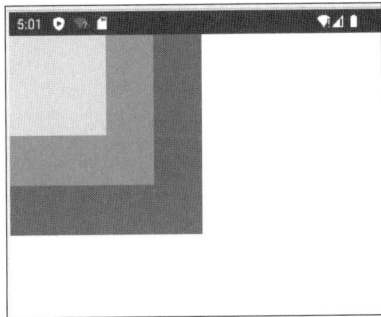

图 3.3　框架布局运行结果图

子视图按照网格形式排列的布局方式。允许将子视图放置在网格的行和列中,非常适合需要将组件以网格形式展示的场景,如计算器界面。网格布局默认从左往右、从上到下排列,网络布局的常用属性如表 3.3 所示,布局中的子组件属性如表 3.4 所示。

表 3.3　网格布局的属性

布 局 属 性	功 能 描 述
android:rowCount	指定网格的行数,即每列可以放的视图数
android:columnCount	指定网格的列数,即每行可以放的视图数

表 3.4　子组件属性

子组件属性	功 能 描 述
android:layout_rowWeight	指定组件在垂直方向的权重
android:layout_columnWeight	指定组件在水平方向的权重
android:layout_row	设置子组件在几行
android:layout_column	设置子组件在几列
android:layout_rowSpan	定义子组件跨越的行数
android:layout_columnSpan	定义子组件跨越的列数

【例 3.6】　网格布局示例。界面中使用网格布局设定按钮的位置。具体代码如下。

```
布局代码:gridlayoutdemo/activity_main.xml
<?xml version="1.0" encoding="utf-8"?>
<GridLayout xmlns:android="http://schemas.android.com/apk/res/android"
    android:layout_width="match_parent"
    android:layout_height="match_parent"
    android:columnCount="2"
    android:rowCount="2">
    <Button
        android:layout_width="0dp"
        android:layout_height="wrap_content"
        android:layout_columnWeight="1"
        android:text="按钮 1"
        android:background="#FFF000"/>
    <Button
        android:layout_width="0dp"
        android:layout_height="wrap_content"
        android:layout_columnWeight="1"
        android:text="按钮 2"
        android:background="#FF0000"/>
    <Button
        android:layout_width="0dp"
        android:layout_height="wrap_content"
        android:layout_columnWeight="1"
        android:text="按钮 3"
        android:background="#00FF00"/>
</GridLayout>
```

运行结果如图 3.4 所示。上述代码中定义了三个按钮,每个按钮占据一个网格单元。

由于设置了 android:columnCount＝"2"和 android:rowCount＝"2"，网格布局将显示为 2 行 2 列。每个按钮通过 android:layout_columnWeight＝"1"属性在各自的列中平均分配空间。

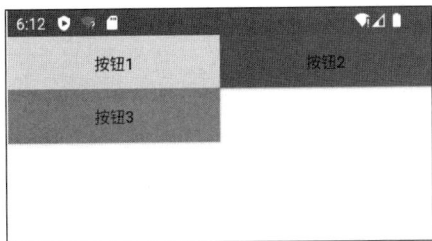

图 3.4　网格布局

3.2.6　约束布局

在 Android 开发中，约束布局(Constraint Layout)主要是为了解决布局嵌套过多的问题，以灵活的方式定位和调整小部件，创建具有扁平视图层次结构(没有嵌套视图组)的大型复杂布局。约束布局是 Android Studio 新项目的默认布局。

在 Android Studio 中通过拖动来设置组件的约束。首先从左侧的 Palette 区域拖动组件到中间的界面编辑区域。在 Constraint Layout 中，组件放入布局后，其四周会显示空心圆圈，表示可以添加约束。将光标移到空心圆上拖动至父布局的边缘或其他组件上并松开，即可添加约束。添加完约束后，圆圈会变成实心，并显示齿轮形状的连线，表示该方向的约束已设置完成。当组件同时添加了上下或左右方向的约束时，它会在对应的垂直或水平方向上自动居中。单个组件添加约束的过程如图 3.5 所示。

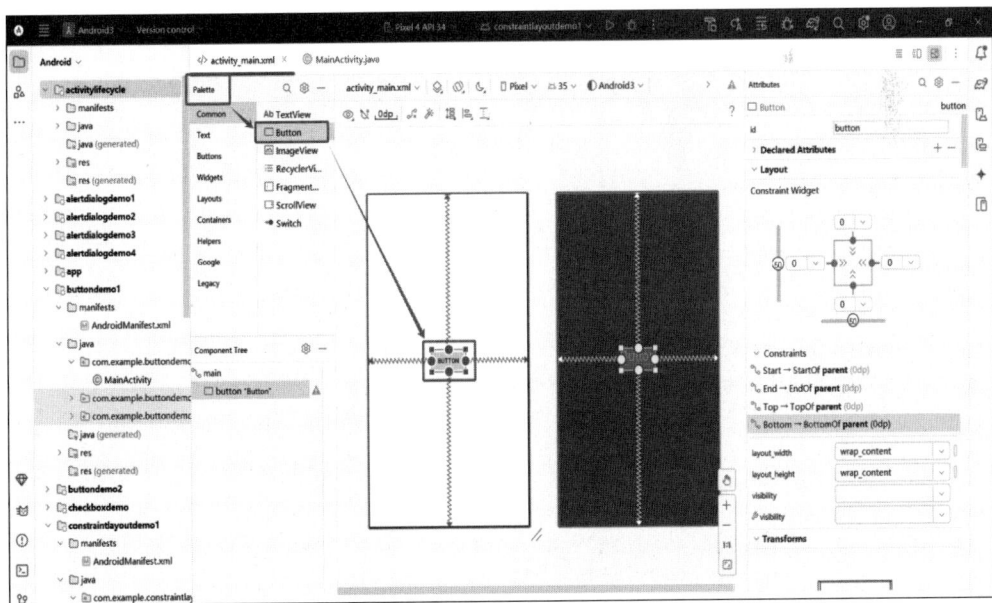

图 3.5　Android Studio 添加单个组件

组件之间的约束是指将一个组件的位置相对于另一个组件来定义，通过将组件的某个锚点拖动连接到另一个组件的对应锚点来实现。

约束布局常用属性如表 3.5 所示。

表 3.5　约束布局的常用属性

属 性 名 称	功 能 描 述
layout_constraintLeft_toLeftOf	当前组件的左侧和另一个组件的左侧对齐
layout_constraintRight_toRightOf	当前组件的右侧和另一个组件的右侧对齐
layout_constraintTop_toTopOf	当前组件的上方和另一个组件的上方对齐
layout_constraintBottom_toBottomOf	当前组件的下方和另一个组件的下方对齐
layout_constraintRight_toLeftOf	当前组件的右侧和另一个组件的左侧对齐
layout_constraintLeft_toRightOf	当前组件的左侧和另一个组件的右侧对齐
layout_constraintBottom_toTopOf	当前组件的底部和另一个组件的上方对齐
layout_constraintTop_toBottomOf	当前组件的上方和另一个组件的底部对齐
layout_constraintStart_toEndOf	组件的起始边与另一个组件的尾部对齐
layout_constraintStart_toStartOf	组件的起始边与另一个组件的起始边对齐
layout_constraintEnd_toStartOf	组件的尾部与另一个组件的起始边对齐
layout_constraintEnd_toEndOf	当前组件的尾部与另一个组件的尾部对齐
layout_constraintHorizontal_bias	水平方向偏移
layout_constraintVertical_bias	垂直方向偏移

【例 3.7】　约束布局示例，界面中使用约束布局显示按钮。

```
布局代码: constraintlayoutdemo/activity_main.xml
<?xml version="1.0" encoding="utf-8"?>
<androidx.constraintlayout.widget.ConstraintLayout
xmlns:android="http://schemas.android.com/apk/res/android"
    xmlns:app="http://schemas.android.com/apk/res-auto"
    android:id="@+id/main"
    android:layout_width="match_parent"
    android:layout_height="match_parent">
    <Button
        android:id="@+id/button1"
        android:layout_width="wrap_content"
        android:layout_height="wrap_content"
        android:background="#FFF000"
        android:text="按钮 1"
        app:layout_constraintStart_toStartOf="parent"
        app:layout_constraintEnd_toEndOf="parent"
        app:layout_constraintTop_toTopOf="parent"
        app:layout_constraintBottom_toBottomOf="parent"/>
    <Button
        android:id="@+id/button2"
        android:layout_width="wrap_content"
        android:layout_height="wrap_content"
        android:background="#FF0000"
        android:text="按钮 2"
        app:layout_constraintTop_toBottomOf="@id/button1"
        app:layout_constraintStart_toStartOf="@id/button1"
        android:layout_marginTop="20dp"/>
```

```
    <Button
        android:id="@+id/button3"
        android:layout_width="wrap_content"
        android:layout_height="wrap_content"
        android:background="#00FF00"
        android:text="按钮 3"
        app:layout_constraintTop_toTopOf="parent"
        app:layout_constraintStart_toStartOf="parent"
        app:layout_constraintEnd_toEndOf="parent"
        app:layout_constraintHorizontal_bias="0.2"/>
</androidx.constraintlayout.widget.ConstraintLayout>
```

运行结果如图 3.6 所示。在上述代码中,以三个按钮为例,对约束布局进行详解。在这个布局中,"按钮 1"被居中放置在屏幕的正中央,使用了 4 个约束(上下左右)将其固定在父布局的中心;"按钮 2"位于"按钮 1"的正下方,使用 20dp 的边距使其与"按钮 1"保持一定间隔;"按钮 3"靠近屏幕左侧,设置了水平偏移(Horizontal Bias)为 0.2,使其稍微向右偏移,不完全贴紧左边缘。通过这些属性,ConstraintLayout 实现了视图之间的灵活对齐和间距控制。

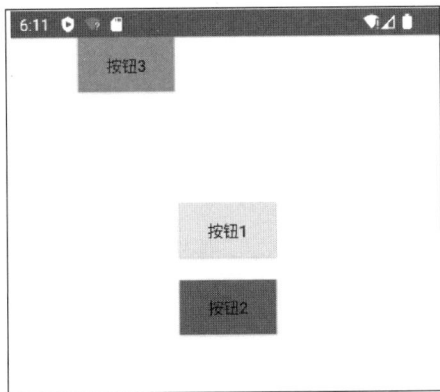

图 3.6 约束布局

3.3 常用控件

3.3.1 TextView 与 EditText

在 Android 中,TextView 是一个用于显示文本的视图控件。TextView 可以显示单行或多行文本,并且可以对其进行格式化,如设置字体大小、颜色、样式等。

TextView 的常用属性如表 3.6 所示。

表 3.6 TextView 的常用属性

组 件 属 性	功　　能
android:text	指定要显示的文本内容
android:textSize	指定文本的大小,推荐单位为 sp
android:textColor	指定文本的颜色

续表

组 件 属 性	功　　能
android:gravity	指定文本在 TextView 内的对齐方式
android:inputType	指定 TextView 的输入类型,如 text、number
android:maxLength	指定 TextView 可以输入的最大字符数
android:lines	指定 TextView 可以显示的最大行数
android:ellipsize	指定文本超出 TextView 宽度时的省略显示方式

EditText 用于接收键盘输入的文字,如用户名、密码等。它继承自 TextView,因此具有 TextView 的所有特性,并增加了其他一些用于文本编辑常用的属性,如表 3.7 所示。

表 3.7　EditText 的常用属性

属　　性	功　　能
android:hint	指定提示文本的内容
android:textColorHint	指定提示文本的颜色
android:inputType	指定输入的文本类型
android:maxLength	指定文本允许输入的最大长度
android:background	若不想要边框,则可以设置为"@null"

【例 3.8】　在布局文件中设置 TextView 的相关属性示例。

```
布局代码: textviewdemo/activity_main.xml
<?xml version="1.0" encoding="utf- 8"?>
<RelativeLayout xmlns:android="http://schemas.android.com/apk/res/android"
    android:layout_width="match_parent"
    android:layout_height="match_parent">
    <TextView
        android:id="@+id/tv1"
        android:layout_width="match_parent"
        android:layout_height="wrap_content"
        android:text="Hello World! Hello World! Hello World! Hello World!"
        android:textSize="30sp"
        android:textColor="#000000"
        android:gravity="center"
        android:lines="2" />
    <TextView
        android:layout_below="@ id/tv1"
        android:layout_width="match_parent"
        android:layout_height="wrap_content"
        android:text="Hello World! Hello World! Hello World! Hello World!"
        android:textSize="30sp"
        android:textColor="#F08080"
        android:gravity="center"
        android:lines="1"
        android:ellipsize="middle" />
</RelativeLayout>
```

预览效果如图 3.7 所示。在上述代码中, android:
text 属性中输入了超出 TextView 宽度的长文本。第
一个 TextView 中, 设置了 android:lines 属性为 2 行,
一行显示不下, 自动换行。第二个 TextView 中,
android:lines 为 1 行, 文本无法全部显示, android:
ellipsize 属性为"middle", 省略显示中间的部分文本,
若不加入 android:ellipsize 属性, 则超出第一行的文
本不会显示。

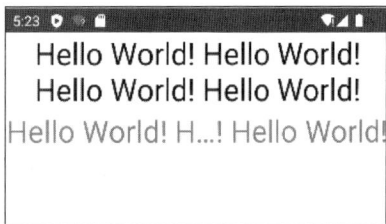

图 3.7 TextView 示例运行

【例 3.9】 在布局文件中设置 EditText 属性示例。

```
布局代码: edittextdemo/activity_main.xml
<?xml version="1.0" encoding="utf- 8"?>
<RelativeLayout xmlns:android="http://schemas.android.com/apk/res/android"
    android:layout_width="match_parent"
    android:layout_height="match_parent"
    android:padding="5dp">
    <TextView
        android:id="@+id/tv"
        android:layout_width="match_parent"
        android:layout_height="wrap_content"
        android:text="登录"
        android:textSize="30sp"
        android:textColor="@ color/black"
        android:gravity="center"/>
    <EditText
        android:id="@+id/username"
        android:layout_width="match_parent"
        android:layout_height="wrap_content"
        android:layout_below="@ id/tv"
        android:layout_marginTop="30dp"
        android:hint="请输入用户名"
        android:textColorHint="#A9A9A9"
        android:inputType="text"
        android:maxLength="3" />
    <EditText
        android:layout_width="match_parent"
        android:layout_height="wrap_content"
        android:layout_below="@id/username"
        android:hint="请输入密码"
        android:textColorHint="#A9A9A9"
        android:inputType="textPassword"
        android:maxLength="3" />
</RelativeLayout>
```

运行结果如图 3.8 所示。在上述代码中, 第二个 EditText 组件的 android:inputType
属性值设置成了文本密码类型, 运行之后第二个 EditText 的输入框中输入文本则显示圆
点。同时两个输入框都设置 android:maxLength 属性为 3, 最多只能输入三个数。

图 3.8　EditText 运行结果

3.3.2　Button 与 ImageButton

1. Button

在 Android 开发中,按钮组件 Button 是一个非常常见的用户界面组件,用户点击时触发事件并执行操作。可以在布局 XML 中定义 Button,设置文本、颜色和大小等属性,也可以通过代码,使用 setOnClickListener()方法来定义按钮的点击行为。Button 还支持多种状态如正常、按下和禁用状态,可以通过不同的资源文件来设置这些状态下的样式。

Button 可以通过在布局文件中添加组件,也可以通过 Java 代码动态创建。

在 XML 布局文件中定义 Button 示例:

```
<Button
    android:id="@+id/btn"
    android:layout_width="match_parent"
    android:layout_height="wrap_content"
    android:text="按钮"
    android:textSize="20sp"
    android:background="#FFAAAA"
    android:layout_margin="5dp"/>
```

在 Java 代码中创建 Button:

```
Button button = new Button(this);
button.setText("Click Me");
button.setBackgroundColor(Color.BLUE);
button.setTextColor(Color.WHITE);
```

Button 按钮可以接收用户的点击事件,在代码中可以通过 setOnClickListener()方法为按钮设置一个监听器。当按钮被点击时,会触发 onClick()方法。

【例 3.10】　用户登录,用户在文本框中输入登录信息,点击按钮验证登录信息,并通过 TextView 显示登录结果。

```
布局代码: buttondemo1/activity_main.xml
<?xml version="1.0" encoding="utf-8"?>
<RelativeLayout xmlns:android="http://schemas.android.com/apk/res/android"
    android:layout_width="match_parent"
```

```
    android:layout_height="match_parent"
    android:padding="5dp">
<TextView
    android:id="@+id/tv"
    android:layout_width="match_parent"
    android:layout_height="wrap_content"
    android:text="登录"
    android:textSize="30sp"
    android:textColor="@color/black"
    android:gravity="center"/>
<EditText
    android:id="@+id/username"
    android:layout_width="match_parent"
    android:layout_height="wrap_content"
    android:layout_below="@id/tv"
    android:layout_marginTop="30dp"
    android:hint="请输入用户名"
    android:textColorHint="#A9A9A9"
    android:inputType="text"
    android:maxLength="20"/>
<EditText
    android:id="@+id/password"
    android:layout_width="match_parent"
    android:layout_height="wrap_content"
    android:layout_below="@id/username"
    android:hint="请输入密码"
    android:textColorHint="#A9A9A9"
    android:inputType="textPassword"
    android:maxLength="20" />
<Button
    android:id="@+id/login_button"
    android:layout_width="match_parent"
    android:layout_height="wrap_content"
    android:layout_below="@id/password"
    android:layout_marginTop="20dp"
    android:text="登录"/>
<TextView
    android:id="@+id/login_result"
    android:layout_width="match_parent"
    android:layout_height="wrap_content"
    android:layout_below="@id/login_button"
    android:layout_marginTop="20dp"
    android:gravity="center"/>
</RelativeLayout>
```

　　程序代码：buttondemo1/MainActivity.java，在 MainActivity 中获取输入框以及按钮，并为按钮添加 OnClickListener 监听代码，具体代码如下：

```
package com.example.buttondemo1;
public class MainActivity extends AppCompatActivity {
    private EditText usernameEditText, passwordEditText;
    private TextView loginResultTextView;
    private Button loginButton;
    @Override
    protected void onCreate(Bundle savedInstanceState) {
        super.onCreate(savedInstanceState);
        setContentView(R.layout.activity_main);
        usernameEditText = findViewById(R.id.username);
        passwordEditText = findViewById(R.id.password);
        loginResultTextView = findViewById(R.id.login_result);
        loginButton = findViewById(R.id.login_button);
        loginButton.setOnClickListener(new View.OnClickListener() {
            @Override
            public void onClick(View v) {
                //获取用户名和密码
                String username = usernameEditText.getText().toString();
                String password = passwordEditText.getText().toString();
                //检查用户名和密码
                if (username.equals("admin") && password.equals("123")) {
                    //登录成功
                    loginResultTextView.setText("登录成功");
loginResultTextView.setTextColor(Color.parseColor("#4CAF50"));
                } else {
                    //登录失败
loginResultTextView.setText("用户名或密码错误");
                        loginResultTextView. setTextColor (Color. parseColor
("#F44336"));
                }
            }
        });
    }
}
```

运行结果如图 3.9 所示,若用户名是"admin",密码是"123",则登录成功。在上述代码中,使用 findViewById()方法对按钮进行初始化,并通过 setOnClickListener()方法为按钮设置了点击事件监听器。点击按钮时,会读取输入框中的用户名和密码并进行验证。验证结果将通过 setText()方法修改 TextView 的文本信息。

如果多个按钮执行相似的操作,可以使用同一个 OnClickListener 处理所有这些按钮的点击事件。通过 View 的 getId()方法,可以区分不同的按钮。

图 3.9 按钮运行结果

【例 3.11】 多个按钮编程示例。

```
布局代码：buttondemo2/activity_main.xml
<?xml version="1.0" encoding="utf- 8"?>
<LinearLayout xmlns:android="http://schemas.android.com/apk/res/android"
    android:layout_width="match_parent"
    android:layout_height="match_parent"
    android:orientation="vertical">
    <Button
        android:id="@+id/btn1"
        android:layout_width="match_parent"
        android:layout_height="wrap_content"
        android:text="按钮 1"
        android:textSize="20sp" />
    <Button
        android:id="@+id/btn2"
        android:layout_width="match_parent"
        android:layout_height="wrap_content"
        android:text="按钮 2"
        android:textSize="20sp"/>
</LinearLayout>
```

程序代码：buttondemo2/MainActivity. java，在 MainActivity 中设置 OnClickListener 统一管理，具体代码如下：

```
package com.example.buttondemo2;
public class MainActivity extends AppCompatActivity implements View.OnClickListener {
    private Button btn1;
    private Button btn2;
    @Override
    protected void onCreate(Bundle savedInstanceState) {
        super.onCreate(savedInstanceState);
        setContentView(R.layout.activity_main);
        btn1 = findViewById(R.id.btn1);
        btn2 = findViewById(R.id.btn2);
        btn1.setOnClickListener(this);
        btn2.setOnClickListener(this);
    }
    @Override
    public void onClick(View v) {
        switch (v.getId()) {
            case R.id.btn1:
                btn1.setText("按钮 1 已被点击");
                btn1.setEnabled(false);
                break;
            case R.id.btn2:
                btn2.setText("按钮 2 已被点击");
                btn2.setEnabled(false);
                break;
        }
    }
}
```

运行结果如图 3.10 所示。上述代码实现了 View.OnClickListener 接口,以响应按钮点击事件。在 onCreate()方法中,btn1 和 btn2 被初始化并分别绑定了点击事件监听器。当用户点击按钮时,onClick()方法会被调用,并根据点击的按钮 ID 执行相应的操作。点击btn1 时,按钮的文本会更改为"按钮 1 已被点击",并禁用该按钮;点击 btn2 时,按钮的文本会更改为"按钮 2 已被点击",并禁用该按钮。这样,每个按钮点击后只会发生一次反应,并且不会再被点击。

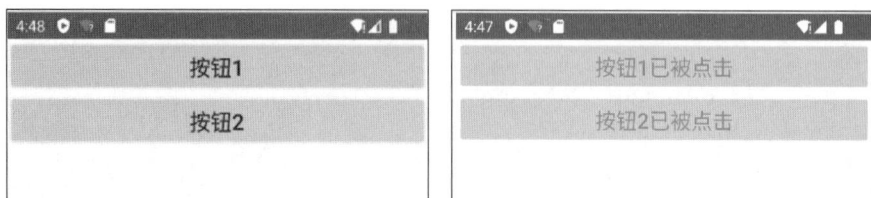

图 3.10   按钮被禁用

上述代码在 Android Studio 中使用 JDK17 以上版本,可能会出现 switch 语句报错"Constant expression required"的问题。这是因为在 JDK17 中 switch 语句的条件表达式支持使用枚举类型,而这个特性还没有被支持。可以在 gradle.properties 配置文件下添加代码"android.nonFinalResIds=false",然后单击 Sync Now 解决问题。

2. ImageButton

在 Android 中,ImageButton 是一个可以显示图片并响应单击事件的组件。它继承自ImageView,具有显示图片的所有功能,同时还添加了处理点击事件的能力。

ImageButton 的属性及其功能如表 3.8 所示。

表 3.8   ImageButton 的属性

属　　　性	功　　　能
android:src	设置按钮的默认图片资源
android:scaleType	控制图片如何缩放以适应组件的边界
android:contentDescription	图片的描述

其中,scaleType 属性的取值说明如表 3.9 所示。

表 3.9   scaleType 属性的取值

缩放类型	说　　　明
fitXY	将图像缩放到完全填充视图的边界,不保持图像的宽高比。图像可能会被拉伸或压缩
fitCenter	保持宽高比,拉伸图片使其位于视图中间
fitStart	保持宽高比,拉伸图片使其位于视图上方或左侧
fitEnd	保持宽高比,拉伸图片使其位于视图下方或右侧
center	保持宽高比,并位于视图中间。图像的尺寸可能会超出视图的边界
centerCrop	拉伸图片使其充满视图,并位于视图中间。图像的某些部分可能会被裁剪
centerInside	保持宽高比,缩小图片使其位于视图中间(只缩小不放大)

ImageButton 可以通过在 XML 文件和 Java 文件这两种方法中进行设置。

【例 3.12】   在布局文件中使用 ImageButton。该例中首先需要在 res/drawable 文件夹内导入一张名为"ic_image1"的图片,通过设置 android:scaleType 属性,可以将加载的图片显示不同的效果。

```
布局代码: imagebuttondemo/activity_main.xml
<?xml version="1.0" encoding="utf-8"?>
<LinearLayout xmlns:android="http://schemas.android.com/apk/res/android"
    android:layout_width="match_parent"
    android:layout_height="match_parent"
    android:orientation="vertical"
    android:padding="16dp"
    android:gravity="top">
    <ImageButton
        android:id="@+id/imagebutton"
        android:layout_width="400dp"
        android:layout_height="300dp"
        android:src="@drawable/ic_image1"
        android:scaleType="fitXY" />
</LinearLayout>
```

按照表 3.9 中的顺序修改 android:scaleType 的属性值,运行结果如图 3.11 所示。

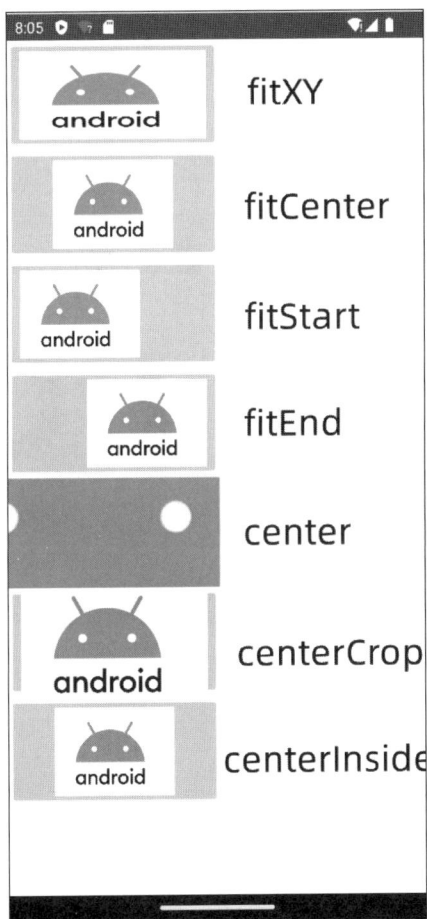

图 3.11 scaleType 不同属性的效果

【例 3.13】 在代码中使用 ImageButton。在程序中调用 setScaleType( )方法设置缩放类型。

```
程序代码：imagebuttondemo/MainActivity.java
package com.example.imagebuttondemo;
public class MainActivity extends AppCompatActivity {
    private ImageButton imageButton;
    @Override
    protected void onCreate(Bundle savedInstanceState) {
        super.onCreate(savedInstanceState);
        setContentView(R.layout.activity_main);
        //获取 ImageButton 控件
        imageButton = findViewById(R.id.imagebutton);
        //设置 ImageButton 点击事件监听器
        imageButton.setOnClickListener(new View.OnClickListener() {
            @Override
            public void onClick(View v) {
                imageButton.setImageResource(R.drawable.ic_image2);
                //设置图片的 scaleType 为 center
                imageButton.setScaleType(ImageView.ScaleType.CENTER);
            }
        });
    }
}
```

运行结果如图 3.12 所示。

图 3.12   图片点击前后

3.3.3   RadioButton 与 CheckBox

1. RadioButton

RadioButton(单选按钮)是 Android 中用于提供单选选项的用户界面组件。通常与 RadioGroup 一起使用,确保在同一组中只能选择一个单选按钮。RadioButton 的选中状态用一个实心圆圈表示,未选中状态用一个空心圆圈表示。

RadioGroup 是一个容器视图,用于包含多个 RadioButton。RadioGroup 确保选择 RadioButton 中一个选项时,同组的其他选项会被自动取消选择。

RadioButton 的属性 android:checked 用于设置 RadioButton 的初始选中状态(true 或 false)。

【例 3.14】　RadioButton 和 RadioGroup 使用示例。

```
布局代码: radiobuttondemo/activity_main.xml
<?xml version="1.0" encoding="utf- 8"?>
<LinearLayout xmlns:android="http://schemas.android.com/apk/res/android"
    android:layout_width="match_parent"
    android:layout_height="match_parent"
    android:orientation="horizontal">
    <TextView
        android:layout_width="wrap_content"
        android:layout_height="wrap_content"
        android:text="性别: "
        android:textSize="20sp"
        android:padding="10dp"/>
    <RadioGroup
        android:id="@+id/radiogroup"
        android:layout_width="match_parent"
        android:layout_height="wrap_content"
        android:orientation="horizontal">
        <RadioButton
            android:id="@+id/radiobutton1"
            android:layout_width="0dp"
            android:layout_height="wrap_content"
            android:layout_weight="1"
            android:text="男"
            android:textSize="20sp" />
        <RadioButton
            android:id="@+id/radiobutton2"
            android:layout_width="0dp"
            android:layout_height="wrap_content"
            android:layout_weight="1"
            android:text="女"
            android:textSize="20sp"/>
    </RadioGroup>
</LinearLayout>
程序代码: radiobuttondemo/MainActivity.java
public class MainActivity extends AppCompatActivity{
    private RadioButton selectedRadioButton;    //存储当前选中的 RadioButton
    private RadioGroup radioGroup;
    @Override
    protected void onCreate(Bundle savedInstanceState) {
        super.onCreate(savedInstanceState);
        setContentView(R.layout.activity_main);
        //获取 RadioGroup
        radioGroup = findViewById(R.id.radiogroup);
        //设置 RadioGroup 的监听器
```

```
        radioGroup.setOnCheckedChangeListener(new
            RadioGroup.OnCheckedChangeListener() {
            @Override
            public void onCheckedChanged(RadioGroup group, int checkedId) {
                //更新当前选中的 RadioButton
                selectedRadioButton = findViewById(checkedId);
                Toast.makeText(MainActivity.this, "选择的是: " +
                    selectedRadioButton.getText(), Toast.LENGTH_SHORT).show();
            }
        });
    }
}
```

　　运行结果如图 3.13 所示。在上述代码中,在 XML 文件中设置了两个 RadioButton,放置在同一个 RadioGroup 中,并设置其水平排列。在 Java 代码中,使用 RadioGroup 提供一个统一的监听器 OnCheckedChangeListener,用于监听组内任一 RadioButton 的选中状态变化。当一个 RadioButton 被选中时,RadioGroup 会自动取消其他 RadioButton 的选中状态,确保只有单个选项被选中。

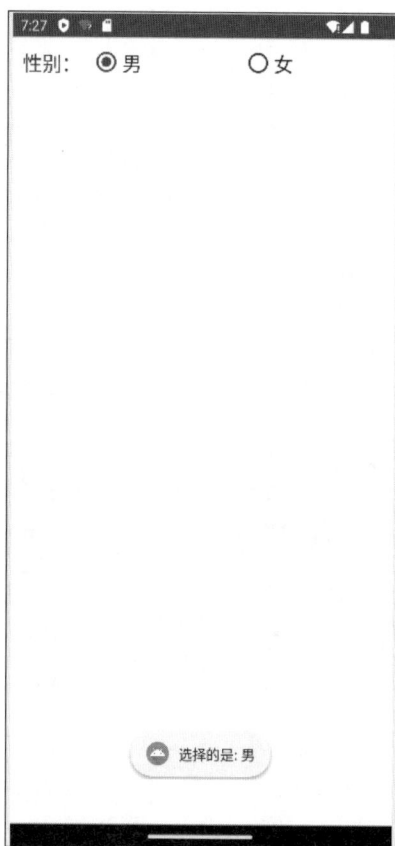

图 3.13　RadioButton

2. CheckBox

CheckBox 多选框用于让用户在多个选项中选择一个或多个选项。CheckBox 允许用户选择多个选项，而不是限制为只能选择一个。

【例 3.15】　CheckBox 的使用示例。

```
布局代码：checkboxdemo/activity_main.xml
<?xml version="1.0" encoding="utf-8"?>
<LinearLayout xmlns:android="http://schemas.android.com/apk/res/android"
    android:layout_width="match_parent"
    android:layout_height="match_parent"
    android:orientation="vertical">
    <TextView
        android:layout_width="match_parent"
        android:layout_height="wrap_content"
        android:text="喜欢的体育运动："
        android:textSize="20sp"/>
    <CheckBox
        android:id="@+id/checkbox1"
        android:layout_width="match_parent"
        android:layout_height="wrap_content"
        android:text="羽毛球"
        android:textSize="18sp"/>
    <CheckBox
        android:id="@+id/checkbox2"
        android:layout_width="match_parent"
        android:layout_height="wrap_content"
        android:text="乒乓球"
        android:textSize="18sp"/>
    <CheckBox
        android:id="@+id/checkbox3"
        android:layout_width="match_parent"
        android:layout_height="wrap_content"
        android:text="跑步"
        android:textSize="18sp"/>
    <CheckBox
        android:id="@+id/checkbox4"
        android:layout_width="match_parent"
        android:layout_height="wrap_content"
        android:text="篮球"
        android:textSize="18sp"/>
    <Button
        android:id="@+id/btn"
        android:layout_width="wrap_content"
        android:layout_height="wrap_content"
        android:layout_gravity="center"
        android:text="确定"/>
    <!-- 用来显示选择的内容-->
    <TextView
```

```
        android:id="@+id/tv"
        android:layout_width="match_parent"
        android:layout_height="wrap_content"
        android:textSize="18sp"/>
</LinearLayout>
```

程序代码：checkboxdemo/MainActivity.java

```java
public class MainActivity extends AppCompatActivity {
    private CheckBox checkBox1;
    private CheckBox checkBox2;
    private CheckBox checkBox3;
    private CheckBox checkBox4;
    @Override
    protected void onCreate(Bundle savedInstanceState) {
        super.onCreate(savedInstanceState);
        setContentView(R.layout.activity_main);
        //获取 4 个 CheckBox
        checkBox1 = findViewById(R.id.checkbox1);
        checkBox2 = findViewById(R.id.checkbox2);
        checkBox3 = findViewById(R.id.checkbox3);
        checkBox4 = findViewById(R.id.checkbox4);
        Button btn = findViewById(R.id.btn);
        TextView tv = findViewById(R.id.tv);
        //设置 Button 的点击事件
        btn.setOnClickListener(new View.OnClickListener() {
            @Override
            public void onClick(View v) {
                //使用字符串拼接构建 TextView 显示的文本
                String selectedItems = "你喜欢的是: ";
                if (checkBox1.isChecked()) {
                    selectedItems += "羽毛球 ";
                }
                if (checkBox2.isChecked()) {
                    selectedItems += "乒乓球 ";
                }
                if (checkBox3.isChecked()) {
                    selectedItems += "跑步 ";
                }
                if (checkBox4.isChecked()) {
                    selectedItems += "篮球 ";
                }
                //将构建好的文本设置到 TextView 上
                tv.setText(selectedItems);
            }
        });
    }
}
```

运行结果如图 3.14 所示。代码包含 4 个复选框(CheckBox)和一个按钮(Button)。当用户点击按钮时,应用程序会检查每个复选框是否被选中。如果某个复选框被选中,相应的项目名称则会拼接到一个字符串中。最终,这个字符串会显示在一个 TextView 上,告知用户选择了哪些运动。

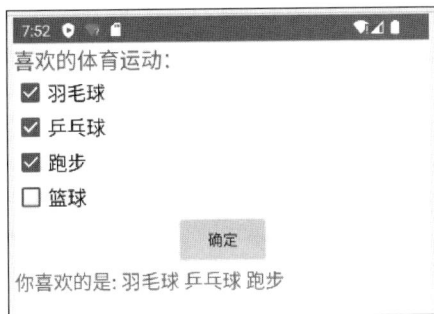

图 3.14　CheckBox 示例运行

3.3.4　ImageView

ImageView 是一个用于显示图片的组件。它是 View 类的一个子类,提供了在应用程序中显示图片的功能。ImageView 可以显示多种格式的图像,如 PNG、JPEG 等,支持多种图像来源,如资源文件、文件路径、网络 URL 等。

在布局文件中,通过属性 android:src 设置图片资源,在 Java 代码中通常调用 setImageResource(int resId)方法设置图片资源。

常用属性如下。

(1) src:设置要显示的图像资源。

(2) scaleType:定义图像如何适应视图的大小(例如,centerCrop、fitCenter(默认)、centerInside 等,同 ImageButton 中的 scaleType)。

【例 3.16】　ImageView 的使用示例。

(1) 在布局文件中使用 ImageView 组件,设置 android:src 属性。

```
布局代码:imageviewdemo/activity_main.xml
<?xml version="1.0" encoding="utf-8"?>
<LinearLayout xmlns:android="http://schemas.android.com/apk/res/android"
    android:layout_width="match_parent"
    android:layout_height="match_parent"
    android:orientation="vertical">
    <!-- ImageView 用于显示资源文件中的图片 -->
    <ImageView
        android:id="@+id/iv"
        android:layout_width="match_parent"
        android:layout_height="200dp"
        android:src="@ drawable/android"
        android:scaleType="centerCrop"/>
</LinearLayout>
```

(2) 通过 setImageResource(int resId)方法在代码中加载图片。

```
程序代码:imageviewdemo/MainActivity.java
package com.example.imageviewdemo;
```

```
public class MainActivity extends AppCompatActivity {
    @Override
    protected void onCreate(Bundle savedInstanceState) {
        super.onCreate(savedInstanceState);
        setContentView(R.layout.activity_main);
        //获取 ImageView 实例
        ImageView iv = findViewById(R.id.iv);
        //使用 setImageResource 加载资源文件中的图片
        iv.setImageResource(R.drawable.android);
    }
}
```

运行结果如图 3.15 所示。

图 3.15　ImageView 示例

3.3.5　Spinner

　　Spinner 是一种下拉列表组件,允许用户从一个预定义的列表中选择一项,并且该列表通常是隐藏的,直到用户点击 Spinner 时才会显示。选择项之后,Spinner 会显示选中的项。
　　Spinner 组件的常用属性如表 3.10 所示。

表 3.10　Spinner 组件的常用属性

属　　　性	功　　　能
android:dropDownHorizontalOffset	下拉菜单的水平偏移量
android:dropDownVerticalOffset	下拉菜单的垂直偏移量
android:dropDownSelector	定义下拉菜单中选中项的视觉效果
android:dropDownWidth	下拉菜单的宽度
android:gravity	设置 Spinner 的文本对齐方式
android:popupBackground	下拉菜单的背景样式。通常是一个 Drawable 资源
android:prompt	提示文本,当 Spinner 下拉时显示在上方的提示信息
android:spinnerMode	设置 Spinner 的模式,dropdown(默认)或 dialog
android:entries	从资源中加载字符串数组,作为 Spinner 的数据源

　　Spinner 组件可以在布局文件中绑定数据,也可以在代码中动态填充数据。
　　【例 3.17】　在布局文件中设置 Spinner,加载数据源。可以直接在布局文件中根据属性设置 Spinner 组件,具体代码如下。

```
布局代码: spinnerdemo/activity_main.xml
<?xml version="1.0" encoding="utf- 8"?>
<LinearLayout xmlns:android="http://schemas.android.com/apk/res/android"
    android:layout_width="match_parent"
    android:layout_height="match_parent">
    <Spinner
        android:id="@+id/spinner"
        android:layout_width="200dp"
        android:layout_height="wrap_content"
        android:spinnerMode="dropdown"
        android:entries="@array/sport_select"
        android:dropDownWidth="100dp" />
</LinearLayout>
```

其中,@array/sport_select 是在"res/values/strings. xml"文件中定义的字符串数组。
代码如下:

```
<string- array name="sport_select">
    <item>运动</item>
    <item>足球</item>
    <item>篮球</item>
    <item>羽毛球</item>
    <item>乒乓球</item>
    <item>排球</item>
</string- array>
```

运行结果如图 3.16 所示。

图 3.16 Spinner 在布局文件中的使用

【例 3.18】 在程序代码中通过适配器绑定 Spinner 数据源,设置 setOnItemSelectedListener
监听用户的选择。
    布局文件:

```
<Spinner
    android:id="@+id/spinner"
    android:layout_width="200dp"
    android:layout_height="wrap_content" />
```

程序代码：spinnerdemo/MainActivity. java，在代码中通过 ArrayAdapter 适配器为 Spinner 提供数据源。

```java
public class MainActivity extends AppCompatActivity {
    @Override
    protected void onCreate(Bundle savedInstanceState) {
        super.onCreate(savedInstanceState);
        setContentView(R.layout.activity_main);
        //获取 Spinner 组件
        Spinner spinner = findViewById(R.id.spinner);
        //创建一个数组适配器
        ArrayAdapter<CharSequence> adapter = ArrayAdapter.createFromResource(
            this,R.array.sport_select,                 //数据源数组
            android.R.layout.simple_spinner_item);     //Spinner 项目布局
        //指定下拉列表的布局
        adapter.setDropDownViewResource(android.R.
            layout.simple_spinner_dropdown_item);
        //将适配器应用到 Spinner
        spinner.setAdapter(adapter);
        //使用 OnItemSelectedListener 监听项选择事件
        spinner.setOnItemSelectedListener(new
            AdapterView.OnItemSelectedListener() {
            @Override
            public void onItemSelected(AdapterView<?> parent,
                View view, int position, long id) {
                //获取选择的项
                String selectedItem = (String) parent.getItemAtPosition(position);
                //显示选中的项
                Toast.makeText(getApplicationContext(), "选择的是 " +
                    selectedItem, Toast.LENGTH_SHORT).show();
            }
            @Override
            public void onNothingSelected(AdapterView<?> parent) {
                //当没有选中任何项时可以选择处理
            }
        });
    }
}
```

3.3.6 ListView

ListView 是一种用于显示垂直滚动列表的视图组件，每个 ListView 都可以包含很多个列表项。

（1）当列表项超出屏幕范围时，ListView 会自动提供滚动功能。ListView 支持点击和长按事件，可以用来处理用户交互，如打开详细信息页或删除项。

（2）ListView 通过 ArrayAdapter 或 SimpleAdapter 等适配器将数据集合绑定到列表上。

（3）ArrayAdapter 是 Android 中用于将数组数据填充到 ListView 中的一个非常常用的适配器。它能够将数组中的数据转换为 ListView 的列表项。

ArrayAdapter 的常用方法如表 3.11 所示。

表 3.11　ArrayAdapter 的常用方法

方　　法	功　　能
getCount()	返回数据项总数
getItem(int position)	返回指定位置的数据项
getItemId(int position)	返回指定位置的数据项 ID
getView(int position，View convertView，ViewGroup parent)	创建或重用视图，并绑定数据
add(T object)	向适配器添加一个数据项
addAll(T… items)	向适配器添加多个数据项
remove(T object)	从适配器中移除一个数据项
clear()	清空适配器的数据源
notifyDataSetChanged()	通知适配器数据源已更改
getDropDownView(int position，View convertView，ViewGroup parent)	返回下拉视图(用于 Spinner)

【例 3.19】　ListView 使用 ArrayAdapter 绑定数据示例。

```
布局代码: listviewdemo/activity_main.xml
<?xml version="1.0" encoding="utf-8"?>
<LinearLayout xmlns:android="http://schemas.android.com/apk/res/android"
    android:layout_width="match_parent"
    android:layout_height="match_parent"
    android:orientation="vertical">
    <TextView
        android:id="@+id/selectedItemText"
        android:layout_width="match_parent"
        android:layout_height="wrap_content"
        android:text="请选择列表项"
        android:textSize="18sp"
        android:padding="16dp" />
    <ListView
        android:id="@+id/listview"
        android:layout_width="wrap_content"
        android:layout_height="wrap_content"/>
</LinearLayout>
```

数据源代码: res/values/strings.xml,在其中设置数据源 R.array.list_items。

```
<string-array name="list_items">
    <item>一年级</item>
    <item>二年级</item>
    <item>三年级</item>
    <item>四年级</item>
    <item>五年级</item>
</string-array>
```

程序代码: listviewdemo/MainActivity.java,在代码中加载数据源,并监听用户的选择,重载 onItemClick()方法,获取用户的选择项。

```
package com.example.listviewdemo;
public class MainActivity extends AppCompatActivity {
```

```
    private TextView selectedItemText;
    @Override
    protected void onCreate(Bundle savedInstanceState) {
        super.onCreate(savedInstanceState);
        setContentView(R.layout.activity_main);
        selectedItemText = findViewById(R.id.selectedItemText);
        ListView listView = findViewById(R.id.listview);
        //获取数据源
        String[] data = getResources().getStringArray(R.array.list_items);
        //创建适配器
        ArrayAdapter<String> adapter = new ArrayAdapter<> (this, android.R.
layout.simple_list_item_1, data);
        //设置适配器到 ListView
        listView.setAdapter(adapter);
        //处理项点击事件
        listView.setOnItemClickListener(new AdapterView.OnItemClickListener() {
            @Override
            public void onItemClick(AdapterView<?> parent,
                View view, int position, long id) {
                //获取选中的项
                String item = (String) parent.getItemAtPosition(position);
                //更新 TextView 显示选中的项
                selectedItemText.setText("选择的是: " + item);
            }
        });
    }
}
```

运行结果如图 3.17 所示。

图 3.17　在 ListView 中使用 ArrayAdapter

3.4　高级 UI 设计

3.4.1　AlertDialog

对话框(Dialog)是一个小窗口,用于提示用户做出决定或输入信息。通常用于显示信息、确认操作、获取输入等。Android 提供了多种类型的对话框，AlertDialog 是最常用的对话框，适用于显示简单的消息和确认操作。它可以包含标题、消息、按钮等。

AlertDialog 的常用方法如表 3.12 所示。

表 3.12　AlertDialog 的公共方法

方　　法	作　　用
setTitle(CharSequence title)	设置对话框的标题
setMessage(CharSequence message)	设置对话框的消息文本
setIcon(Drawable icon)	设置对话框的图标
setView(View view)	设置对话框的自定义视图
setPositiveButton(CharSequence text，DialogInterface. OnClickListener listener)	设置对话框的"确定"按钮及其点击事件
setNegativeButton(CharSequence text，DialogInterface. OnClickListener listener)	设置对话框的"取消"按钮及其点击事件
setNeutralButton(CharSequence text，DialogInterface. OnClickListener listener)	设置对话框的"中立"按钮及其点击事件
setCancelable(boolean cancelable)	设置对话框是否可以被取消
setItems()	显示静态单选列表项
setSingleChoiceItems()	显示单选列表
setMultiChoiceItems()	显示多选列表
show()	显示对话框

1. AlertDialog 创建消息对话框

消息对话框在 Android 中一般用于向用户显示提示、警告或需要用户进行确认的消息。

【例 3.20】　创建一个包含标题、消息和按钮的对话框示例。

程序代码：alertdialogdemo1/MainActivity.java

程序中显示对话框的核心代码如下：

```
new AlertDialog.Builder(this)
.setTitle("确认信息")                        //设置标题
.setMessage("您是否要删这条记录?")              //设置提示信息
.setIcon(R.mipmap.ic_launcher)              //设置图标
.setPositiveButton("YES", new DialogInterface.OnClickListener() {
    @Override
    public void onClick(DialogInterface dialog, int which) {
        //处理点击"确定"按钮后的逻辑
        Toast.makeText(MainActivity.this, "您选择了删除记录",
            Toast.LENGTH_SHORT).show();
    }
})
.setNegativeButton("NO", new DialogInterface.OnClickListener() {
    @Override
    public void onClick(DialogInterface dialog, int which) {
        //处理点击"取消"按钮后的逻辑
        Toast.makeText(MainActivity.this, "您选择了取消",
```

```
            Toast.LENGTH_SHORT).show();
    }
})
.setNeutralButton("More Info", new DialogInterface.OnClickListener() {
    @Override
    public void onClick(DialogInterface dialog, int which) {
    //处理点击"更多信息"按钮后的逻辑
        Toast.makeText(MainActivity.this, "这里是更多的信息",
        Toast.LENGTH_SHORT).show();
    }
})
.setCancelable(false)        //对话框不可以被取消
.show();                     //显示对话框
```

程序的运行结果如图 3.18 所示。

2. AlertDialog 创建列表对话框

在 AlertDialog 中 setItems()方法用于创建一个包含
单列列表的对话框,适用于显示多个列表项供用户选择其
中的选项。

【**例 3.21**】 创建弹出式列表对话框。

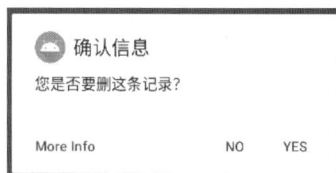

图 3.18   创建简单对话框

程序代码: alertdialogdemo2/ MainActivity.java

程序中显示对话框的相关代码:

```
new AlertDialog.Builder(this)
    .setTitle("请选择一个选项")            //设置标题
    .setItems(R.array.dialog_options, new DialogInterface.OnClickListener() {
        @Override
        public void onClick(DialogInterface dialog, int which) {
            //根据选择的项来更新 TextView 的文本
            switch (which) {
                case 0:
                    selectedOptionTextView.setText("你选择了: 篮球");
                    break;
                case 1:
                    selectedOptionTextView.setText("你选择了: 足球");
                    break;
                case 2:
                    selectedOptionTextView.setText("你选择了: 羽毛球");
                    break;
            }
        }
    })
    .setPositiveButton("确定", null)      //设置"确定"按钮
    .show();                             //显示对话框
```

运行结果如图 3.19 所示。

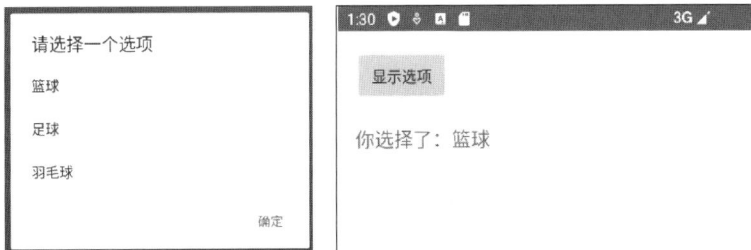

图 3.19　单列列表对话框

3. AlertDialog 创建单选列表

在 AlertDialog 中 setSingleChoiceItems()方法可以创建一个单选列表,允许用户从中选择一个选项,主要的方法是 setSingleChoiceItems()方法,该方法的定义及参数如下。

```
setSingleChoiceItems(CharSequence[] items, int checkedItem,
        DialogInterface.OnClickListener listener)
```

其中参数的含义如下:

(1) items:要显示的选项列表(CharSequence[]或 int 类型的数组资源 ID)。

(2) checkedItem:默认选中的项的索引。如果没有默认选项,请设置为 -1。

(3) listener:当用户选择一个选项时的点击事件监听器。

【例 3.22】　使用 AlertDialog 创建单选列表对话框。

程序代码:alertdialogdemo3/MainActivity.java。

创建对话框的相关代码如下:

```
new AlertDialog.Builder(this)
    .setTitle("请选择一个选项")
    .setSingleChoiceItems(R.array.dialog_options, - 1,
        new DialogInterface.OnClickListener() {
                @Override
                public void onClick(DialogInterface dialog, int which) {
                    //处理用户选择的项
                }
        })
    .setPositiveButton("确定", new DialogInterface.OnClickListener() {
        @Override
        public void onClick(DialogInterface dialog, int which) {
                //获取用户选中的项并显示
                int selectedPosition = ((AlertDialog) dialog)
                        .getListView().getCheckedItemPosition();
                String selectedOption = getResources()
                        .getStringArray(R.array.dialog_options)[selectedPosition];
                //更新 TextView 显示选择的项
                selectedOptionTextView.setText("你选择了: " + selectedOption);
        }
    })
    .setNegativeButton("取消", null)
    .show();
```

运行结果如图 3.20 所示。

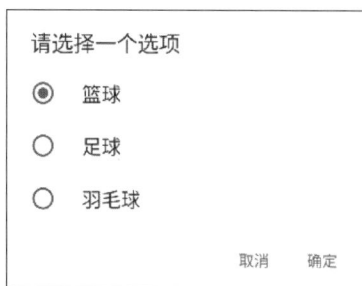

请选择一个选项

◉　篮球

○　足球

○　羽毛球

取消　确定

图 3.20　AlertDialog 单选列表框

4. AlertDialog 创建多选列表

在 AlertDialog 中,setMultiChoiceItems()方法允许用户选择多个选项。方法定义如下:

```
setMultiChoiceItems(CharSequence[] items, boolean[] checkedItems,
        DialogInterface.OnMultiChoiceClickListener listener)
```

参数含义如下:

(1) items:要显示的选项列表(CharSequence[]或 int 类型的数组资源 ID)。

(2) checkedItem:表示每个选项是否被默认选中。布尔数组的每个元素对应于 items 数组中的每个选项。如果数组中的某个位置为 true,则该选项在对话框打开时将被默认选中;如果为 false,则该选项不会被选中。

例如,如果 Option 1 和 Option 3 在对话框中默认被选中,而 Option 2 没有被选中,可以设置 checkedItems 为{true,false,true}。

(3) listener:处理用户选择复选框项的点击事件。这个监听器会在用户点击复选框时被调用。

【例 3.23】　在 AlertDialog 中创建多选列表示例。

```
程序代码:alertdialogdemo4/MainActivity.java
public class MainActivity extends AppCompatActivity {
    //用于跟踪用户选中的项
    private List<Integer> selectedItems;
    //TextView 用于显示选中的内容
    private TextView selectedOptionsTextView;
    @Override
    protected void onCreate(Bundle savedInstanceState) {
        super.onCreate(savedInstanceState);
        setContentView(R.layout.activity_main);
        //获取对话框中的选项数组
        final String[] options = getResources().getStringArray(R.array.dialog_
options);
        //初始化为未选中状态的布尔数组,长度与选项数量一致
        final boolean[] checkedItems = {false, false, false};
```

```java
        //初始化选中的项列表
        selectedItems = new ArrayList<>();
        //获取 TextView 组件
        selectedOptionsTextView = findViewById(R.id.textview_selected_options);
        //获取按钮组件并设置点击事件
        Button button = findViewById(R.id.button_show_dialog);
        button.setOnClickListener(v -> {
            //创建并显示 AlertDialog
            new AlertDialog.Builder(this)
                .setTitle("请选择选项(可多选)")
                .setMultiChoiceItems(options, checkedItems,
                    new DialogInterface.OnMultiChoiceClickListener() {
                        @Override
                        public void onClick(DialogInterface dialog,
                            int which, boolean isChecked) {
                            //处理选项的选择和取消选择
                            if (isChecked) {
                                //如果选中,则添加到 selectedItems 列表
                                selectedItems.add(which);
                            } else {
                                //如果取消选中,则从 selectedItems 列表中移除
                                selectedItems.remove((Integer) which);
                            }
                        }
                    })
                .setPositiveButton("确定", new DialogInterface.OnClickListener() {
                    @Override
                    public void onClick(DialogInterface dialog, int which) {
                        //获取所有选中的项并显示在 TextView 中
                        StringBuilder selectedOptions = new StringBuilder("你选择
了: ");

                        //遍历选中的项并拼接选中的内容
                        for (int i : selectedItems) {
                            selectedOptions.append(options[i]).append(" ");
                        }
                        //更新 TextView 显示选中的项
                            selectedOptionsTextView.setText(selectedOptions.
toString());
                    }
                })
                .setNegativeButton("取消",
                        new DialogInterface.OnClickListener() {
                        @Override
                        public void onClick(DialogInterface dialog, int which) {
                        }
                    })
                .show();
        });
    }
}
```

运行结果如图 3.21 所示。

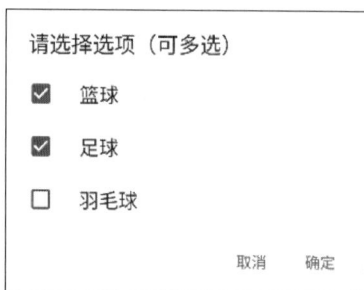

图 3.21　AlertDialog 多选列表

3.4.2　ProgressBar

ProgressBar 是 Android 中用来显示进度的 UI 组件,可以用于表示任务的完成情况,如文件下载、数据加载等。

ProgressBar 支持两种模式来表示进度:确定和不确定。

(1) 确定进度模式(Determinate Mode)。用于显示任务的进度(例如下载进度)。在这种模式下,ProgressBar 显示从 0%到 100%的进度。需要设置一个明确的最大值(max)和当前值(progress)。

(2) 不确定进度模式(Indeterminate Mode)。用于表示某个任务正在进行中,但无法确定任务的进度(例如加载数据)。通常显示为一个不断循环的动画,不需要设置最大值或当前值,因为进度是未知的。

ProgressBar 有以下常用的基本属性,如表 3.13 所示。

表 3.13　ProgressBar 的常用属性

属　　　性	功　　　能
android:indeterminate	当设置为 true 时,ProgressBar 显示为不确定模式
android:max	定义 ProgressBar 可以达到的最大值。适用于确定进度模式
android:progress	表示当前任务的完成百分比。适用于确定进度模式
android:progressDrawable	用于进度模式的 Drawable
android:progressTint	用于设置确定性进度条的颜色
style	设置为不同的进度条样式,例如水平(Horizontal)、圆形(Circular)等

系统定义的 ProgressBar 样式及其含义如下:

1. @android:style/Widget. ProgressBar

默认的进度条样式,适用于大多数场景。它以圆形形式展示。

2. @android:style/Widget. ProgressBar. Small

一个较小的进度条样式,通常用于小型布局或嵌套在其他 UI 元素中的进度条。它以圆形形式展示,适用于需要节省空间的场景。

3. @android:style/Widget. ProgressBar. Large

一个较大的进度条样式,通常用于需要突出显示进度条的场景。它也是圆形的,但尺寸较大,以提高可见性。

4. @android:style/Widget. AppCompat. Horizontal

水平进度条样式,用于显示任务的进度。它可以显示任务的完成百分比(例如下载进度)。这种样式适用于需要显示进度的具体百分比的场景。

5. @android:style/Widget. ProgressBar. Inverse

@android:style/Widget. ProgressBar. Inverse 是@android:style/Widget. ProgressBar 的变体,具有相反的颜色方案,通常用于暗色背景上。

6. @android:style/Widget. ProgressBar. Small. Inverse

@android:style/Widget. ProgressBar. Small. Inverse 是@android:style/Widget. ProgressBar. Small 的变体,同样具有相反的颜色方案,适用于在暗色背景上显示小尺寸的进度条。

7. @android:style/Widget. ProgressBar. Large. Inverse

@ android: style/Widget. ProgressBar. Large. Inverse 是 @ android: style/Widget. ProgressBar. Large 的变体,具有相反的颜色方案,用于在暗色背景上显示大尺寸的进度条。

ProgressBar 的常用方法如表 3.14 所示。

表 3.14 ProgressBar 的常用方法

方 法	功 能
setProgress(int progress)	设置当前进度值。progress 为当前进度值。范围通常是 0~max
getProgress()	获取当前进度值
setMax(int max)	设置进度条的最大值。max 为进度条的最大值
getMax()	获取进度条的最大值
setIndeterminate(boolean indeterminate)	indeterminate 如果为 true,进度条为不确定模式;如果为 false,则为确定模式

在 XML 布局文件中可以通过 style 属性设置进度的样式,如下面的代码中设置了水平进度条与圆形进度条。

```
<?xml version="1.0" encoding="utf- 8"?>
<LinearLayout xmlns:android="http://schemas.android.com/apk/res/android"
    android:layout_width="match_parent"
    android:layout_height="match_parent"
    android:orientation="vertical">
    <!-- 水平进度条 -->
    <ProgressBar
        android:layout_width="match_parent"
        android:layout_height="wrap_content"
        android:indeterminate="false"
        android:progress="30"
        android:max="100"
        style="@android:style/Widget.ProgressBar.Horizontal"/>
    <!-- 圆形进度条 -->
    <ProgressBar
        android:layout_width="match_parent"
        android:layout_height="wrap_content"
        android:indeterminate="true"
        style="@android:style/Widget.ProgressBar"/>
</LinearLayout>
```

运行结果如图 3.22 所示。

进度条一般需要与程序代码结合展示任务的进展情况,下面的例子展示其使用方法。

【例 3.24】 使用 ProgressBar 创建进度条示例。

在布局文件中设置水平 progressBar,并添加一个 TextView 用于动态显示进度条加载的进度。

图 3.22 ProgressBar 样式

```
布局代码:progressbardemo2/activity_main.xml
<?xml version="1.0" encoding="utf- 8"?>
<LinearLayout xmlns:android="http://schemas.android.com/apk/res/android"
    android:layout_width="match_parent"
    android:layout_height="match_parent"
    android:orientation="vertical"
    android:gravity="center"
    android:padding="20dp">
    <ProgressBar
        android:id="@+id/progressBar"
        android:layout_width="match_parent"
        android:layout_height="wrap_content"
        style="@android:style/Widget.ProgressBar.Horizontal"/>
    <TextView
        android:id="@+id/percentageText"
        android:layout_width="wrap_content"
        android:layout_height="wrap_content"
        android:text="0% "
        android:textSize="24sp"
        android:textColor="#000000"/>
</LinearLayout>
程序代码:progressbardemo2/MainActivity.java
package com.example.progressbardemo2;
public class MainActivity extends AppCompatActivity {
    private ProgressBar progressBar;
    private TextView percentageText;
    private Handler handler = new Handler();        //用来更新 UI 线程
    @Override
    protected void onCreate(Bundle savedInstanceState) {
        super.onCreate(savedInstanceState);
        setContentView(R.layout.activity_main);
        progressBar = findViewById(R.id.progressBar);
        percentageText = findViewById(R.id.percentageText);
        //设置 ProgressBar 的最大值
        progressBar.setMax(100);
        //设置 ProgressBar 为确定模式
        progressBar.setIndeterminate(false);
        //启动线程模拟进度条动态更新
        new Thread(new Runnable() {
            @Override
            public void run() {
```

```
//循环更新进度条
for (int progress = 0; progress <= 100; progress++) {
    try {
        //模拟耗时操作,延时 50ms
        Thread. sleep(50);
    } catch (InterruptedException e) {
        e. printStackTrace();
    }
    //使用 Handler 更新 UI 线程中的进度条和百分比 TextView
    final int finalProgress =progress;
    handler. post(new Runnable() {
        @Override
        public void run() {
            progressBar. setProgress(finalProgress);
            percentageText. setText(finalProgress +"%");
        }
    });
    }
}).start();
    }
}
```

运行结果如图 3.23 所示。

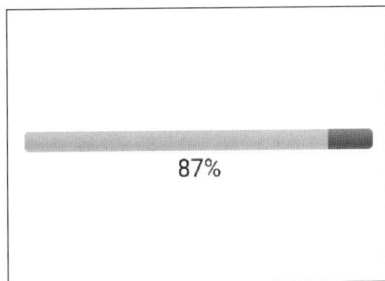

图 3.23 ProgressBar 使用示例

3.4.3 DatePicker

DatePicker(日期选择器)可以让用户选择具体的年、月、日。

常用属性如下:

android:calendarViewShown:控制是否会显示日历视图。如果为 true,显示日历视图和日期选择器;如果为 false,仅显示日期选择器。

android:datePickerMode:用于指定 DatePicker 组件的显示模式。

spinner:显示为旋转器模式,用户可以通过旋转器选择日期的年、月、日。

calendar:显示为日历模式,用户可以通过日历视图选择日期。

DatePicker 的常用方法如表 3.15 所示。

表 3.15　DatePicker 的常用方法

方　　法	作　　用
getDatePicker()	获取 DatePicker 实例,以便对其进行配置
onClick(DialogInterface dialog,int which)	当单击对话框中的按钮时,将调用此方法
onDateChanged(DatePicker view,int year,int month,int dayOfMonth)	在日期更改时调用
onRestoreInstanceState(Bundle savedInstanceState)	从之前保存的捆绑包中恢复对话框的状态
onSaveInstanceState()	将对话框的状态保存到一个包中
updateDate(int year,int month,int dayOfMonth)	更新 DatePicker 的初始日期
setOnDateSetListener(DatePickerDialog. OnDateSetListener listener)	设置当用户选择日期时的监听器

【例 3.25】　在布局文件中使用 DatePicker 示例。

```xml
<?xml version="1.0" encoding="utf- 8"?>
<RelativeLayout xmlns:android="http://schemas.android.com/apk/res/android"
    android:layout_width="match_parent"
    android:layout_height="match_parent">
    <DatePicker
        android:layout_width="match_parent"
        android:layout_height="wrap_content"
        android:layout_gravity="center"
        android:calendarViewShown="false"
        android:datePickerMode="spinner"/>
</RelativeLayout>
```

运行结果如图 3.24 所示。

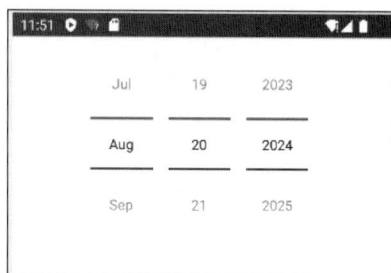

图 3.24　布局文件使用 DatePicker

【例 3.26】　使用 DatePickerDialog 实现日历选择,在 TextView 中显示选择的日期。

```java
程序代码: datepickerdemo/DatePickerActivity.java
public class MainActivity extends AppCompatActivity {
    private TextView tv;
    @Override
    protected void onCreate(Bundle savedInstanceState) {
        super.onCreate(savedInstanceState);
        setContentView(R.layout.activity_main);
        tv = findViewById(R.id.tv);
```

```
//获取当前日期
final Calendar calendar = Calendar.getInstance();
int year = calendar.get(Calendar.YEAR);
int month = calendar.get(Calendar.MONTH);
int day = calendar.get(Calendar.DAY_OF_MONTH);
//创建 DatePickerDialog
DatePickerDialog datePickerDialog = new DatePickerDialog(this);
//设置 DatePickerDialog 的 OnDateSetListener 监听器
    datePickerDialog. setOnDateSetListener ( new DatePickerDialog.
OnDateSetListener() {
    @Override
    public void onDateSet (DatePicker view, int year, int month, int
dayOfMonth) {
        //处理用户选择的日期
        String selectedDate = year + "/" + (month + 1) + "/" + dayOfMonth ;
        tv.setText("选择的日期是：" + selectedDate);
    }
});
//getDatePicker()获取 DatePicker 实例
DatePicker datePicker = datePickerDialog.getDatePicker();
//更新日期
datePicker.updateDate(year, month, day);
//显示对话框
datePickerDialog.show();
    }
}
```

DatePickerDialog 的月份是从 0 开始的，因此在显示日期时需要将月份加 1。运行结果如图 3.25 所示。

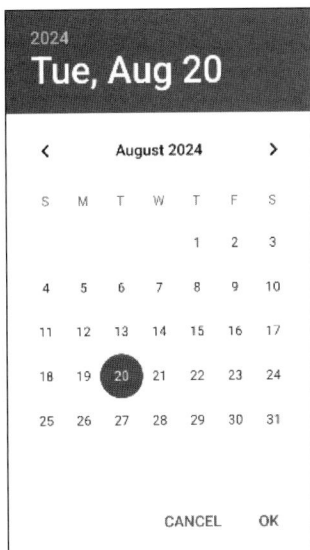

图 3.25　DatePicker 使用示例

3.4.4　TimePicker

　　TimePicker(时间选择器)可以让用户选择具体的小时和分钟。TimePicker 的一个主要属性是 android:timePickerMode,该属性用于指定 TimePicker 的模式：spinner(旋转选择器模式)或 clock(时钟模式)。

　　【例 3.27】　TimePicker 使用示例。

```
布局代码：timepickerdemo/activity_main.xml
<?xml version="1.0" encoding="utf- 8"?>
<RelativeLayout xmlns:android="http://schemas.android.com/apk/res/android"
    android:layout_width="match_parent"
    android:layout_height="match_parent">
    <Button
        android:id="@+id/btn"
        android:layout_width="match_parent"
        android:layout_height="wrap_content"
        android:layout_centerHorizontal="true"
        android:text="请选择时间："
        android:layout_marginBottom="20dp"/>
    <TimePicker
        android:id="@+id/timePicker"
        android:layout_below="@id/btn"
        android:layout_width="match_parent"
        android:layout_height="wrap_content"
        android:timePickerMode="clock"/>
    <TextView
        android:id="@+id/tv"
        android:layout_width="match_parent"
        android:layout_height="100dp"
        android:layout_below="@id/timePicker"
        android:layout_marginTop="20dp"
        android:textSize="20sp"/>
</RelativeLayout>
程序代码：timepickerdemo/MainActivity.java
package com.example.timepickerdemo;
public class MainActivity extends AppCompatActivity {
    private int hourOfDay = 12;
    private int minute = 0;
    private TimePicker timePicker;
    private TextView tv;
    @Override
    protected void onCreate(Bundle savedInstanceState) {
        super.onCreate(savedInstanceState);
        setContentView(R.layout.activity_main);
        timePicker = findViewById(R.id.timePicker);
        //设置 TimePicker 的初始时间,这里初始时间为 12：00
        timePicker.setIs24HourView(true);
        timePicker.setHour(hourOfDay);
```

```
        timePicker.setMinute(minute);
        //创建按钮并显示时间选择对话框
        Button btn = findViewById(R.id.btn);
        btn.setOnClickListener(new View.OnClickListener() {
            @Override
            public void onClick(View v) {
                showTimePickerDialog();
            }
        });
        //文本框用于显示选中的时间
        tv = findViewById(R.id.tv);
    }
    private void showTimePickerDialog(){
        TimePickerDialog timePickerDialog = new TimePickerDialog(this, new
TimePickerDialog.OnTimeSetListener() {
            @Override
            public void onTimeSet(TimePicker view, int hourOfDay, int minute) {
                //处理时间选择
                timePicker.setHour(hourOfDay);
                timePicker.setMinute(minute);
                //更新 TextView 显示时间
                String timeText = String.format("%02d:%02d", hourOfDay, minute);
                tv.setText("选中的时间: " + timeText);
            }
        },hourOfDay, minute, true);
        timePickerDialog.show();
    }
}
```

运行结果如图 3.26 所示。

3.4.5　菜单与 ActionBar

菜单用于在 XML 文件中定义用户可以操作的菜单项。菜单有以下三种类型。

（1）Option Menu（选项菜单,常与 ActionBar 连用）：通常显示在 ActionBar 或 Toolbar 之中。

（2）Context Menu（上下文菜单）：上下文菜单需要绑定在一个组件之上,当长按此组件时就会出现一个悬浮窗式的菜单,通常用于设置某个组件的属性或内容。

（3）Popup Menu（弹窗菜单）：需要绑定到一个组件上,在用户点击视图时,会以一个竖直列表的形式弹出一个悬浮窗。

菜单项的属性如表 3.16 所示。

表 3.16　菜单项的属性

属　　性	功　　能
android:id	菜单项的唯一标识符
android:title	菜单项的显示文本
android:orderInCategory	定义菜单项的显示顺序
android:showAsAction	定义菜单项的显示方式

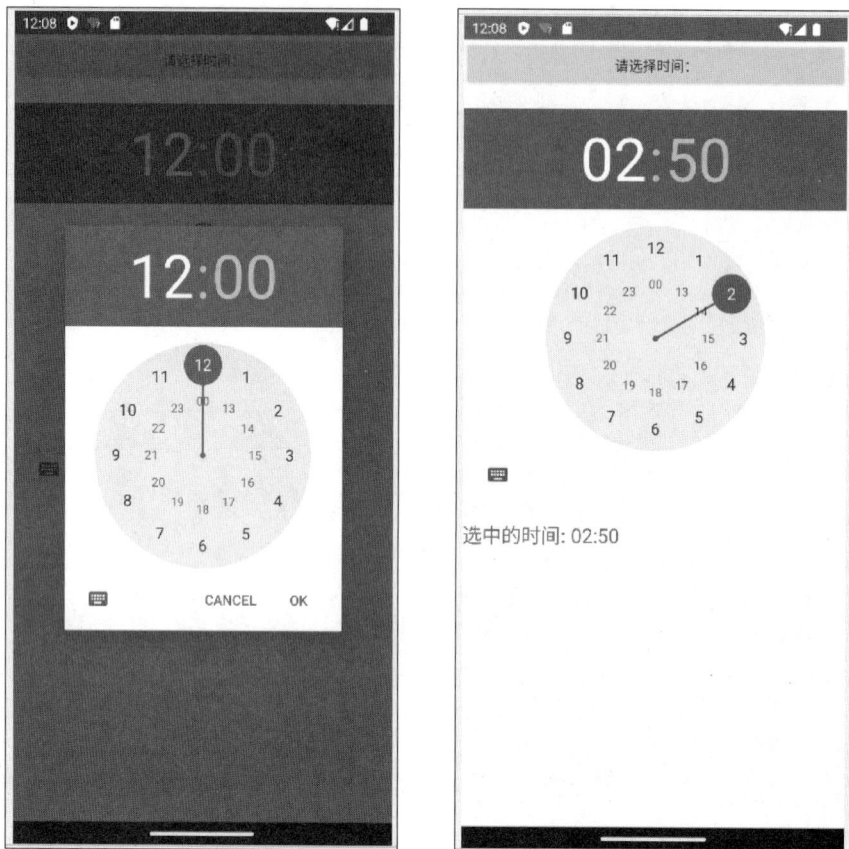

图 3.26   TimePicker 使用示例

其中,showAsAction 有以下三种参数。

(1) never：菜单项不会显示在 ActionBar 或 Toolbar 上,而是仅在溢出菜单中显示。

(2) ifRoom：菜单项会在 ActionBar 或 Toolbar 上显示,前提是有足够的空间。如果空间不足,则菜单项会显示在溢出菜单中。

(3) always：菜单项始终显示在 ActionBar 或 Toolbar 上,即使空间不足也会显示。

ActionBar 是 Android 应用的一个顶层工具栏,提供了标题、导航和常用操作的快捷方式,作为屏幕上的操作项和溢出选项的组合形式呈现,菜单也可以通过设置属性将其显示在 ActionBar 上。

【例 3.28】   菜单和 ActionBar 的使用示例。

在 themes. xml 文件中,将 parent 中的属性改为 Theme. AppCompat. Light。否则将无法展示 ActionBar。

在 res 文件夹内新建一个名为 menu 的包,在 menu 中创建菜单资源文件 main_menu. xml,并定义菜单项,代码如下：

```xml
<?xml version="1.0" encoding="utf- 8"?>
<menu xmlns:android="http://schemas.android.com/apk/res/android"
    xmlns:app="http://schemas.android.com/apk/res- auto">
```

```xml
<item
    android:id="@+id/main_menu_0"
    android:icon="@drawable/pic0"
    android:title="搜索"
    app:showAsAction="always"/>
<item
    android:id="@+id/main_menu_1"
    android:icon="@drawable/pic1"
    android:title="设置"
    app:showAsAction="always"/>
<item
    android:id="@+id/main_menu_2"
    android:icon="@drawable/pic2"
    android:title="下载"
    app:showAsAction="always"/>
<item
    android:id="@+id/main_menu_3"
    android:icon="@drawable/pic3"
    android:title="信息"
    app:showAsAction="always"/>
<item android:id="@+id/main_menu_4" android:title="浏览历史"/>
<item android:id="@+id/main_menu_5" android:title="下载内容"/>
</menu>
```

在 Activity 中重写 onCreateOptionsMenu()方法加载菜单资源。菜单项的点击事件通过重写 onOptionsItemSelected()方法实现。

```java
程序代码: actionbardemo/MainActivity.java
package com.example.actionbardemo;
public class MainActivity extends AppCompatActivity {
    @Override
    protected void onCreate(Bundle savedInstanceState) {
        super.onCreate(savedInstanceState);
        setContentView(R.layout.activity_main);
        //获取 ActionBar 实例
        ActionBar actionBar = getSupportActionBar();
        if (actionBar != null) {
            //设置 ActionBar 的标题
            actionBar.setTitle("My ActionBar");
        }
    }
    @Override
    public boolean onCreateOptionsMenu(Menu menu) {
        //获取 MenuInflater 对象.用于将菜单资源文件加载到 Menu 对象中
        MenuInflater inflater = getMenuInflater();
        //将 R.menu.main_menu 菜单资源文件膨胀到菜单对象中
        inflater.inflate(R.menu.main_menu, menu);
        return true; //返回 true 表示菜单已成功创建并将显示在界面上
    }
    @Override
```

```
public boolean onOptionsItemSelected(MenuItem item) {
    //获取 TextView 以更新显示的文本
    TextView label = findViewById(R.id.tv);
    //根据选中的菜单项 ID 执行不同的操作
    switch (item.getItemId()) {
        case R.id.main_menu_0:
            //当菜单项 ID 为 R.id.main_menu_0 时,更新 TextView 显示 "搜索"
            label.setText("搜索");
            return true; //返回 true 表示菜单项已被处理
        case R.id.main_menu_1:
            label.setText("设置");
            return true;
        case R.id.main_menu_2:
            label.setText("下载");
            return true;
        case R.id.main_menu_3:
            label.setText("信息");
            return true;
        case R.id.main_menu_4:
            label.setText("浏览历史");
            return true;
        case R.id.main_menu_5:
            label.setText("下载内容");
            return true;
        default:
            return false;
    }
}
```

运行结果如图 3.27 所示。上述代码在 main_menu.xml 中,将前 4 个 item 设置了 app：showAsAction="always"属性,则前 4 个菜单项显示在 ActionBar 上,后两个 item 没有设置 app：showAsAction 属性,则显示在溢出菜单中。

图 3.27　菜单和 ActionBar 的使用

3.5　Activity 组件

3.5.1　Context、Activity 和 AppCompatActivity

在 Android 开发中,Context、Activity 和 AppCompatActivity 是三个核心概念,它们在应用的生命周期、用户界面(UI)管理以及系统服务访问中扮演着至关重要的角色。理解它们之间的关系能够更高效地使用 Android 提供的各种功能。接下来,本书将详细地介绍这三个类。

1. Context

Context 是 Android 中非常基础且核心的类。它提供了应用程序的上下文环境,可以在应用中访问系统服务、资源、启动活动。Activity 和 Service 等组件都直接或间接继承自 Context,使得它们都能访问到应用程序的全局信息和操作。

Context 的主要作用如下:

(1) 资源访问。通过 getResources() 方法访问应用资源。

(2) 系统服务。通过 getSystemService() 方法访问 Android 系统提供的各种服务,如 LocationManager、ConnectivityManager 等。

(3) 启动组件。Context 提供了启动 Activity、发送广播等功能,例如,通过 startActivity() 启动一个新的 Activity。

(4) 访问应用信息。获取应用程序相关的信息,如包名、权限等。

2. Activity

Activity 是 Android 中的一个重要组件,表示一个用户界面(UI),每个 Activity 都会显示一个窗口,用户可以在这个窗口中与应用进行交互。Activity 可以包含视图、按钮、文本框等控件,并负责处理用户的输入和操作。一个应用通常由多个 Activity 组成,用户可以通过不同的界面之间的跳转来完成各种操作。

Activity 是 Context 的一个子类,继承了 Context 的所有功能。除此之外,Activity 还添加了更多与用户界面和生命周期管理相关的功能。

Activity 的关键方法如下:

(1) setContentView():设置当前 Activity 的布局。

(2) findViewById():查找界面上的控件。

(3) startActivity():启动其他 Activity。

(4) onCreate()、onStart()、onPause() 等生命周期方法。

3. AppCompatActivity

AppCompatActivity 是 Activity 的一个扩展类,属于 androidx. appcompat. app 包。提供了对 ActionBar 和其他现代 UI 元素的支持,并且可以在较老版本的 Android 上使用这些功能。

AppCompatActivity 的关键方法如下:

(1) setSupportActionBar(Toolbar toolbar):设置自定义的 Toolbar 作为 ActionBar。

(2) getSupportFragmentManager():获取 Fragment 管理器。

(3) onOptionsItemSelected(MenuItem item):处理选项菜单项的点击事件。

（4）onCreateOptionsMenu(Menu menu)：创建选项菜单。

3.5.2　Activity 生命周期

Activity 的生命周期是管理用户界面和应用状态的重要概念。Activity 的生命周期由一系列状态和方法组成，负责管理 Activity 的创建、显示、暂停、停止和销毁。图 3.28 显示了 Activity 的生命周期回调方法与 Activity 状态的变化。矩形框表示实现的回调方法，通过回调方法的执行，Activity 在不同状态之间切换。

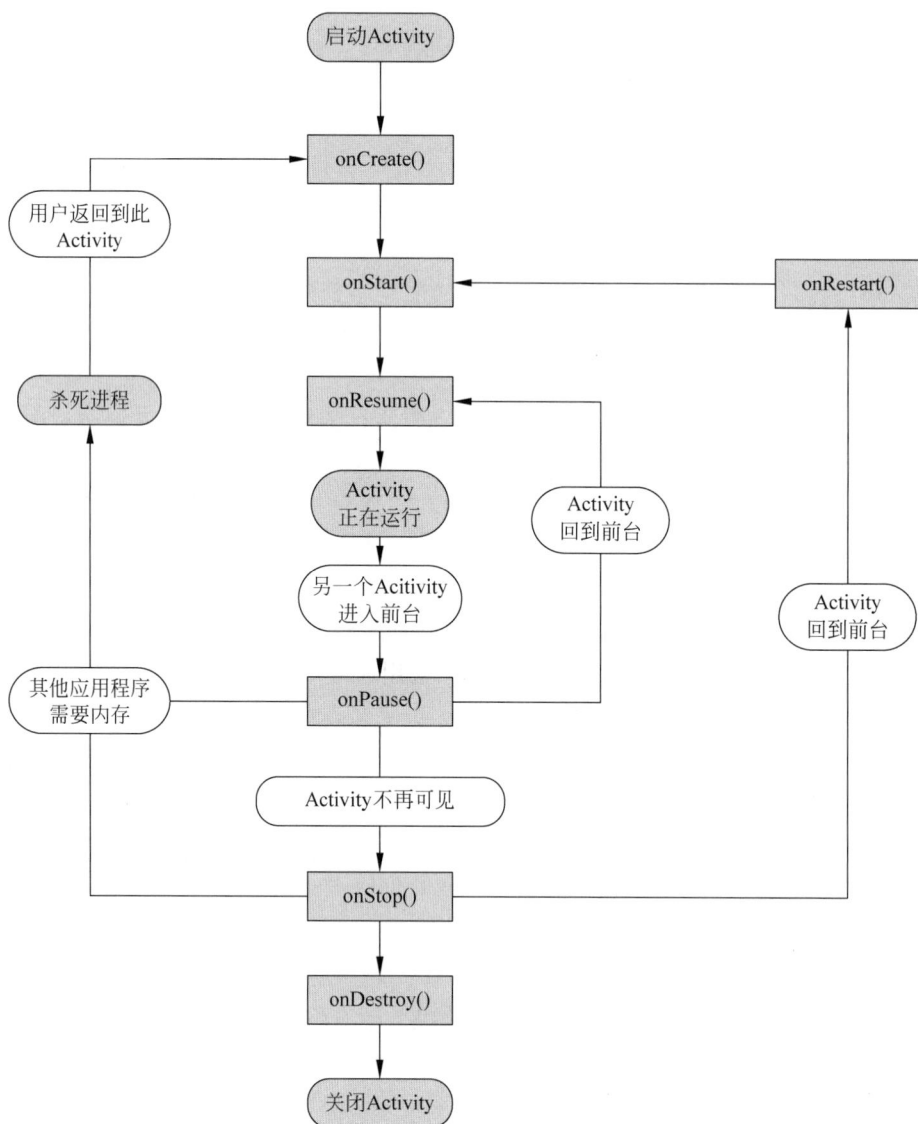

图 3.28　Activity 的生命周期

在 Android 的生命周期中，有以下 4 种状态：

（1）活动状态。当一个 Activity 被创建并显示到屏幕上时，它处于活动状态。在此状态下，Activity 完全可见且与用户交互，用户可以执行操作。

（2）暂停状态。当一个新的 Activity 启动并覆盖当前的 Activity 时，当前的 Activity 会进入暂停状态。此时，Activity 仍然保持在内存中，但不再与用户交互。通常，系统会调用 onPause()方法，开发者可以在该方法中保存必要的状态或释放资源。

（3）停止状态。当一个 Activity 完全被新的 Activity 替代时，它进入停止状态。在此状态下，Activity 不再可见，系统会调用 onStop()方法。虽然 Activity 仍然在内存中，但它不再显示任何 UI 元素，可能会被系统回收以释放资源。

（4）非活动状态。当 Activity 被系统销毁或用户手动关闭时，它进入非活动状态。在此状态下，Activity 的资源会被清理，onDestroy()方法会被调用。在此状态下，Activity 会完全从内存中移除，所有与其相关的资源也会被释放。

生命周期方法如表 3.17 所示。

表 3.17　Activity 的生命周期方法

方　法	作　用
onCreate()	初始化视图和数据。此方法在 Activity 第一次被创建时调用
onStart()	当该方法执行完成，Activity 对用户可见，但不处于前台，不能与用户交互
onResume()	当 Activity 位于前台并与用户交互时调用
onPause()	当 Activity 失去焦点但还可见时调用。一般用于保存数据，暂停动画或媒体播放
onStop()	当 Activity 不再对用户可见时调用。一般用于释放资源
onDestroy()	在 Activity 被销毁前调用。一般用于清理资源（如注销广播接收器、关闭文件）
onRestart()	当 Activity 从停止状态（onStop()）恢复时调用。重新初始化在 onStop() 中释放的资源

【例 3.29】　Activity 生命周期各方法调用示例。本例展示了 Activity 在生命周期执行各个回调方法过程。

```
程序代码：MainActivity.java
package com.example.activitylifecycle;
public class MainActivity extends AppCompatActivity {
    private static String TAG = "LIFECYCLE";
    @Override
    protected void onCreate(Bundle savedInstanceState) {
        super.onCreate(savedInstanceState);
        setContentView(R.layout.activity_main);
        Log.i(TAG, "(1) onCreate()");
        Button button = (Button)findViewById(R.id.btn_finish);
        button.setOnClickListener(new View.OnClickListener() {
            public void onClick(View view) {
                Log.w(TAG, "Click Finish");
                finish();
            }
        });
    }
    @Override        //可视生命周期开始时被调用，对用户界面进行必要的更改
    public void onStart() {
        super.onStart();
        Log.i(TAG, "(2) onStart()");
    }
    @Override   //在 onStart()后被调用，用于恢复 onSaveInstanceState()保存的用户界面信息
```

```
public void onRestoreInstanceState(Bundle savedInstanceState) {
    super.onRestoreInstanceState(savedInstanceState);
    Log.i(TAG, "(3) onRestoreInstanceState()");
}
@Override //在活动生命周期开始时被调用,恢复被 onPause()停止的用于界面更新的资源
public void onResume() {
    super.onResume();
    Log.i(TAG, "(4) onResume()");
}
@Override //在 onResume()后被调用,保存界面信息
public void onSaveInstanceState(Bundle savedInstanceState) {
    super.onSaveInstanceState(savedInstanceState);
    Log.i(TAG, "(5) onSaveInstanceState()");
}
@Override //在重新进入可视生命周期前被调用,载入界面所需要的更改信息
public void onRestart() {
    super.onRestart();
    Log.i(TAG, "(6) onRestart()");
}
@Override //在活动生命周期结束时被调用,用来保存持久的数据或释放占用的资源
public void onPause() {
    super.onPause();
    Log.i(TAG, "(7) onPause()");
}
@Override //在可视生命周期结束时被调用,一般用来保存持久的数据或释放占用的资源
public void onStop() {
    super.onStop();
    Log.i(TAG, "(8) onStop()");
}
@Override //在完全生命周期结束时被调用,释放资源,包括线程、数据连接等
public void onDestroy() {
    super.onDestroy();
    Log.i(TAG, "(9) onDestroy()");
    //Log.w(TAG, "(9) Warn_onDestroy()");
    //Log.e(TAG, "(9) Error_onDestroy()");
}
}
```

Logcat 窗口显示运行结果。

(1) 启动 App 时,分别调用了 onCreate()→onStart()→onResume()方法,如图 3.29 所示。

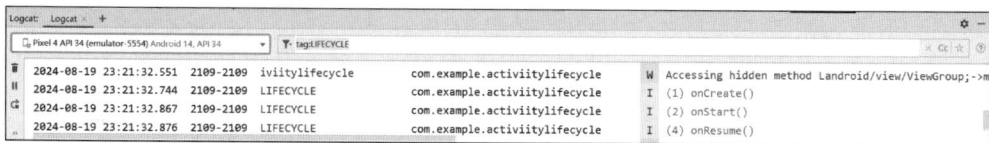

图 3.29　启动 App 时调用的方法

(2) 返回屏幕主界面,分别调用了 onPause()→onStop()→onSaveInstanceState()方法,如图 3.30 所示。

(3) 再次启动 App,分别调用了 onRestart()→onStart()→onResume()方法,如图 3.31 所示。

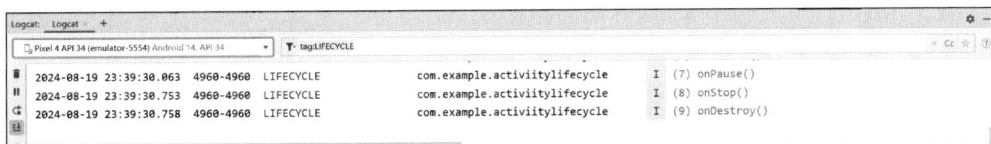

图 3.30　返回屏幕主界面时调用的方法

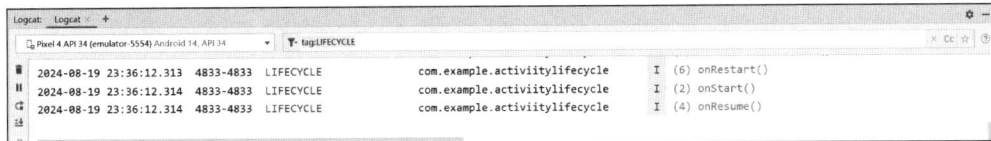

图 3.31　再次启动 App 时调用的方法

3.5.3　Activity 与 UI 结合的实例

在前面的章节中介绍了如何通过 XML 布局文件进行 UI 设计,创建界面中的基本元素,并设置了它们的属性和布局。随着 UI 的设计完成,接下来的重点是如何将这些 UI 元素与 Activity 进行连接,以及如何通过 Activity 控制界面的交互。通过在 Activity 中绑定布局文件,能够将前面设计好的 UI 加载并显示在屏幕上。

接下来,通过一个实例进一步探讨如何在 Activity 中获取这些 UI 控件,设置交互逻辑,并响应用户的操作,确保应用能够根据用户的输入做出相应的反馈。

实例中的项目结构如图 3.32 所示,代码文件存放在 java 文件中,布局文件存放在 res/layout 文件中。

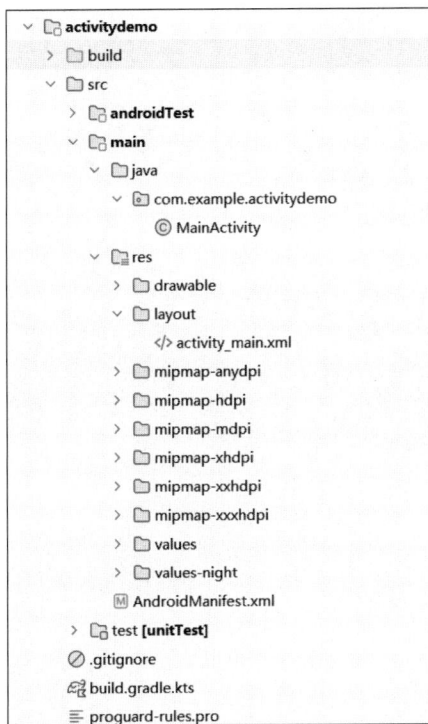

图 3.32　Activity 与 UI 结合实例的项目结构图

【例 3.30】 UI 与 Activity 结合的简单实例。

```
布局代码：activitydemo/activity_main.xml
<?xml version="1.0" encoding="utf- 8"?>
<LinearLayout xmlns:android="http://schemas.android.com/apk/res/android"
    android:layout_width="match_parent"
    android:layout_height="match_parent"
    android:orientation="vertical"
    android:gravity="center_horizontal"
    android:padding="16dp">
    <TextView
        android:id="@+id/textView"
        android:layout_width="wrap_content"
        android:layout_height="wrap_content"
        android:text="Hello, World!"
        android:textSize="18sp"
        android:layout_marginBottom="20dp" />
    <Button
        android:id="@+id/button"
        android:layout_width="wrap_content"
        android:layout_height="wrap_content"
        android:text="按钮" />
</LinearLayout>
程序代码：activitydemo/MainActivity.java
package com.example.activitydemo;
import android.os.Bundle;
import android.view.View;
import android.widget.Button;
import android.widget.TextView;
import androidx.appcompat.app.AppCompatActivity;
public class MainActivity extends AppCompatActivity {
    private TextView textView;
    private Button button;
    @Override
    protected void onCreate(Bundle savedInstanceState) {
        super.onCreate(savedInstanceState);
        setContentView(R.layout.activity_main);        //设置布局文件
        //获取布局中的控件
        textView = findViewById(R.id.textView);
        button = findViewById(R.id.button);
        //设置按钮的点击事件监听器
        button.setOnClickListener(new View.OnClickListener() {
            @Override
            public void onClick(View v) {
                //点击按钮时,改变 TextView 的文本
                textView.setText("文字已改变!");
            }
        });
    }
}
```

运行结果如图 3.33 所示。

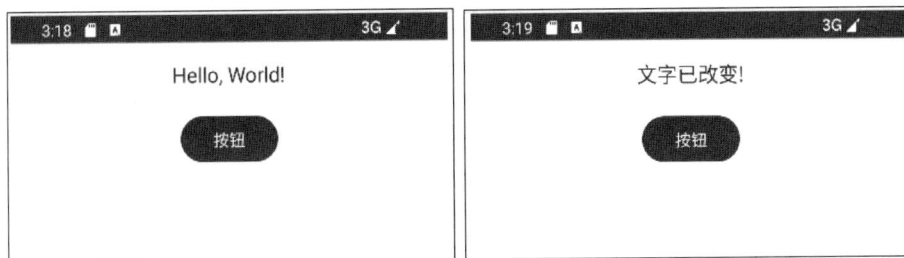

图 3.33 Activity 与 UI 结合实例

上述代码通过在 Activity 中使用 findViewById 获取到 UI 控件,并通过设置事件监听器来处理按钮点击等交互动作。这样,就能够实现 UI 和 Activity 的结合,使得应用不仅能展示界面,还能提供交互功能。

习题

一、选择题

1. 下列哪项属性用于设置布局的高度?(　　)
   A. android:layout_height
   B. android:layout_weight
   C. android:id
   D. android:padding

2. 为了使 Android 应用能够适应不同分辨率的设备,应该使用哪种字体单位?(　　)
   A. dp
   B. dip 像素
   C. px
   D. sp

3. 在 XML 布局文件中,android:layout_width 属性的值不可以是什么?(　　)
   A. match_parent
   B. fill_parent
   C. wrap_content
   D. match_content

4. Android UI 开发中,如果要将线性布局设置为垂直方向排列子视图,应该修改哪个属性?(　　)
   A. android:orientation="vertical"
   B. android:orientation="horizontal"
   C. android:layout_centerHorizontal="true"
   D. android:layout_centerVertical="true"

5. 在相对布局中,哪个属性可以将当前控件显示在另一个控件的上方?(　　)
   A. android:layout_below
   B. android:layout_above
   C. android:layout_alignParentTop
   D. android:layout_alignTop

6. 在 Android 的相对布局中,哪个属性用于将控件与父布局的底部对齐?(　　)
   A. android:layout_alignParentBottom
   B. android:layout_alignBottom
   C. android:layout_alignBaseline
   D. android:layout_alignParentTop

7. 在框架布局中,默认情况下,子控件的对齐位置是(　　)
   A. 右上角
   B. 左上角
   C. 左下角
   D. 右下角

8. 在 GridLayout 中,设置某控件占据 3 行的属性是(　　)。
   A. android:rowSpan="3"
   B. android:layout_rowSpan="3"

C. android:layout_columnSpan="3"　　　D. android:layout_column="3"

9. Android UI 开发中,如何设置 GridLayout 列数为 4?(　　　)

　　A. android:columnCount="4"　　　　B. android:layout_columnCount="4"

　　C. android:column="4"　　　　D. android:stretchColumns="4"

10. 在 Android 约束布局中,哪个属性可以使视图的上边缘与父布局的顶部对齐?(　　　)

　　A. app:layout_constraintBottom_toTopOf="parent"

　　B. app:layout_constraintTop_toTopOf="parent"

　　C. app:layout_constraintStart_toStartOf="parent"

　　D. app:layout_constraintEnd_toEndOf="parent"

11. 下列哪个属性用于设置 TextView 中显示的文本内容?(　　　)

　　A. android:text　　　　B. android:textValue

　　C. android:textSize　　　　D. android:textColor

12. 下列选项中,如何设置 TextView 中字体的大小?(　　　)

　　A. android:textSize="18"　　　　B. android:size="18"

　　C. android:textSize="18sp"　　　　D. android:size="18sp"

13. 在 EditText 控件中,设置提示文本信息的属性是(　　　)。

　　A. android:tint　　　　B. android:hint

　　C. android:password　　　　D. android:textColorHint

14. 要使 EditText 控件支持多行显示,应该使用哪个属性?(　　　)

　　A. android:lines　　　　B. android:layout_height

　　C. android:textcolor　　　　D. android:textsize

15. 在布局文件中,如何为 Button 设置点击事件的方法?(　　　)

　　A. onClick　　　　B. hint　　　　C. enabled　　　　D. Focusable

16. 在 Android 中,如何为 ImageButton 设置点击时的背景颜色?(　　　)

　　A. android:backgroundTint="@color/colorAccent"

　　B. android:src="@drawable/image"

　　C. android:background="@color/colorAccent"

　　D. app:layout_constraintBottom_toBottomOf="parent"

17. 下面关于 RadioButton 控件的描述,正确的是(　　　)。

　　A. RadioButton 默认为选中状态　　　　B. RadioButton 表示单选按钮

　　C. RadioButton 表示多选控件　　　　D. RadioButton 表示文本控件

18. 要实现多个 RadioButton 控件的单选功能,它们应该放在哪个容器中?(　　　)

　　A. RatingBar　　　　B. RatingBars　　　　C. RadioGroup　　　　D. RadioGroups

19. 设置 CheckBox 被选择时的监听方法是(　　　)。

　　A. setOnClickListener　　　　B. setOnCheckedChangeListener

　　C. setOnMenuItemSelectedListener　　　　D. setOnCheckedListener

20. 下列选项中,要设置 ImageView 显示某个图片资源,应该使用哪个属性?(　　　)

　　A. android:img　　　　B. android:imgValue

　　C. android:background　　　　D. android:src

21. 下列关于 ListView 的说法中,正确的是(　　　)。

    A. ListView 的条目不能设置点击事件

    B. ListView 不设置 Adapter 也能显示数据内容

    C. 当数据超出能显示范围时,ListView 自动具有可滚动的特性

    D. 若 ListView 当前能显示 10 条,一共有 100 条数据,则产生了 100 个 View

22. 在 BaseAdapter 中,哪个方法用于获取 ListView 中的条目数?(　　　)

    A. getItemId()　　　　B. getView()　　　　C. getItem()　　　　D. getCount()

23. 下面哪个不是 Android SDK 中的 ViewGroup?(　　　)

    A. LinearLayout　　　B. ListView　　　　C. GridView　　　　D. Button

24. 下列关于 AlertDialog 的描述,哪个是错误的?(　　　)

    A. 使用 new 关键字创建 AlertDialog 的实例

    B. 对话框的显示需要调用 show()方法

    C. setPositiveButton()方法是用来设置"确定"按钮的

    D. setNegativeButton()方法是用来设置"取消"按钮的

25. 在下列选项中,设置 ProgressBar 的最大进度值的方法是(　　　)。

    A. setMax()　　　　　　　　　　B. setProgress()

    C. setCurrentProgress ()　　　　D. setTotalProgress()

26. 在下列选项中,在 ListView 中填充数据时,应该使用哪个方法?(　　　)

    A. setAdapter()　　　　　　　　B. setDefaultAdapter()

    C. setBaseAdapter()　　　　　　D. setView()

27. 在 Activity 中,哪个方法会在初始化时调用?(　　　)

    A. onCreate()　　　B. onStart()　　　　C. onRestart()　　　D. onDestroy()

28. 下列选项哪个不是 Activity 启动的方法?(　　　)

    A. startActivityForResult　　　　　B. startActivityFromChild

    C. goToActivity　　　　　　　　　D. startActivity

29. 在 Activity 销毁时会执行的方法是(　　　)。

    A. onStart()　　　　B. onResume()　　　C. onPause()　　　D. onDestroy()

30. Activity 获取焦点时执行的方法是(　　　)。

    A. onStart()　　　　B. onResume()　　　C. onPause()　　　D. onDestroy()

二、判断题

1. 布局的 android:id 属性用于设置当前布局的唯一标识。(　　　)

2. 在 Android 中,每个控件的 XML 属性都对应一个 Java 方法。(　　　)

3. 在 Android 开发中,通常使用主题来定义整个界面或应用的外观风格,而样式用于定义控件的外观。(　　　)

4. Android UI 开发中,如果应用同时使用了主题和样式,当主题和样式中的属性发生冲突时,主题的优先级高于样式。(　　　)

5. 在 LinearLayout 中,若将 android:orientation 设置为水平方向,子控件会摆放在同一行。(　　　)

6. android:orientation 属性设置为 vertical 时,LinearLayout 中的控件会竖直排列。

（　　　）

7. LinearLayout 布局中的 android:layout_weight 属性用于设置控件在布局中所占的比例权重。（　　　）

8. 在相对布局中，控件都是按照相对位置摆放的。（　　　）

9. 如果在 FrameLayout 中添加了三个相同的按钮，并且设置了相同的布局参数，那么只会显示第一个按钮。（　　　）

10. Toast.makeText(context,text,time)必须在调用了 show()方法后才能把信息显示在屏幕上。（　　　）

11. TextView 控件通常用于在界面上显示文本信息。（　　　）

12. ProgressBar 控件常用于表示加载过程，如网络请求或文件下载时显示进度，它有水平和环形两种形式。（　　　）

13. 如果设置 RadioButton 控件的 android:checked 属性为 true，表示该按钮未选中。（　　　）

14. ListView 控件中的数据是通过 Adapter 加载的。（　　　）

15. ListView 控件通常用于显示一个可以垂直滚动的列表。（　　　）

16. AlertDialog 对话框可以直接通过 new 关键字创建对象。（　　　）

17. 在 Android 中，ArrayAdapter 能够方便地显示数组中的内容。（　　　）

18. 如果想要关闭当前的 Activity，可以调用 Activity 提供的 finish()方法。（　　　）

19. Activity 的生命周期分为 5 种状态，分别是启动状态、运行状态、暂停状态、停止状态和销毁状态。（　　　）

20. 当 Activity 处于销毁状态时，系统会将其从内存中移除。（　　　）

三、填空题

1. _____控件可以输入文字，且通过 inputType 属性可以控制输入内容的类型，如数字或字母。

2. 当主题与样式中的属性发生冲突时，主题的优先级通常要_____样式。

3. Android UI 开发中，线性布局有两种常见的方向，一种是水平方向，另一种是_____。

4. _____是应用到整个 Activity 和 Application 的样式。

5. 线性布局的 XML 标签是_____。

6. 网格布局的 XML 标签是_____。

7. 相对布局的 XML 标签是_____。

8. 帧布局的 XML 标签是_____。

9. 约束布局的 XML 标签是_____。

10. 在 Toast.makeText(Context,Text,Time)中，"Time"参数表示显示时长，该属性有特定的值，Toast.LENGTH_LONG 表示较长时间显示，_____表示较短时间显示。

11. _____控件通常用于显示进度信息。

12. 主题与样式在代码结构上非常相似，区别在于主题的引用需要在_____文件中进行。

13. Android 中的 ListView 是通过_____的方式展示数据的。

14. Activity 生命周期的 4 种状态分别是_____、_____、_____和非活动状态。

15. 打开 Activity 界面时,onCreate、onStart、_____是会被依次调用的三个方法。

四、简答题

1. 简述 Android 布局的几种常见类型,并简要阐述它们的作用。

2. 简要阐述 Activity 的生命周期及其各状态的特点。

3. 老年人是一个庞大的社会群体,他们对手机 App 也有很大需求。随着年龄的增长,老年人的身体功能和认知能力会逐渐下降。他们可能会面临视力和听力问题,手指灵活性下降以及记忆力减退等挑战。因此,设计适老化的手机 App 可以帮助老年人更好地应对这些问题。如果你作为 Android 开发工程师开发一款在线购物 App,请问你将做哪些 UI 设计以适合老年人使用?

第 4 章
Intent 与广播消息

在 Android 开发中，Intent 和广播（Broadcast）机制是应用组件之间通信的核心技术。它们不仅支持组件之间的数据传递和操作调用，还可以实现跨组件、跨进程甚至跨应用的消息交互。Intent 主要用于启动组件（如 Activity、Service）或传递数据，而广播机制则提供了一种发布-订阅模式，用于在应用内部或不同应用之间共享信息。这些技术广泛应用于系统功能调用、事件通知、消息分发等场景，是 Android 应用开发中不可或缺的一部分。

本章将深入讲解 Intent 的使用方法，包括显式跳转、隐式跳转和数据传递，并介绍如何通过 Intent 调用系统应用（如拨号、短信、相机、浏览器等）。此外，还将系统化讲解广播机制的实现方法，包括系统广播和自定义广播的发送与接收，帮助开发者掌握组件通信和消息分发的核心技能。

本章学习目标：

1. 知识理解

- 理解 Intent 的基本概念，掌握其在 Android 应用中用于组件间通信的作用与实现方法。
- 理解 Intent 的两种类型：显式跳转与隐式跳转，并掌握它们的使用场景与实现方法。
- 掌握 Intent 数据传递的方式，包括基本数据类型和复杂对象的传递方法。
- 理解广播机制的基本原理，包括系统广播与自定义广播的发送与接收。
- 掌握广播接收器（BroadcastReceiver）的基本概念及其注册方式（静态注册与动态注册），理解它们的区别和适用场景。

2. 技能应用能力

- 能够灵活使用 Intent 实现组件间的显式跳转与隐式跳转。
- 熟练实现 Intent 数据传递，能够在组件之间进行高效、准确的数据通信。
- 能够调用系统应用（如拨打电话、发送短信、调用相机、调用浏览器）来完成任务，并能根据实际需求设计功能。
- 能够注册和实现广播接收器，接收并处理系统广播或自定义广播。
- 熟练使用广播机制进行组件间的消息通信，确保数据共享和通知机制的有效性。

3. 分析与解决问题能力

- 能够分析和总结 Intent 的两种跳转方式的优缺点，并根据实际场景选择合适的跳转

　　方法。

- 能够识别和解决广播接收器在运行过程中可能遇到的常见问题,如动态广播注册的生命周期管理问题、静态广播的性能优化等。
- 能够设计一个完整的广播消息传递机制,确保广播的安全性与有效性。
- 针对复杂场景,能够结合 Intent 和广播机制设计高效的组件通信解决方案,优化应用的性能和用户体验。

4.1　Intent

4.1.1　Intent 简介

　　Android 应用由多个组件组成,包括 Activity(用户界面的一部分,负责与用户交互)、Service(在后台执行长时间运行的操作,不提供用户界面)、BroadcastReceiver(用于接收和处理广播消息)、ContentProvider(用于管理应用数据的共享)。这些组件可以独立运行,但它们之间的交互是应用正常工作的关键。

　　组件之间的交互,涉及不同组件之间的功能调用和信息传递。例如,当用户在一个 Activity 中点击某个按钮时,可能需要启动另一个 Activity 以展示该按钮的详细信息,同时还需传递该按钮的 ID 或其他相关数据给新 Activity。界面的切换和数据的传递都是为了支持用户的操作和应用的逻辑,这两者是紧密相关的。那么,在 Android 中是如何实现组件之间的交互的呢?

　　Intent 是 Android 系统中的一种消息传递机制,负责在应用组件之间传递数据和触发操作。Intent 包含动作的产生组件、接收组件和传递的数据信息。Android 系统根据 Intent 的描述,在不同组件间传递消息,负责找到对应的组件,并将 Intent 传递给调用的组件。组件接收到传递的消息后,执行相关动作,从而完成组件的调用。

　　Intent 不仅可用于 App 应用之间的交互,也可用于 App 应用内部的 Activity、Service 之间的交互。它为 Activity、Service 和 BroadcastReceiver 等组件提供了交互能力,还可以启动 Activity 和 Service,并在 Android 系统上发布广播消息。Intent 类的常用方法如表 4.1 所示。

表 4.1　Intent 类的常用方法

方法名/属性	方法作用说明
setAction	设置 Intent 的动作
putExtra	添加额外的键值对数据
getAction	获取 Intent 的动作
getStringExtra	获取指定键的字符串数据
setData	设置 Intent 的数据
getData	获取 Intent 的数据
setClass	设置 Intent 要启动的类

Intent 的关键作用如下。

(1) 启动 Activity:通过 Context. startActivity()或 Activity. startActivityForResult()

方法启动一个新的 Activity。

（2）启动 Service：通过 Context. startService()启动一个服务，或通过 Context. bindService()与后台服务进行交互。

（3）发送广播：通过广播方法（如 Context. sendBroadcast()、Context. sendOrderedBroadcast()和 Context. sendStickyBroadcast()）将消息发给 BroadcastReceivers。

Intent 的跳转类型可以分成两种，分别是显式跳转和隐式跳转。

（1）显式跳转通常用于 App 应用内部的组件之间调用或跳转，例如，从一个 Activity 跳转到同一应用中的另一个 Activity，或启动一个特定的服务。使用显式跳转，需要明确知道启动哪个组件，可以通过类名或组件名指定目标组件。显式跳转的优势在于其跳转目标明确，易于调试和维护，显式跳转通常不依赖外部应用程序。

（2）隐式跳转一般适用于跨 App 应用的组件之间的调用或跳转。当不确定由哪个应用或组件来处理时，隐式跳转可以让系统自动选择最合适的应用来处理请求或由用户选择最合适跳转的应用。例如，当手机上装有多个地图软件，定位跳转需要打开地图时系统弹出手机上安装的所有地图 App，由用户选择需要跳转的地图 App。

4.1.2　Intent 显式跳转

显式 Intent 明确指定要启动的组件，通过组件的类名来启动。例如，可以启动同一应用程序中的某个 Activity。显式 Intent 用于应用程序内部的组件间通信，使得指定的组件被准确调用。

【例 4.1】　Intent 显式跳转示例。该例中，第一个 Activity 接收用户输入一串字符，用户单击按钮，跳转到第二个 Activity，统计字符串中大写字母的个数并显示结果。

Activity1 布局文件 activity_main. xml 代码如下。

```xml
<?xml version="1.0" encoding="utf-8"?>
<RelativeLayout xmlns:android="http://schemas.android.com/apk/res/android"
    android:layout_width="match_parent"
    android:layout_height="match_parent">
    <EditText
        android:id="@+id/editText"
        android:layout_width="match_parent"
        android:layout_height="48dp"
        android:hint="输入字符串"
        android:layout_centerHorizontal="true"
        android:layout_marginTop="50dp"/>
    <Button
        android:id="@+id/button"
        android:layout_width="wrap_content"
        android:layout_height="wrap_content"
        android:text="显式跳转：统计并跳转"
        android:layout_centerInParent="true"/>
</RelativeLayout>
```

Activity2 布局文件 activity_second. xml 代码如下。

```xml
<?xml version="1.0" encoding="utf-8"?>
<RelativeLayout xmlns:android="http://schemas.android.com/apk/res/android"
    android:layout_width="match_parent"
    android:layout_height="match_parent">
    <TextView
        android:id="@+id/textView"
        android:layout_width="wrap_content"
        android:layout_height="wrap_content"
        android:text="大写字母的个数是："
        android:layout_centerInParent="true"/>
</RelativeLayout>
```

Activity1 中的程序代码 MainActivity.java 代码如下。

```java
public class MainActivity extends AppCompatActivity {
    @Override
    protected void onCreate(Bundle savedInstanceState) {
        super.onCreate(savedInstanceState);
        setContentView(R.layout.activity_main);
        //获取输入框和按钮的引用
        EditText editText = findViewById(R.id.editText);
        Button button = findViewById(R.id.button);
        button.setOnClickListener(v -> {
            //获取输入的字符串
            String inputText = editText.getText().toString();
            //创建显式 Intent,启动 SecondActivity 并传递输入的字符串
            Intent intent = new Intent(MainActivity.this, SecondActivity.class);
            intent.putExtra("USER_INPUT", inputText);
            startActivity(intent);
        });
    }
}
```

Activity2 中的程序代码 SecondActivity.java 代码如下。

```java
public class SecondActivity extends AppCompatActivity {
    @Override
    protected void onCreate(Bundle savedInstanceState) {
        super.onCreate(savedInstanceState);
        setContentView(R.layout.activity_second);
        //获取传递过来的用户输入字符串
        String userInput = getIntent().getStringExtra("USER_INPUT");
        //如果输入为空,显示默认信息
        if (userInput == null) {
            userInput = "";
        }
        //统计大写字母的个数
        int upperCaseCount = 0;
        for (char c : userInput.toCharArray()) {
```

```
        if (Character.isUpperCase(c)) {
            upperCaseCount++;
        }
    }
    //显示大写字母的个数
    TextView textView = findViewById(R.id.textView);
    textView.setText("大写字母的个数是: " + upperCaseCount);
    }
}
```

4.1.3 Intent 隐式跳转

Intent 隐式跳转不指定跳转的目标组件,而是通过动作(Action)、数据(Data)等信息,让 Android 系统根据匹配规则选择合适的组件来处理。在 App 中根据匹配规则可能有多个 App 中的组件匹配,例如,浏览器、电话拨打、地图等 App,此时用户选择指定的 App 进行处理。

Intent 操作的抽象描述包含以下几部分:

(1) 动作(Action):描述要执行的操作。例如,查看网页、拨打电话等。常见的动作有 Intent. ACTION_VIEW、Intent. ACTION_DIAL 等。

(2) 数据(Data):描述与这次操作相关联的数据。例如,要查看的网页地址、要拨打的电话号码等。数据通常通过 URI(统一资源标识符)来表示。

(3) 数据类型(Type):描述数据的 MIME 类型(多用途互联网邮件扩展类型),例如,文本类型、图像类型等。

(4) 类别(Category):提供额外的分类信息,帮助进一步描述 Intent 的用途。例如,Intent. CATEGORY_LAUNCHER 表示该 Intent 可用于启动器应用。

(5) 附加信息(Extras):包含一些额外的信息,以键值对的形式存储,用于传递复杂的数据。例如,传递用户输入的数据或配置信息。通过 putExtra()方法添加,通过 getExtras()方法获取。

【例 4.2】 Intent 隐式跳转示例。用户点击按钮触发使用 Intent 隐式跳转并将两个数字传递到另一个 ResultActivity 中计算并显示结果。

界面 1 布局文件 activity_main. xml 代码如下:

```xml
<?xml version="1.0" encoding="utf-8"?>
<RelativeLayout xmlns:android="http://schemas.android.com/apk/res/android"
    android:layout_width="match_parent"
    android:layout_height="match_parent">
    <EditText
        android:id="@+id/number1EditText"
        android:layout_width="match_parent"
        android:layout_height="wrap_content"
        android:hint="输入第一个数字"
        android:layout_marginTop="20dp"
        android:inputType="number"
        android:layout_centerHorizontal="true"/>
```

```xml
    <EditText
        android:id="@+id/number2EditText"
        android:layout_width="match_parent"
        android:layout_height="wrap_content"
        android:hint="输入第二个数字"
        android:layout_below="@id/number1EditText"
        android:layout_marginTop="20dp"
        android:inputType="number"
        android:layout_centerHorizontal="true"/>
    <Button
        android:id="@+id/calculateButton"
        android:layout_width="wrap_content"
        android:layout_height="wrap_content"
        android:text="隐式跳转：计算乘积"
        android:layout_below="@id/number2EditText"
        android:layout_marginTop="20dp"
        android:layout_centerHorizontal="true"/>
</RelativeLayout>
```

界面 2 布局文件 activity_result.xml 的代码如下。

```xml
<?xml version="1.0" encoding="utf-8"?>
<RelativeLayout xmlns:android="http://schemas.android.com/apk/res/android"
    android:layout_width="match_parent"
    android:layout_height="match_parent">
    <TextView
        android:id="@+id/resultTextView"
        android:layout_width="wrap_content"
        android:layout_height="wrap_content"
        android:text="乘积是："
        android:layout_centerInParent="true"/>
</RelativeLayout>
```

用户在 MainActivity 中输入的数据，通过 Intent.putExtra() 方法附加到 Intent 中，调用 startActivity() 启动 ResultActivity。

界面 1 程序代码 MainActivity.java：

```java
public class MainActivity extends AppCompatActivity {
    @Override
    protected void onCreate(Bundle savedInstanceState) {
        super.onCreate(savedInstanceState);
        setContentView(R.layout.activity_main);
        //获取输入框和按钮的引用
        EditText number1EditText = findViewById(R.id.number1EditText);
        EditText number2EditText = findViewById(R.id.number2EditText);
        Button calculateButton = findViewById(R.id.calculateButton);
        calculateButton.setOnClickListener(v -> {
            //获取输入的两个数字
```

```
        String num1 = number1EditText.getText().toString();
        String num2 = number2EditText.getText().toString();
        //将输入的字符串传递到 ResultActivity
        Intent intent = new
Intent("com.example.implicitintentdemo.SHOW_RESULT");
        intent.putExtra("NUM1", num1);
        intent.putExtra("NUM2", num2);
        startActivity(intent);
    });
    }
}
```

界面 2 程序代码 ResultActivity.java：

```
public class ResultActivity extends AppCompatActivity {
    @Override
    protected void onCreate(Bundle savedInstanceState) {
        super.onCreate(savedInstanceState);
        setContentView(R.layout.activity_result);
        //获取传递过来的两个数字
        String num1 = getIntent().getStringExtra("NUM1");
        String num2 = getIntent().getStringExtra("NUM2");
        //计算乘积
        int number1 = Integer.parseInt(num1);
        int number2 = Integer.parseInt(num2);
        int result = number1 * number2;
        //显示计算结果
        TextView resultTextView = findViewById(R.id.resultTextView);
        resultTextView.setText("乘积是：" + result);
    }
}
```

在 Intent 隐式跳转中需要配置 AndroidManifest.xml 文件，定义相关匹配让系统知道哪个 Activity 可以处理这个隐式 Intent。在 ResultActivity 的＜intent-filter＞中注册与程序中对应的 action，系统在接收到此操作的 Intent 时，匹配到 ResultActivity 作为目标组件。代码如下。

```
<?xml version="1.0" encoding="utf-8"?>
<manifest xmlns:android="http://schemas.android.com/apk/res/android">
    <application
        android:allowBackup="true"
        android:icon="@mipmap/ic_launcher"
        android:label="@string/app_name"
        android:roundIcon="@mipmap/ic_launcher_round"
        android:supportsRtl="true"
        android:theme="@style/Theme.Chapter4">
        <activity
            android:name=".MainActivity"
```

```
            android:exported="true">
            <intent-filter>
                <action android:name="android.intent.action.MAIN" />
                <category android:name="android.intent.category.LAUNCHER" />
            </intent-filter>
        </activity>
<!--        注册 ResultActivity 并添加一个 <intent-filter> 以匹配隐式 Intent-->
        <activity android:name=".ResultActivity"
            android:exported="true">
            <intent-filter>
                <action
android:name="com.example.implicitintentdemo.SHOW_RESULT"/>
                <category android:name="android.intent.category.DEFAULT"/>
            </intent-filter>
        </activity>
    </application>
</manifest>
```

运行效果如图 4.1 所示，上述代码通过以上步骤实现了使用隐式 Intent 从一个 Activity 跳转到另一个 Activity，并在跳转时传递计算结果。在第一个 Activity 中，用户输入两个数字并计算它们的乘积，然后通过隐式 Intent 将乘积传递到第二个 Activity，在第二个 Activity 中显示结果。

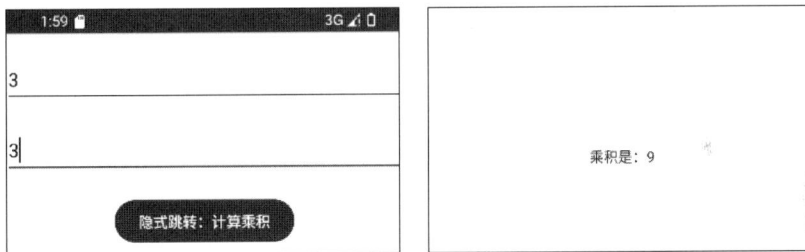

图 4.1　Intent 隐式跳转

4.1.4　Intent 数据回传

在一些应用场景中，需要启动的 Activity 完成信息的处理与选择，然后将信息或数据返回到先前的 Activity 中。例如，在下订单时修改寄送地址。此时可以通过 startActivityForResult() 方法启动 Activity，处理后将数据回传给前一个 Activity。

【例 4.3】　通过 Intent 回传数据示例。在本例中，用户输入两个数字，点击按钮后，启动 SecondActivity 并传递这两个数字。在 SecondActivity 中，用户继续输入第三个数字，计算这三个数字的乘积，并通过 setResult() 方法将计算结果返回给 MainActivity。MainActivity 接收到结果后，通过 onActivityResult() 方法展示乘积。在此过程中，MainActivity 和 SecondActivity 之间通过隐式 Intent 和 putExtra() 方法传递数据，而通过 setResult() 和 onActivityResult() 完成了结果的回传。

MainActivity 布局文件 returnresultdemo\activity_main.xml 代码如下。

```xml
<?xml version="1.0" encoding="utf-8"?>
<RelativeLayout xmlns:android="http://schemas.android.com/apk/res/android"
    android:layout_width="match_parent"
    android:layout_height="match_parent">
    <EditText
        android:id="@+id/number1EditText"
        android:layout_width="match_parent"
        android:layout_height="wrap_content"
        android:hint="输入第一个数字"
        android:layout_marginTop="20dp"
        android:inputType="number"
        android:layout_centerHorizontal="true"/>
    <EditText
        android:id="@+id/number2EditText"
        android:layout_width="match_parent"
        android:layout_height="wrap_content"
        android:hint="输入第二个数字"
        android:layout_below="@id/number1EditText"
        android:layout_marginTop="20dp"
        android:inputType="number"
        android:layout_centerHorizontal="true"/>
    <Button
        android:id="@+id/calculateButton"
        android:layout_width="wrap_content"
        android:layout_height="wrap_content"
        android:text="跳转到 SecondActivity 实现计算乘积"
        android:layout_below="@id/number2EditText"
        android:layout_marginTop="20dp"
        android:layout_centerHorizontal="true"/>
    <TextView
        android:id="@+id/resultTextView"
        android:layout_width="wrap_content"
        android:layout_height="wrap_content"
        android:text="SecondActivity 的计算返回结果显示在这里"
        android:layout_below="@id/calculateButton"
        android:layout_marginTop="20dp"
        android:layout_centerHorizontal="true"/>
</RelativeLayout>
```

SecondActivity 布局文件 returnresultdemo\activity_second. xml 代码如下。

```xml
<?xml version="1.0" encoding="utf-8"?>
<RelativeLayout xmlns:android="http://schemas.android.com/apk/res/android"
    android:layout_width="match_parent"
    android:layout_height="match_parent">
    <TextView
        android:id="@+id/resultTextView"
        android:layout_width="wrap_content"
        android:layout_height="wrap_content"
```

```
        android:text="计算结果"
        android:layout_centerInParent="true"
        android:layout_marginBottom="20dp"/>
    <EditText
        android:id="@+id/thirdNumberEditText"
        android:layout_width="match_parent"
        android:layout_height="wrap_content"
        android:hint="输入第三个数字"
        android:layout_below="@id/resultTextView"
        android:layout_marginTop="20dp"
        android:inputType="number"
        android:layout_centerHorizontal="true"/>
    <Button
        android:id="@+id/returnButton"
        android:layout_width="wrap_content"
        android:layout_height="wrap_content"
        android:text="返回计算结果到 MainActivity"
        android:layout_below="@id/thirdNumberEditText"
        android:layout_centerHorizontal="true"/>
</RelativeLayout>
```

MainActivity 程序文件 returnresultdemo\MainActivity.java 代码如下。

```
package com.example.returnresultdemo;
public class MainActivity extends AppCompatActivity {
    private static final int REQUEST_CODE = 1;        //请求代码,用于标识返回的数据
    private TextView resultTextView;
    @Override
    protected void onCreate(Bundle savedInstanceState) {
        super.onCreate(savedInstanceState);
        setContentView(R.layout.activity_main);
        //获取输入框和按钮的引用
        EditText number1EditText = findViewById(R.id.number1EditText);
        EditText number2EditText = findViewById(R.id.number2EditText);
        Button calculateButton = findViewById(R.id.calculateButton);
        resultTextView = findViewById(R.id.resultTextView);
        calculateButton.setOnClickListener(v -> {
            //获取输入的两个数字
            String num1 = number1EditText.getText().toString();
            String num2 = number2EditText.getText().toString();
            //将输入的字符串转换为整数并传递给 SecondActivity
            Intent intent = new Intent(MainActivity.this, SecondActivity.class);
            intent.putExtra("NUMBER1", Integer.parseInt(num1));    //第一个数字
            intent.putExtra("NUMBER2", Integer.parseInt(num2));    //第二个数字
            startActivityForResult(intent, REQUEST_CODE);
                                        //启动 SecondActivity 并等待返回结果
        });
    }
    @Override
```

```
        protected void onActivityResult(int requestCode, int resultCode, Intent data) {
            super.onActivityResult(requestCode, resultCode, data);
            if (requestCode == REQUEST_CODE && resultCode == RESULT_OK) {
                //获取返回的结果
                int result = data.getIntExtra("RESULT", 0);
                resultTextView.setText("乘积是: " + result); //显示结果
            }
        }
    }
}
```

SecondActivity 程序文件 returnresultdemo\SecondActivity.java 代码如下。

```
package com.example.returnresultdemo;
public class SecondActivity extends AppCompatActivity {
    @Override
    protected void onCreate(Bundle savedInstanceState) {
        super.onCreate(savedInstanceState);
        setContentView(R.layout.activity_second);
        //获取传递过来的两个数字
        int number1 = getIntent().getIntExtra("NUMBER1", 0);
        int number2 = getIntent().getIntExtra("NUMBER2", 0);
        //获取第三个数字的输入框
        EditText thirdNumberEditText = findViewById(R.id.thirdNumberEditText);
        //显示前两个数字
        TextView resultTextView = findViewById(R.id.resultTextView);
        resultTextView.setText("输入第三个数字来计算乘积");
        //设置返回按钮
        Button returnButton = findViewById(R.id.returnButton);
        returnButton.setOnClickListener(v -> {
            //获取第三个数字并计算乘积
            String thirdNum = thirdNumberEditText.getText().toString();
            int thirdNumber = Integer.parseInt(thirdNum);
            //计算乘积
            int result = number1 * number2 * thirdNumber;
            //将结果返回给 MainActivity
            Intent returnIntent = new Intent();
            returnIntent.putExtra("RESULT", result);
            setResult(RESULT_OK, returnIntent);    //设置返回结果
            finish();                               //结束当前 Activity.返回 MainActivity
        });
    }
}
```

运行效果如图 4.2 所示。在上述代码中，获取用户输入的数据，通过 Intent 传递给 SecondActivity，为了实现数据的返回，MainActivity 使用 startActivityForResult()方法来启动 SecondActivity，并等待返回计算结果。返回的结果通过 onActivityResult()方法接收，当 SecondActivity 返回时，MainActivity 会根据请求码 REQUEST_CODE 和结果码 RESULT_OK 处理返回的乘积结果，并显示在界面上的 TextView 中。

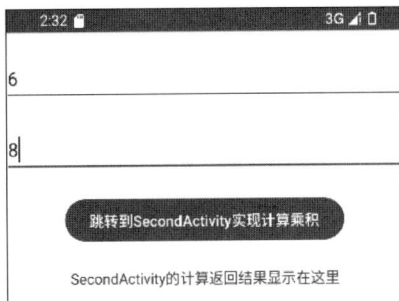

图 4.2 Intent 数据回传

4.2 Intent 调用系统 App

4.2.1 调用电话

在 Android 系统中,Intent 不仅可以启动用户自定义的 App,还可以启动系统自带的功能,例如,电话拨打、短信发送等。电话拨打有跳转到系统拨号界面和直接呼出两种方式实现。

跳转到系统拨号界面,需要使用系统定义的动作 Intent. ACTION_DIAL 跳转到系统拨号界面,用户确认后再拨打,这种方式不需要额外权限。

直接呼出电话需要使用系统定义的动作 Intent. ACTION_CALL,该动作会立即拨打指定号码,不需要用户再次确认,该动作调用时需要申请 CALL_PHONE 权限,并要求用户授权。

1. 跳转拨号界面

【例 4.4】 使用隐式 Intent 调用系统拨号 App。创建一个隐式 Intent,设置动作为 Intent. ACTION_DIAL,并附加要拨打的电话号码。

在 MainActivity. java 文件中,点击按钮,调用 Intent,通过 Intent. ACTION_DIAL,调用系统拨号界面。MainActivity. java 代码如下。

```java
package com.example.myapp;
public class MainActivity extends AppCompatActivity {
    @Override
    protected void onCreate(Bundle savedInstanceState) {
        super.onCreate(savedInstanceState);
        setContentView(R.layout.activity_main);
        //获取布局中的按钮
        Button callButton = findViewById(R.id.callButton);
        //为按钮设置点击事件监听器
        callButton.setOnClickListener(new View.OnClickListener() {
            @Override
            public void onClick(View v) {
                //创建隐式 Intent,启动拨号应用并显示指定的电话号码
                Intent intent = new Intent(Intent.ACTION_DIAL);
```

```
                    intent.setData(Uri.parse("tel:1234567890"));
                    startActivity(intent);
                }
            });
        }
    }
```

在这个示例中，布局文件 activity_main. xml 中添加了一个按钮，用户点击该按钮时，应用会通过隐式 Intent 启动拨号应用，并显示预先设定的电话号码。用户可以在拨号界面确认或编辑号码后再手动发起拨打操作。这种方式非常适合需要提供电话拨打功能但又希望避免涉及敏感权限(如 CALL_PHONE)的应用场景。

2. 直接呼出电话

【例 4.5】 直接拨打电话示例。App 需要检查是否已经获得拨打电话的权限，如果没有权限，将请求用户授权；在获得权限后，应用会立即拨打用户输入的电话号码。

布局文件 callphonedireactlydemo\activity_main. xml 代码如下。

```xml
<?xml version="1.0" encoding="utf-8"?>
<RelativeLayout xmlns:android="http://schemas.android.com/apk/res/android"
    android:layout_width="match_parent"
    android:layout_height="match_parent"
    android:padding="16dp">
    <EditText
        android:id="@+id/phoneNumberEditText"
        android:layout_width="match_parent"
        android:layout_height="wrap_content"
        android:hint="输入电话号码"
        android:inputType="phone"
        android:layout_centerHorizontal="true"
        android:layout_marginTop="50dp"/>
    <Button
        android:id="@+id/callButton"
        android:layout_width="wrap_content"
        android:layout_height="wrap_content"
        android:text="拨打电话"
        android:layout_below="@id/phoneNumberEditText"
        android:layout_marginTop="20dp"
        android:layout_centerHorizontal="true"/>
</RelativeLayout>
```

程序文件 callphonedireactlydemo\MainActivity. java 代码如下。

```java
package com.example.callphonedireactlydemo;
public class MainActivity extends AppCompatActivity {
    private static final int REQUEST_CALL_PERMISSION = 1;
    private EditText phoneNumberEditText;
    @Override
    protected void onCreate(Bundle savedInstanceState) {
```

```java
        super.onCreate(savedInstanceState);
        setContentView(R.layout.activity_main);
        phoneNumberEditText = findViewById(R.id.phoneNumberEditText);
        Button callButton = findViewById(R.id.callButton);
        callButton.setOnClickListener(v -> {
            String phoneNumber = phoneNumberEditText.getText().toString();
            if (phoneNumber.isEmpty()) {
                Toast.makeText(MainActivity.this, "请输入电话号码",
                    Toast.LENGTH_SHORT).show();
            } else {
                makePhoneCall(phoneNumber);
            }
        });
    }
    private void makePhoneCall(String phoneNumber) {
        if (ContextCompat.checkSelfPermission(MainActivity.this,
                Manifest.permission.CALL_PHONE) !=
                PackageManager.PERMISSION_GRANTED) {
            ActivityCompat.requestPermissions(MainActivity.this,
                    new String[]{Manifest.permission.CALL_PHONE},
                    REQUEST_CALL_PERMISSION);
        } else {
            Intent callIntent = new Intent(Intent.ACTION_CALL);
            callIntent.setData(Uri.parse("tel:" + phoneNumber));
            startActivity(callIntent);
        }
    }
    @Override
    public void onRequestPermissionsResult(int requestCode, String[] permissions,
int[] grantResults) {
        super.onRequestPermissionsResult(requestCode, permissions, grantResults);
        if (requestCode == REQUEST_CALL_PERMISSION) {
            if (grantResults.length > 0 && grantResults[0] ==
                PackageManager.PERMISSION_GRANTED) {
                String phoneNumber = phoneNumberEditText.getText().toString();
                makePhoneCall(phoneNumber);
            } else {
                Toast.makeText(this, "拨打电话权限被拒绝",
                    Toast.LENGTH_SHORT).show();
            }
        }
    }
}
```

在用户点击按钮时,应用检查是否已获得拨打电话的权限。如果尚未获得权限,应用会请求用户授权;如果权限已被授予,应用将使用 Intent. ACTION_CALL 直接拨打用户输入的电话号码。代码需要有实现 onRequestPermissionsResult()方法,以处理用户的权限请求结果。如果权限被拒绝,应用将提示用户权限不够。

在运行 App 前还需要在 AndroidManifest. xml 文件中添加 CALL_PHONE 权限,代码

如下。

```xml
<?xml version="1.0" encoding="utf-8"?>
<manifest xmlns:tools="http://schemas.android.com/tools"
    xmlns:android="http://schemas.android.com/apk/res/android">
    <uses-feature
        android:name="android.hardware.telephony"
        android:required="false" />
    <uses-permission android:name="android.permission.CALL_PHONE" />
    <!-- 添加拨打电话的权限声明 -->
    <application
        android:allowBackup="true"
        android:icon="@mipmap/ic_launcher"
        android:label="@string/app_name"
        android:roundIcon="@mipmap/ic_launcher_round"
        android:supportsRtl="true"
        android:theme="@style/Theme.Chapter4">
        <activity
            android:name=".MainActivity"
            android:exported="true">
            <intent-filter>
                <action android:name="android.intent.action.MAIN" />
                <category android:name="android.intent.category.LAUNCHER" />
            </intent-filter>
        </activity>
    </application>
</manifest>
```

运行效果如图 4.3 所示。

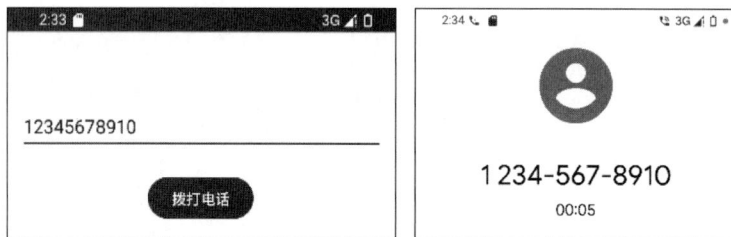

图 4.3　拨打电话

4.2.2　调用短信

1. 调用系统短信 App

在 Android 应用中,可以使用 Intent 来调用系统的短信 App 来发送短信。这种发送短信的方式不需要额外的权限,它只启动了系统的短信应用,而不是直接发送短信。跳转到短信发送 App 可以通过动作 Intent.ACTION_VIEW 或 Intent.ACTION_SENDTO 来实现。

【例 4.6】　使用 Intent 跳转短信发送 App。此例中创建一个隐式 Intent,设置短信的接收号码和内容,单击按钮跳转到系统的短信发送 App。

MainActivity.java 代码如下。

```
public class MainActivity extends AppCompatActivity {
    @Override
    protected void onCreate(Bundle savedInstanceState) {
        super.onCreate(savedInstanceState);
        setContentView(R.layout.activity_main);
        //发送短信按钮
        Button smsButton = findViewById(R.id.smsButton);
        smsButton.setOnClickListener(new View.OnClickListener() {
            @Override
            public void onClick(View v) {
                //创建隐式 Intent,启动短信应用并填写接收号码和短信内容
                Intent intent = new Intent(Intent.ACTION_SENDTO);
                intent.setData(Uri.parse("smsto:1234567890"));
                intent.putExtra("sms_body", "你好,这是测试短信。");
                startActivity(intent);
            }
        });
    }
}
```

2. 直接发送短信

当用户在 App 中需要直接将短信发送出去时,需要在配置文件 AndroidManifest. xml
中配置如下权限。

```
<uses-permission android:name="android.permission.SEND_SMS" />
```

在程序中检查是否已获得短信发送的权限,如果未获得权限,则请求用户授权;在权限
被授予后,应用使用 SmsManager 类直接发送短信到指定的号码。

布局文件 activity_main. xml 代码如下。

```
<?xml version="1.0" encoding="utf-8"?>
<RelativeLayout xmlns:android="http://schemas.android.com/apk/res/android"
    android:layout_width="match_parent"
    android:layout_height="match_parent"
    android:padding="16dp">
    <!-- 输入电话号码的编辑框 -->
    <EditText
        android:id="@+id/phoneNumberEditText"
        android:layout_width="match_parent"
        android:layout_height="wrap_content"
        android:hint="输入电话号码"
        android:inputType="phone"
        android:layout_centerHorizontal="true"
        android:layout_marginTop="50dp"/>
    <!-- 输入短信内容的编辑框 -->
    <EditText
        android:id="@+id/messageEditText"
        android:layout_width="match_parent"
```

```
            android:layout_height="wrap_content"
            android:hint="输入短信内容"
            android:layout_below="@id/phoneNumberEditText"
            android:layout_marginTop="20dp"
            android:layout_centerHorizontal="true"/>
        <!-- 发送短信按钮 -->
        <Button
            android:id="@+id/sendSmsButton"
            android:layout_width="wrap_content"
            android:layout_height="wrap_content"
            android:text="发送短信"
            android:layout_below="@id/messageEditText"
            android:layout_marginTop="20dp"
            android:layout_centerHorizontal="true"/>
    </RelativeLayout>
```

MainActivity.java 代码如下。

```java
public class MainActivity extends AppCompatActivity {
    //请求代码,用于标识权限请求
    private static final int REQUEST_SMS_PERMISSION = 1;
    private EditText phoneNumberEditText;      //输入电话号码的编辑框
    private EditText messageEditText;          //输入短信内容的编辑框
    @Override
    protected void onCreate(Bundle savedInstanceState) {
        super.onCreate(savedInstanceState);
        setContentView(R.layout.activity_main);
        phoneNumberEditText = findViewById(R.id.phoneNumberEditText);
        messageEditText = findViewById(R.id.messageEditText);
        Button sendSmsButton = findViewById(R.id.sendSmsButton);
        //设置按钮点击监听器
        sendSmsButton.setOnClickListener(v -> {
            //获取用户输入的电话号码和短信内容
            String phoneNumber = phoneNumberEditText.getText().toString();
            String message = messageEditText.getText().toString();
            //检查用户是否输入了电话号码和短信内容
            if (phoneNumber.isEmpty() || message.isEmpty()) {
                Toast.makeText(MainActivity.this, "请输入电话号码和短信内容",
                    Toast.LENGTH_SHORT).show();
            } else {
                //如果输入不为空,则发送短信
                sendSms(phoneNumber, message);
            }
        });
    }
    /**
    *发送短信的方法
    *@param phoneNumber 发送短信的目标电话号码
    *@param message 发送的短信内容
```

```
        */
    private void sendSms(String phoneNumber, String message) {
        //检查应用是否已经获得发送短信的权限
        if (ContextCompat.checkSelfPermission(MainActivity.this,
            Manifest.permission.SEND_SMS) !=
                PackageManager.PERMISSION_GRANTED) {
            //如果没有权限,请求用户授权
            ActivityCompat.requestPermissions(MainActivity.this,
                    new String[]{Manifest.permission.SEND_SMS},
                    REQUEST_SMS_PERMISSION);
        } else {
            //如果已获得权限,使用 SmsManager 发送短信
            SmsManager smsManager = SmsManager.getDefault();
            smsManager.sendTextMessage(phoneNumber, null, message, null, null);
            Toast.makeText(this, "短信已发送", Toast.LENGTH_SHORT).show();
        }
    }
    //处理权限请求结果的回调方法
    @Override
    public void onRequestPermissionsResult(int requestCode,
    String[] permissions, int[] grantResults) {
        super.onRequestPermissionsResult(requestCode, permissions, grantResults);
        if (requestCode == REQUEST_SMS_PERMISSION) {
            if (grantResults.length > 0 && grantResults[0] ==
                PackageManager.PERMISSION_GRANTED) {
                //用户授予了发送短信权限,重新发送短信
                String phoneNumber = phoneNumberEditText.getText().toString();
                String message = messageEditText.getText().toString();
                sendSms(phoneNumber, message);
            } else {
                //用户拒绝了权限请求,提示用户无法发送短信
                Toast.makeText(this, "发送短信权限被拒绝",
                    Toast.LENGTH_SHORT).show();
            }
        }
    }
}
```

onRequestPermissionsResult()方法用于处理用户的权限请求结果。如果用户授予了发送短信的权限,应用将继续发送短信;如果权限被拒绝,应用将提示用户权限不足。

4.2.3　调用相机

在 Android 应用中,可以使用 Intent 调用系统的相机拍照。调用系统相机需要使用 Intent 隐式跳转,使用系统定义的 MediaStore. ACTION_IMAGE_CAPTURE 动作调用相机。

调用系统相机需要在 AndroidManifest. xml 文件中添加访问相机的权限。

```
<uses-permission android:name="android.permission.CAMERA" />
```

【例 4.7】　调用相机示例。在 MainActivity. java 文件中,通过 findViewById( )方法获取按钮的引用,并为按钮设置点击事件监听器。在点击事件中,创建隐式 Intent,设置动作为 MediaStore. ACTION_IMAGE_CAPTURE,调用相机应用进行拍照。

MainActivity. java 代码如下。

```java
public class MainActivity extends AppCompatActivity {
    private static final int REQUEST_CAMERA_PERMISSION = 1;    //权限请求码
    private static final int REQUEST_TAKE_PHOTO = 2;            //启动相机请求码
    @Override
    protected void onCreate(Bundle savedInstanceState) {
        super.onCreate(savedInstanceState);
        setContentView(R.layout.activity_main);
        //获取拍照按钮的引用
        Button photoButton = findViewById(R.id.photoButton);
        photoButton.setOnClickListener(new View.OnClickListener() {
            @Override
            public void onClick(View v) {
                //检查是否有相机权限
                if (ContextCompat.checkSelfPermission(MainActivity.this,
                        Manifest.permission.CAMERA)
                        != PackageManager.PERMISSION_GRANTED) {
                    //如果没有权限,申请权限
                    ActivityCompat.requestPermissions(MainActivity.this,
                            new String[]{Manifest.permission.CAMERA},
                        REQUEST_CAMERA_PERMISSION);
                } else {
                    //如果已经有权限,启动相机
                    takePicture();
                }
            }
        });
    }
    //拍照操作
    private void takePicture() {
        Intent takePictureIntent =
            new Intent(MediaStore.ACTION_IMAGE_CAPTURE);
        //确保设备上有可以处理该 Intent 的相机应用
        if (takePictureIntent.resolveActivity(getPackageManager()) != null) {
            //启动相机
        startActivityForResult(takePictureIntent, REQUEST_TAKE_PHOTO);
        }
    }
    //处理权限请求结果
    @Override
    public void onRequestPermissionsResult(int requestCode,
        String[] permissions, int[] grantResults) {
        super.onRequestPermissionsResult(requestCode, permissions, grantResults);
        if (requestCode == REQUEST_CAMERA_PERMISSION) {
            if (grantResults.length > 0 && grantResults[0] ==
```

```
                     PackageManager.PERMISSION_GRANTED) {
                //权限被授予,启动相机
                takePicture();
            } else {
                //权限被拒绝,显示提示信息
                Toast.makeText(this, "相机权限被拒绝",
                    Toast.LENGTH_SHORT).show();
            }
        }
    }
    //处理相机拍照返回的结果
    @Override
    protected void onActivityResult(int requestCode, int resultCode, Intent data) {
        super.onActivityResult(requestCode, resultCode, data);
        if (requestCode == REQUEST_TAKE_PHOTO && resultCode ==
        RESULT_OK) {
            //在这里处理拍照返回的图片数据
            //例如,获取照片的 URI 并显示或保存图片
            Toast.makeText(this, "照片拍摄成功", Toast.LENGTH_SHORT).show();
        }
    }
}
```

4.2.4　调用浏览器

在 Android 应用中,可以使用 Intent 调用系统的浏览器,访问网页。在调用系统浏览器时,需要创建隐式 Intent,并使用 Intent.ACTION_VIEW 动作,附加上要访问的网页 URL。

【例 4.8】　调用浏览器示例。在 MainActivity.java 文件中,添加一个按钮用于调用浏览器,并访问指定的 URL。

MainActivity.java 代码如下。

```
public class MainActivity extends AppCompatActivity {
    @Override
    protected void onCreate(Bundle savedInstanceState) {
        super.onCreate(savedInstanceState);
        setContentView(R.layout.activity_main);
        //打开浏览器按钮
        Button browserButton = findViewById(R.id.browserButton);
        browserButton.setOnClickListener(new View.OnClickListener() {
            @Override
            public void onClick(View v) {
                //创建隐式 Intent,启动浏览器并访问指定网址
                Intent browserIntent = new Intent(Intent.ACTION_VIEW,
Uri.parse("http://www.people.com.cn/"));
                startActivity(browserIntent);
            }
        });
    }
}
```

　　运行效果如图 4.4 所示。在上述代码中,当用户点击按钮时,应用会通过隐式 Intent 启动系统的默认浏览器,并导航到预设的 URL。通过使用 Intent. ACTION_VIEW 动作和附加的 URL 地址,访问特定网页。

图 4.4　调用浏览器

4.3　广播与 BroadcastReceiver

4.3.1　广播机制

　　在 Android 应用中,广播接收者(BroadcastReceiver)扮演着重要角色,它是 Android 的 4 大组件之一,其主要功能是接收并处理系统或应用程序发送的广播。在 Android 系统中,广播机制广泛应用于各种场景。例如,系统在开机完成后会发送一条广播,通过接收此广播可以实现开机启动服务;当网络状态发生变化时,系统会发出广播,应用接收此广播后可以进行相应的提示或保存数据;当设备电池电量变化时,系统会发送广播,应用接收后可以提醒用户电量低等。

广播可以理解为系统中的一种消息类型。当某个事件发生时,如网络断开,系统会发送广播消息给所有的接收者,这些接收者在接收到消息后可以立即做出相应的处理。Android 中的广播主要分为两类:标准广播和有序广播。

标准广播是一种完全异步的广播类型。当广播发出后,所有的广播接收器几乎同时接收到消息,因此它们之间没有固定的顺序。这种广播效率较高,但无法中断传递的广播消息。

有序广播是一种同步广播类型。当广播发出后,同一时间只有一个接收器能接收到消息。广播接收器处理完后,广播才会继续传递给下一个接收器。因此,有序广播接收器是按照优先级顺序接收广播消息的。优先级高的接收器会先接收到广播,并且可以选择中断广播,使后续的接收器无法接收到该广播消息。

广播消息的传递是通过 Intent 对象进行的,通常使用隐式 Intent 来发送广播。隐式 Intent 可以在不同组件之间传递数据,而不需要明确指定接收组件。

4.3.2　系统广播接收

接收系统广播的主要目的是让应用程序能够对系统事件做出响应。例如,当网络状态发生变化时,应用程序可以根据情况提示用户;当设备完成开机时,可以启动一些服务;当电池电量低时,可以提醒用户保存数据或关闭不必要的应用程序。

要实现接收系统广播,需要使用 BroadcastReceiver 类。BroadcastReceiver 是一个用于接收并处理系统或应用程序发送的广播消息的组件。BroadcastReceiver 类中的 onReceive( ) 用于接收广播消息,触发执行相关代码。

【例 4.9】　使用 TimeTickReceiver 接收系统每分钟触发的 ACTION_TIME_TICK 广播示例。

MainActivity.java 的代码如下。

```java
public class MainActivity extends AppCompatActivity {
    private static final String TAG = "TimeBroadcastDemo";
    private TextView timeTextView;
    private TimeTickReceiver timeTickReceiver;
    @Override
    protected void onCreate(Bundle savedInstanceState) {
        super.onCreate(savedInstanceState);
        setContentView(R.layout.activity_main);
        timeTextView = findViewById(R.id.timeTextView);
        //创建并注册广播接收器,监听每分钟触发的 ACTION_TIME_TICK 广播
        timeTickReceiver = new TimeTickReceiver();
        IntentFilter filter = new IntentFilter(Intent.ACTION_TIME_TICK);
        registerReceiver(timeTickReceiver, filter);
        //显示当前时间
        updateTime();
    }
    @Override
    protected void onDestroy() {
```

```
        super.onDestroy();
        //取消注册广播接收器
        unregisterReceiver(timeTickReceiver);
    }
    //更新 UI 显示当前时间
    private void updateTime() {
        String currentTime = DateFormat.format("yyyy-MM-dd HH:mm", new Date()).
toString();
        timeTextView.setText("Current Time: " + currentTime);
    }
    //自定义的广播接收器,处理每分钟触发的时间变化广播
    private class TimeTickReceiver extends BroadcastReceiver {
        @Override
        public void onReceive(Context context, Intent intent) {
            Log.d(TAG, "Time tick received: " + intent.getAction());
            //更新 UI 显示当前时间
            updateTime();
            //提示用户当前时间
            Toast.makeText(MainActivity.this, "Time Updated: " +
                timeTextView.getText(), Toast.LENGTH_SHORT).show();
        }
    }
}
```

当广播触发时,应用会更新界面上的当前时间显示,并通过 Toast 弹出通知提示用户最新的时间。在 onCreate()方法中,通过 IntentFilter 注册该广播接收器,使其开始监听系统时间的变化并更新 UI。最后,在 onDestroy()方法中取消注册广播接收器。

4.3.3　自定义广播发送与接收

系统广播只能处理预定义的系统事件,自定义广播可以让应用程序之间以及应用程序内部的不同组件进行通信。通过自定义广播,应用程序可以发送特定的消息,并由其他组件接收和处理这些消息。这种机制适合用于模块间的消息传递和事件通知。自定义广播的发送与接收流程如下。

1. 发送自定义广播

调用 sendBroadcast()方法的 Intent 对象,可以实现自定义广播的发送。

2. 接收自定义广播

在 BroadcastReceiver 类中重写 onReceive()方法,并在其中处理接收到的广播消息。自定义广播需要在 AndroidManifest.xml 中注册或在代码中动态注册。

【例 4.10】　自定义广播发送与接收示例。

(1)创建 MyCustomReceiver 类继承 BroadcastReceiver 类,重写 onReceive()方法。在 onReceive()方法中,可以根据接收到的 Intent 对象的内容,执行相应的逻辑。

代码如下。

```
public class MyCustomReceiver extends BroadcastReceiver {
    @Override
```

```
    public void onReceive(Context context, Intent intent) {
        String message = intent.getStringExtra("message");
        Toast.makeText(context, "接收到自定义广播: " + message,
            Toast.LENGTH_SHORT).show();
    }
}
```

（2）在 AndroidManifest.xml 中注册 BroadcastReceiver，接收到 com.example.CUSTOM_BROADCAST 的广播时，MyCustomReceiver 就会接收到该广播。

```
<receiver android:name=".MyCustomReceiver">
    <intent-filter>
        <action android:name="com.example.CUSTOM_BROADCAST"/>
    </intent-filter>
</receiver>
```

（3）发送自定义广播，程序代码如下。

```
public class MainActivity extends AppCompatActivity {
    @Override
    protected void onCreate(Bundle savedInstanceState) {
        super.onCreate(savedInstanceState);
        setContentView(R.layout.activity_main);
        Button button = findViewById(R.id.sendBroadcastButton);
        button.setOnClickListener(new View.OnClickListener() {
            @Override
            public void onClick(View v) {
                Intent intent = new
                    Intent("com.example.CUSTOM_BROADCAST");
                intent.putExtra("message", "Hello, this is a custom broadcast!");
                sendBroadcast(intent);
            }
        });
    }
}
```

自定义广播类需要注册才能使用，除了可以在 AndroidManifest.xml 中注册，还可以在 Activity 中动态注册和注销广播接收器，使得在特定的生命周期内接收广播。

【例 4.11】　动态注册广播接收类示例。

```
public class MainActivity extends AppCompatActivity {
    private MyCustomReceiver myCustomReceiver;
    @Override
    protected void onCreate(Bundle savedInstanceState) {
        super.onCreate(savedInstanceState);
        setContentView(R.layout.activity_main);
        myCustomReceiver = new MyCustomReceiver();
        IntentFilter filter = new IntentFilter("com.example.CUSTOM_BROADCAST");
```

```
        registerReceiver(myCustomReceiver, filter);
    }
    @Override
    protected void onDestroy() {
        super.onDestroy();
        unregisterReceiver(myCustomReceiver);
    }
}
```

在上述代码中,当 MainActivity 被创建时,动态注册了 MyCustomReceiver,并指定了它监听 com.example.CUSTOM_BROADCAST 广播。当 MainActivity 被销毁时,注销了 MyCustomReceiver,避免内存泄漏。

习题

一、单项选择题

1. 当界面从 A 跳转到 B,并希望从 Activity B 中返回信息到 A 时,A 需要实现以下哪个方法来获取返回的结果信息?(   )

    A. onResultActivity   B. StartActivityForResult

    C. startActivity   D. setResult

2. 以下代码 Intent intent ＝new Intent(Intent. ACTION_VIEW, Uri. parse("https://mail. google. com"))的作用描述正确的是(   )。

    A. 其他项不正确   B. 在浏览器浏览这个网址

    C. 发送短信   D. 发送 E-mail

3. 通过 Intent 不能启动哪些组件?(   )

    A. BroadcastReceiver   B. Service

    C. Content Provider   D. Activity

4. Android 中,以下哪一项是 Intent 的作用?(   )

    A. 处理一个应用程序整体性的工作

    B. 是一段长的生命周期,没有用户界面的程序,可以保持应用在后台运行,而不会因为切换页面而消失

    C. 实现应用程序间的数据共享

    D. 可以实现界面间的切换,可以包含动作和动作数据,连接 4 大组件的纽带

5. 当 Intent 设置数据时,使用的方法是(   )。

    A. setAction()   B. setData()   C. addCategory()   D. addData()

6. 下面代码采用的是(   )启动 Activity。

```
Intent intent = new Intent();
intent.setAction("cn.itscast.xxx");
startActivity(intent);
```

    A. 显示意图   B. 显式意图   C. 隐式意图   D. 隐示意图

7. 在下列选项中,不能通过 Intent 传递的数据类型是(　　)。

    A. 基本数据类型及其数组 　　　　　　B. Map

    C. Parcelable 　　　　　　　　　　　　D. Serializable

8. Android 中,广播可以分为(　　)类。

    A. 1 　　　　　　B. 2 　　　　　　C. 3 　　　　　　D. 4

9. 关于有序广播和标准广播,以下说法正确的是(　　)。

    A. 有序广播可以被拦截,数据可以被修改,标准广播数据不可以被拦截,数据不可以被修改

    B. 有序广播和标准广播类似

    C. 有序广播不可以被拦截

    D. 标准广播是按照优先级进行发送

10. 关于 BroadcastReceiver 的说法不正确的是(　　)。

    A. 用于接收系统或程序中的广播事件

    B. 一个广播事件只能被一个广播接收者所接收

    C. 对有序广播,系统会根据接收者声明的优先级别按顺序逐个执行接收者

    D. 接收者声明的优先级别在 android:priority 属性中声明,数值越大优先级越高

11. 下列选项中哪个是发送广播的方法?(　　)

    A. startBroadcast 　　　　　　　　　　B. startBroadcastReceiver

    C. sendBroadcast 　　　　　　　　　　D. sendBroadcastReceiver

12. 在 Android 中,定义广播接收者要继承(　　)。

    A. BroadcastReceiver 　　　　　　　　B. Broadcast

    C. Receiver 　　　　　　　　　　　　D. BroadcastReboot

13. 继承 BroadcastReceiver 会重写(　　)方法。

    A. onReceive() 　　B. onUpdate() 　　C. onCreate() 　　D. onStart()

14. 广播接收者需要在清单文件配置(　　)结点。

    A. receiver 　　　　　　　　　　　　B. broadReceiver

    C. service 　　　　　　　　　　　　D. contentProvider

15. 关于 sendBroadcast()方法,以下说法正确的是(　　)。

    A. 该方法是发送一条有序广播

    B. 该方法是发送一条无序广播

    C. 该方法既可发送有序广播也可发送无序广播

    D. 以上说法都不正确

16. 下列方法中,用于发送一条有序广播的是(　　)。

    A. startBroadcastReceiver() 　　　　　B. sendOrderedBroadcast()

    C. sendBroadcast() 　　　　　　　　　D. sendReceiver()

17. 广播可以通过以下哪个方法拦截?(　　)

    A. abort() 　　　　　　　　　　　　B. abortBroadcast()

    C. abortBroadcastReceiver() 　　　　　D. abortReceiver()

二、判断题

1. Intent 通常只用于启动 Activity，不能用于启动广播或服务。（　　）

2. Intent 不仅可以用来启动 Activity，还可以在不同的 Activity 之间传递数据。（　　）

3. 在使用 Intent 传递数据时，可以通过 putExtra()方法将参数封装到 Intent 中。（　　）

4. 在 Android 中，Intent 传递对象时有两种方式：一种是通过实现 Serializable 接口传递对象，另一种是通过实现 Parcelable 接口传递对象。（　　）

5. 当通过 startActivityForResult()启动 Activity B 时，可以通过 onActivityResult()方法接收 Activity B 返回的数据。（　　）

6. 在用户注册的示例中，展示用户信息的 Activity 可以通过 getIntent()方法获取 Intent 对象，并使用该对象的 getStringExtra()方法获取输入的用户名。（　　）

7. Broadcast 是广播的一种形式，它用于在应用程序之间传递信息。（　　）

8. 在清单文件中注册广播接收者时，可以在＜intent-filter＞标签中使用 priority 属性设置接收者的优先级，优先级的数值越大，优先级越高。（　　）

9. 有序广播的广播效率比无序广播更高。（　　）

10. 动态注册的广播接收者的生命周期取决于注册它的组件。（　　）

11. Android 中的广播接收者必须在清单文件里面进行注册。（　　）

12. 每个广播事件只能由一个广播接收者接收。（　　）

13. 广播接收者注册后必须要手动关闭。（　　）

三、填空题

1. 在 Android 中，Intent 寻找目标组件的方式有两种：_____和_____。

2. 当启动一个 Activity 后，如果新的 Activity 执行完毕并需要返回到启动它的 Activity，回调函数是_____。

3. 发送隐式 Intent 后，Android 系统会使用_____匹配相应的组件。

4. _____用来监听来自系统或者应用程序的广播。

5. 广播接收者需要在清单文件中使用_____标签注册。

6. 要终止广播，使用_____方法。

7. 广播的发送有两种形式，分别为_____和_____。

8. 代码注册广播接收者使用_____方法，而解除广播接收者使用_____方法。

9. 指定发送有序广播的方法是_____。

四、简答题

1. 简述 Intent 启动 Activity 中隐式启动和显式启动的定义及其区别。

2. 列举接收系统常用广播时各功能需要使用的权限。

3. 简述标准广播与有序广播之间的主要区别。

第 5 章
Android 服务

5.1 服务概述

服务(Service)是 Android 的 4 大组件之一,用于在后台执行长时间运行的操作。与 Activity 不同,服务程序没有用户界面。启动后,服务程序可以在后台处理不需要用户交互的事务。如果需要,可以在后台运行较长时间,即使在用户切换到其他应用后服务依然可以在后台运行。此外,组件可以绑定到服务以与其交互,甚至执行进程间通信(IPC)。

在 Android 开发中,使用 Activity 可以完成绝大多数的开发内容,但是也会因为某些特定的任务导致不便,例如,需要持续运行的后台任务(如音乐播放、文件下载、定时数据更新)可能因用户切换应用而中断,而服务则能够在后台保持任务的连续性,即使应用界面关闭也不受影响。当任务需要定期或延迟执行时,服务也比 Activity 更稳定,因为它能在屏幕关闭后继续运行,避免被系统回收。

此外,某些与用户界面无关的操作(如文件 I/O、网络请求或批量数据库操作)在 Activity 中执行可能导致界面卡顿,而服务因不依赖界面,能够更高效地完成这些任务。

服务支持进程间通信(IPC),允许不同应用组件共享数据或功能,适合需要绑定的场景。对于需要更高优先级的任务,还可以通过前台服务实现,在通知栏中保持其持续运行,从而降低被系统回收的风险。这些特性使得服务在处理长时间、不需要用户交互的任务时,比 Activity 更加合适。

本章学习目标:

1. 知识理解

- 理解 Android 服务的基本概念及其在 Android 应用中的作用。
- 掌握 Android 服务的分类,包括本地服务、前台服务、后台服务和绑定服务,并理解每种服务的特点和适用场景。
- 理解服务的生命周期,包括服务的启动、运行和停止过程,以及各生命周期方法的作用。
- 理解如何声明和使用服务,掌握在 AndroidManifest.xml 中注册服务的方法。
- 理解系统服务(如 LocationManager、AlarmManager、NotificationManager)的基本概念及其在应用中的使用场景。

- 掌握远程服务的概念,并理解如何使用 AIDL(Android Interface Definition Language)来实现进程间通信。

2. 技能应用能力

- 能够正确地声明服务并在代码中启动、停止和绑定服务。
- 能够实现后台服务,处理长时间运行的任务,如数据同步或定时任务。
- 能够调用系统服务(如 LocationManager、AlarmManager、NotificationManager)并在应用中实现相应的功能。
- 能够实现远程服务,使用 AIDL 进行进程间通信,确保不同应用或进程间的数据交换和操作。

3. 分析与解决问题能力

- 能够分析不同服务类型的优缺点,针对应用场景合理选择服务类型并高效实现。
- 能够根据不同的服务需求,合理使用系统服务(如位置服务、通知管理和定时任务)。
- 能够解决远程服务通信中的常见问题,确保不同进程间的数据传输和操作的安全性和高效性。

5.1.1　服务分类

服务分为本地服务(Local Service)与远程服务(Remote Service)。本地服务是在与应用程序相同的进程中运行的服务,它只能够被同一应用程序的组件(如活动、广播接收器等)绑定和使用。本地服务与应用程序的其他组件共享相同的内存空间和进程环境,因而可以直接访问应用程序中的数据和资源。由于没有进程间通信(IPC)的开销,本地服务的调用速度较快,性能较好。实现本地服务的复杂度较低,通常只需要继承 Service 类并实现相关的生命周期方法。

远程服务是在独立的进程中运行的服务,它可以被其他应用程序的组件通过进程间通信(IPC)机制绑定和使用。远程服务具有自己独立的内存空间,其他应用无法直接访问远程服务的内存数据。由于运行在不同进程中,客户端和服务之间的通信需要通过 AIDL(Android Interface Definition Language)或 Messenger 来实现。远程服务隔离了内存空间,这在某些安全性要求较高的场景中是有利的。远程服务的实现相对复杂,需要处理进程间通信和序列化/反序列化等问题。

因此,本地服务一般适用于同一 App 应用内的服务,运行在应用的主进程中,通信简单且高效。而远程服务适用于需要跨进程或跨 App 应用访问的服务,运行在独立的进程中,使用 AIDL 或 Messenger 实现跨进程通信。

5.1.2　本地服务

本地服务主要有三种类型:前台服务、后台服务和绑定服务。每种类型的服务有其特定的用途和行为。

1. 前台服务

前台服务是一种对用户可见的服务,会在通知栏显示一个持续通知,通常用于执行用户持续关注感知的任务,如播放音乐、下载文件、位置跟踪等。前台服务在系统资源紧张时具有较高的优先级,不容易被系统回收。前台服务必须显示 Notification。即使用户没有与应用互动,前台服务也会继续运行。服务必须调用 startForeground(),且在 AndroidManifests. xml 中声明 foregroundServiceType,优先级较高,不易被系统杀死,适合需要长期运行的任务。

2. 后台服务

后台服务是一种在没有用户界面的情况下运行的服务,执行用户不会直接注意到的操作。系统资源紧张时,后台服务有可能被终止。适用于不需要用户关注的后台任务,如数据同步或文件下载。可以使用 startService() 调用后台服务直接在后台运行。后台服务优先级较低,系统资源紧张时可能会被终止,适合短期任务。

3. 绑定服务

绑定服务是一种允许应用组件(如 Activity)绑定并与之进行交互的服务。客户端通过 bindService() 方法绑定服务,并通过 onServiceConnected() 回调方法获取 IBinder 对象,从而与服务进行通信。适用于需要与服务进行密切交互的任务,如提供计算服务或访问远程资源。

5.2 服务的生命周期

生命周期(Lifecycle)指的是一个对象或组件从创建到销毁所经历的不同阶段或状态变化过程。在 Android 开发中,生命周期特别重要,因为它帮助开发者理解和管理组件的运行状态,确保资源在正确的时间被初始化和释放,避免内存泄漏、性能损耗或系统崩溃等问题。

在 Android 服务中,服务生命周期指的是服务在其存在期间经历的不同状态转换,包括创建、启动、运行、绑定和销毁等过程。服务的生命周期决定了服务何时启动、何时终止、如何响应绑定请求,以及如何正确管理资源。掌握这些状态和相应的生命周期方法可以帮助开发者在适当的位置与方法中初始化程序和释放资源,避免内存泄漏和不必要的资源占用,确保服务在后台的稳定性和高效性。服务的生命周期方法包括 onCreate()、onStartCommand()、onBind() 和 onDestroy() 等,每个方法在服务的不同状态下被调用。创建 Android 服务时需要通过继承 Service 类来实现,在服务类中重写生命周期的方法实现相应功能,相关代码如下。

```java
public class MyService extends Service {
    public MyService () {
    }
    @Override
    public IBinder onBind(Intent intent) {
        return null;
    }
    @Override
    public void onCreate() {
        super.onCreate();
    }
    @Override
    public int onStartCommand(Intent intent, int flags, int startId) {
        return super.onStartCommand(intent, flags, startId);
    }
    @Override
    public void onDestroy() {
```

```
        super.onDestroy();
    }
    @Override
    public boolean onUnbind(Intent intent) {
        return super.onUnbind(intent);
    }
}
```

Service 类的生命周期从 onCreate()开始，到 onDestroy()结束。生命周期中的常用方法如下。

（1）IBinder onBind(Intent intent)：当组件（如 Activity)通过 bindService()绑定服务时，系统会调用此方法。它用于返回一个 IBinder 对象，供客户端与服务进行通信。如果服务不支持绑定，返回 null。

（2）void onCreate()：服务首次创建时调用。这个方法只会在服务的整个生命周期中被调用一次，用于执行一次性的初始化操作，如创建必要的资源。

（3）int onStartCommand(Intent intent,int flags,int startId)：每次通过 startService()启动服务时，都会调用这个方法。用于处理启动服务时的任务。返回值决定了如果服务被系统终止后如何重启。

（4）void onDestroy()：服务被停止或销毁时调用。用于清理资源，如关闭线程、停止播放、取消通知等。

（5）boolean onUnbind(Intent intent)：当所有客户端都解除绑定时调用。用于处理服务的解绑操作。返回值 true 表示如果有新的客户端再次绑定，onRebind()会被调用；false 表示不会再调用 onRebind()。

（6）void onRebind(Intent intent)：当新的客户端绑定到已经解除绑定但仍在运行的服务时调用。这个方法只有在之前的 onUnbind()返回 true 时才会被调用。

（7）void onLowMemory()：当系统内存不足，需要释放资源时调用。此方法提示应用减少内存使用，例如，清理缓存或关闭不必要的服务。

（8）void onTrimMemory(int level)：当系统内存使用达到某个级别时调用，level 参数表示系统的内存状态。根据 level 的不同，应用程序应该相应地减少内存使用。例如，释放无用的对象、减少缓存大小等。

（9）void onTaskRemoved(Intent rootIntent)：当任务（通常是一个 Activity)被用户移除时调用。如果服务与该任务相关联，可以通过这个方法知道任务已被删除，并执行相关的清理工作。

（10）void onTimeout(int startId)：用于处理前台服务在特定情况下的超时回调。该方法主要用于防止前台服务长时间占用系统资源，而未能完成其任务。

服务的生命周期流程如图 5.1 所示。

使用前台服务时，服务的生命周期为 onCreate→onStartCommand→onDestroy，Activity 通过 startForegroundService(Intent intent)启动前台服务，此时若为第一次启动，调用服务生命周期中的 onCreate()方法，之后，无论是否为第一次启动，均调用 onStartCommand(Intent intent,int flags,int startId)方法。然后在服务类中调用 startForeground(int id,Notification

前台服务创建　　　　后台服务创建　　　　绑定服务创建

初始化服务　　　　　初始化服务　　　　　初始化服务

onCreate()　　　　　onCreate()　　　　　onCreate()

客户端启动服务　　　客户端启动服务　　　客户端绑定服务
startForegroundService()　startService()　　　bindService()

onStartCommand()　onStartCommand()　onBind()　　←　onRebind()

服务stopSelf()停止自身　服务stopSelf()停止自身　客户端解除绑定
或不附着客户端　　　或不附着客户端　　　unbindService()

onDestroy()　　　　onDestroy()　　　　onUnbind()　　客户端重新绑定服务
　　　　　　　　　　　　　　　　　　　　　　　　　　bindService()

服务被销毁　　　　　服务被销毁　　　　　没有其他绑定的客户端

前台服务销毁　　　　后台服务销毁　　　　onDestroy()

服务被销毁

绑定服务销毁

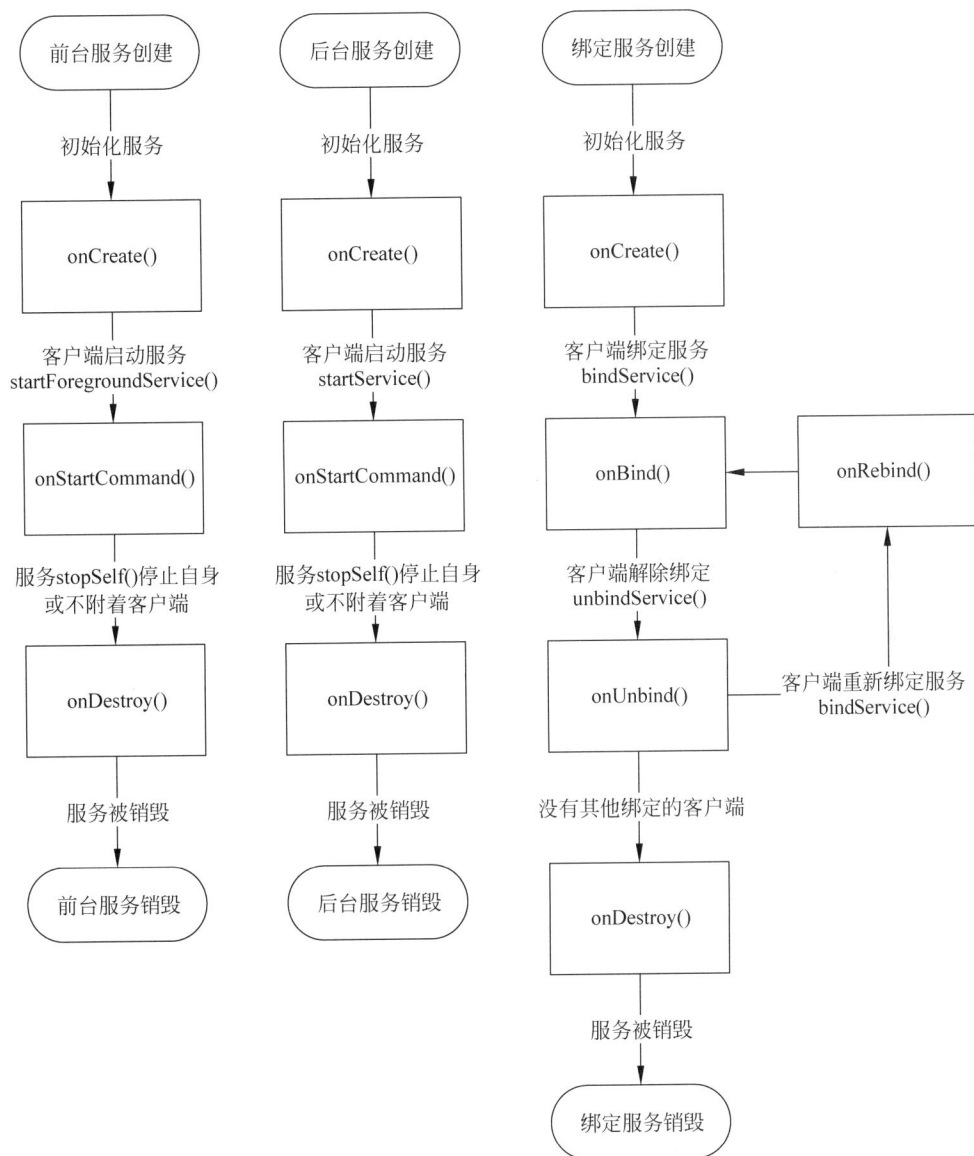

图 5.1　服务的生命周期流程

notification)将服务提升为前台服务,此方法必须在启动后短时间内调用,否则系统将判定服务未响应并停止服务。当前台服务运行结束时,Activity 通过调用 stopForeground(boolean removeNotification)停止前台状态。要彻底停止服务,需要在服务类通过 stopSelf()停止服务,此时调用 onDestroy()方法,服务被销毁,生命周期结束。

后台服务与前台服务类似,生命周期为 onCreate→onStartCommand→onDestroy,Activity 通过 startService(Intent intent)启动后台服务,此时若为第一次启动,调用生命周期中的 onCreate()方法。之后,无论是否为第一次启动,均调用 onStartCommand(Intent intent,int flags,int startId)方法。当后台服务需要停止时,服务类通过 stopSelf()或 Activity 调用 stopService(Intent intent)停止服务,此时服务的生命周期结束。

绑定服务与上面的服务有所不同,生命周期为 onCreate→onBind→onUnbind→onDestroy,

Activity 通过 bindService(Intent intent, ServiceConnection conn, int flags)绑定服务,此时若服务第一次启动,调用 onCreate()方法。之后,无论是否为第一次启动,调用 onBind (Intent intent)方法返回一个 IBinder 对象,客户端通过 ServiceConnection 接收。服务在绑定期间运行,多个客户端可以绑定同一个服务。当需要解除绑定时,Activity 通过 unbindService (ServiceConnection conn)解绑服务,服务类 onUnbind(Intent intent)方法被调用,之后若重新进行绑定,Activity 依旧使用 bindService(Intent intent, ServiceConnection conn, int flags)绑定服务,但服务类中会在 onBind(Intent intent)前先调用 onRebind()方法来重新绑定服务,再调用 onBind(Intent intent)方法。当没有客户端绑定时,服务可能会被销毁,调用 onDestroy()方法。

5.3 服务的使用

5.3.1 服务声明

在使用服务前,需要在 AndroidManifests.xml 内对服务进行声明才能正常使用,在 AndroidManifests.xml 中,service 应当在＜application＞标签中定义服务类所对应的 ＜service＞标签,并设置相关属性才能正常使用,服务声明的语法如下。

```
<service android:description="string resource"
    android:directBootAware=["true" | "false"]
    android:enabled=["true" | "false"]
    android:exported=["true" | "false"]
    android:foregroundServiceType=["camera" | "connectedDevice" |
                                    "dataSync" | "health" | "location" |
                                    "mediaPlayback" | "mediaProjection" |
                                    "microphone" | "phoneCall" |
                                    "remoteMessaging" | "shortService" |
                                    "specialUse" | "systemExempted"]
    android:icon="drawable resource"
    android:isolatedProcess=["true" | "false"]
    android:label="string resource"
    android:name="string"
    android:permission="string"
    android:process="string" >
  ...
</service>
```

AndroidManifests.xml 声明的服务属性含义如表 5.1 所示。

表 5.1　AndroidManifests.xml 中服务的属性

属　　性	功　能　说　明
android:description	服务的描述
android:directBootAware	确定服务是否可感知直接启动,是否可以在用户解锁设备之前运行。默认值为否
android:enabled	确定系统是否可以实例化服务。默认值为是

续表

属　　性	功　能　说　明
android:exported	确定其他应用的组件是否可以调用服务或与之交互。默认值为否
android:foregroundServiceType	阐明服务是满足特定用例要求的前台服务
android:icon	服务的图标
android:isolatedProcess	是否在与系统其余部分隔离的特殊进程下运行
android:label	服务的用户可读名称
android:name	Service 子类,如 com. servicedemo. Service
android:permission	实体启动服务或绑定到服务所需的权限的名称
android:process	运行服务的进程的名称

5.3.2　前台服务

前台服务是对用户可见的服务,通常用于执行用户持续关注的重要任务。启动前台服务时,系统会要求服务显示一个持续的通知,用户可以通过通知栏看到服务的运行状态。例如,音乐播放、导航、计步等功能常常会使用前台服务。

启动前台服务的步骤如下。

(1) 创建一个服务类,继承 Service,并实现相关生命周期方法。

(2) 构建一个通知对象。前台服务要求通过通知显示状态信息,因此必须构建一个 Notification 对象。

(3) 调用 startForeground()方法。在 onStartCommand()方法中使用 startForeground(),传入通知的 ID 和通知对象,将服务提升到前台状态。

(4) 停止前台服务。当任务完成或服务不再需要运行时,可以调用 stopForeground (true)以取消前台状态,并调用 stopSelf()或 stopService()结束服务。

【例 5.1】　前台服务的示例。本例中使用前台服务进行播放音乐,并提供播放与暂停的功能。播放的音乐 sample_music. mp3 放置于 res 目录下 raw 资源文件夹中。

示例中 App 的配置文件 AndroidManifests. xml 代码如下。

```
<?xml version="1.0" encoding="utf-8"?>
<manifest xmlns:android="http://schemas.android.com/apk/res/android">
    <uses-permission android:name="android.permission.FOREGROUND_SERVICE" />
    <uses-permission android:name="android.permission.POST_NOTIFICATIONS" />
    <application
        android:allowBackup="true"
        android:icon="@mipmap/ic_launcher"
        android:label="@string/app_name"
        android:roundIcon="@mipmap/ic_launcher_round"
        android:supportsRtl="true"
        android:theme="@style/Theme.Chapter5">
        <service
            android:name=".ForegroundServiceDemo"
            android:foregroundServiceType="shortService"
            android:enabled="true" />
        <activity
```

```
            android:name=".MainActivity"
            android:exported="true">
            <intent-filter>
                <action android:name="android.intent.action.MAIN" />
                <category android:name="android.intent.category.LAUNCHER" />
            </intent-filter>
        </activity>
    </application>
</manifest>
```

布局文件 ForegroundServiceDemo\activity_main. xml 中的代码如下。

```
<?xml version="1.0" encoding="utf-8"?>
<LinearLayout xmlns:android="http://schemas.android.com/apk/res/android"
    xmlns:tools="http://schemas.android.com/tools"
    android:id="@+id/main"
    android:layout_width="match_parent"
    android:layout_height="match_parent"
    android:orientation="vertical"
    tools:context=".MainActivity">
    <Button
        android:id="@+id/btn_start_foreground_service"
        android:layout_width="match_parent"
        android:layout_height="wrap_content"
        android:text="启动/停止前台服务" />
</LinearLayout>
```

Activity 程序 ForegroundServiceDemo\MainActivity. java 代码如下。

```
package com.example.foregroundservicedemo;
public class MainActivity extends AppCompatActivity {
    private boolean Foreground = false;
    @Override
    protected void onCreate(Bundle savedInstanceState) {
        super.onCreate(savedInstanceState);
        EdgeToEdge.enable(this);
        setContentView(R.layout.activity_main);
        //设置窗口内边距以适应系统栏
         ViewCompat.setOnApplyWindowInsetsListener(findViewById(R.id.main),
(v, insets) -> {
            Insets systemBars = insets
                .getInsets(WindowInsetsCompat.Type.systemBars());
            v.setPadding(systemBars.left, systemBars.top,
                systemBars.right, systemBars.bottom);
            return insets;
        });
        Button btnStartForegroundService =
            findViewById(R.id.btn_start_foreground_service);
        //创建通知渠道(仅在 Android O 以上版本需要)
```

```
        if (Build.VERSION.SDK_INT >= Build.VERSION_CODES.O) {
            if (Build.VERSION.SDK_INT >= Build.VERSION_CODES.TIRAMISU)
        {
                //请求通知权限(仅在 Android T 以上版本需要)
                if (checkSelfPermission(Manifest.permission.POST_NOTIFICATIONS) !=
PackageManager.PERMISSION_GRANTED) {
                    requestPermissions(new String[]{Manifest.permission.POST_
NOTIFICATIONS}, 101);
                }
            }
            String channelId = "service_demo";
            CharSequence name = "服务示例";
            String description = "服务通知示例";
                int NotificationChannel channel = new NotificationChannel
(channelId, name, channel.setDescription(description);
                NotificationManager notificationManager = getSystemService
(NotificationManager.class);
            notificationManager.createNotificationChannel(channel);
        }
        //设置按钮点击事件以启动或停止前台服务
        btnStartForegroundService.setOnClickListener(v -> {
            if (Foreground) {
                //停止前台服务
                Intent intent = new Intent(this, ForegroundServiceDemo.class);
                stopService(intent);
                Foreground = false;
            } else {
                //启动前台服务
                Intent intent = new Intent(this, ForegroundServiceDemo.class);
                if (Build.VERSION.SDK_INT >= Build.VERSION_CODES.O) {
                    startForegroundService(intent);
                } else {
                    startService(intent);
                }
                Foreground = true;
            }
        });
    }
}
```

服务类程序 ForegroundServiceDemo\ForegroundServiceDemo.java 代码如下。

```
package com.example.foregroundservicedemo;
public class ForegroundServiceDemo extends Service {
    private MediaPlayer mediaPlayer;
    private static final String ACTION_PLAY =
        "com.example.foregroundservicedemo.ACTION_PLAY";
    private static final String ACTION_STOP =
        "com.example.foregroundservicedemo.ACTION_STOP";
```

```java
    public ForegroundServiceDemo() {
    }
    @Override
    public IBinder onBind(Intent intent) {
        return null;
    }
    @Override
    public void onCreate() {
        super.onCreate();

        //创建播放操作意图
        Intent playIntent = new Intent(this, ForegroundServiceDemo.class);
        playIntent.setAction(ACTION_PLAY);
        PendingIntent playPendingIntent = PendingIntent.getService(this, 0,
playIntent, PendingIntent.FLAG_IMMUTABLE);
        //创建停止操作意图
        Intent stopIntent = new Intent(this, ForegroundServiceDemo.class);
        stopIntent.setAction(ACTION_STOP);
        PendingIntent stopPendingIntent = PendingIntent.getService(this, 0,
stopIntent, PendingIntent.FLAG_IMMUTABLE);
        //创建通知
        Notification notification = new NotificationCompat.Builder(this,
"service_demo")
                .setContentTitle("前台服务示例")
                .setContentText("服务正在运行中")
                .setSmallIcon(R.drawable.music)
                .setPriority(NotificationCompat.PRIORITY_DEFAULT)
                .addAction(R.drawable.play, "播放", playPendingIntent)
                .addAction(R.drawable.pause, "停止", stopPendingIntent)
                .build();
        //将服务置于前台并显示通知
        startForeground(1, notification);
        //初始化媒体播放器
        mediaPlayer = MediaPlayer.create(this, R.raw.sample_music);
        mediaPlayer.setLooping(true);
    }
    @Override
    public int onStartCommand(Intent intent, int flags, int startId) {
        if (intent != null) {
            String action = intent.getAction();
            if (ACTION_PLAY.equals(action)) {
                //播放音乐
                if (!mediaPlayer.isPlaying()) {
                    mediaPlayer.start();
                    Log.i("前台服务示例", "音乐播放");
                }
            } else if (ACTION_STOP.equals(action)) {
                //暂停音乐
                if (mediaPlayer.isPlaying()) {
```

```
                    mediaPlayer.pause();
                    Log.i("前台服务示例", "音乐暂停");
                }
            }
        }
        return super.onStartCommand(intent, flags, startId);
    }
    @Override
    public void onDestroy() {
        Log.i("前台服务示例", "前台服务停止");
        if (mediaPlayer != null) {
            //停止并释放媒体播放器
            mediaPlayer.stop();
            mediaPlayer.release();
            mediaPlayer = null;
        }
        super.onDestroy();
    }
}
```

App 程序在执行时需要用户授权相关权限,如图 5.2 所示。用户单击启动前台服务按钮,程序调用服务类执行音乐播放,如图 5.3 所示。

图 5.2　申请通知权限

图 5.3　前台服务通知

服务类调用的信息在 Logcat 窗口中显示,如图 5.4 所示。

图 5.4　前台服务 Log 输出

5.3.3　后台服务

在 Android 中,启动后台服务和前台服务的方式有所不同,且两者适用于不同的应用场景。后台服务通常用于在没有用户界面的情况下执行短期或无须用户关注的任务。这些任务通常在后台执行,并不显示在通知栏中。后台服务适合执行如数据同步、清理缓存、定期更新等无须用户干预的操作。

启动后台服务的步骤如下。

(1) 创建服务类,继承 Service 类,实现相关生命周期方法。

(2) 调用 startService()方法启动服务。通过调用 startService(Intent intent)启动服务,这会触发服务的 onStartCommand()方法。

(3) 停止后台服务。任务完成后,后台服务应当主动调用 stopSelf()方法结束,或由外部调用 stopService()停止服务。

【例 5.2】　后台服务使用示例。通过调用后台服务来生成一个 0~100 的随机数并通过广播传回给主界面,输出到相关控件中。

在 AndroidManifests.xml 文件中配置服务类 BackgroundServiceDemo 的注册。

```xml
<?xml version="1.0" encoding="utf-8"?>
<manifest xmlns:android="http://schemas.android.com/apk/res/android">
    <application
        android:allowBackup="true"
        android:icon="@mipmap/ic_launcher"
        android:label="@string/app_name"
        android:roundIcon="@mipmap/ic_launcher_round"
        android:supportsRtl="true"
        android:theme="@style/Theme.Chapter5">
        <service
            android:name=".BackgroundServiceDemo"
            android:enabled="true"
            android:exported="true" >
            <intent-filter>
                <action android:name="com.example.backgroundservicedemo.ACTION_
START_SERVICE" />
            </intent-filter>
        </service>
        <activity
            android:name=".MainActivity"
            android:exported="true">
            <intent-filter>
                <action android:name="android.intent.action.MAIN" />
                <category android:name="android.intent.category.LAUNCHER" />
            </intent-filter>
        </activity>
    </application>
</manifest>
```

App 界面布局 BackgroundServiceDemo\activity_main.xml 代码如下。

```xml
<?xml version="1.0" encoding="utf-8"?>
<LinearLayout xmlns:android="http://schemas.android.com/apk/res/android"
    xmlns:tools="http://schemas.android.com/tools"
    android:id="@+id/main"
    android:layout_width="match_parent"
    android:layout_height="match_parent"
    android:orientation="vertical"
    tools:context=".MainActivity">
    <Button
        android:id="@+id/btn_start_background_service"
        android:layout_width="match_parent"
        android:layout_height="wrap_content"
        android:text="启动后台服务" />
    <Button
        android:id="@+id/btn_start_implicit_background_service"
        android:layout_width="match_parent"
        android:layout_height="wrap_content"
        android:text="启动后台服务(隐式)" />
    <TextView
        android:id="@+id/text_view_random_number"
        android:layout_width="wrap_content"
        android:layout_height="wrap_content"
        android:text="随机数：" />
</LinearLayout>
```

MainActivity 程序 BackgroundServiceDemo\MainActivity.java 代码如下。

```java
package com.example.backgroundservicedemo;
public class MainActivity extends AppCompatActivity {
    private TextView textViewRandomNumber;
    private BroadcastReceiver randomNumberReceiver;
    @Override
    protected void onCreate(Bundle savedInstanceState) {
        super.onCreate(savedInstanceState);
        EdgeToEdge.enable(this);
        setContentView(R.layout.activity_main);
        ViewCompat.setOnApplyWindowInsetsListener(findViewById(R.id.main),
(v, insets) -> {
            Insets systemBars = insets.getInsets(WindowInsetsCompat.Type.
systemBars());
            v.setPadding(systemBars.left, systemBars.top, systemBars.right,
systemBars.bottom);
            return insets;
        });
        textViewRandomNumber = findViewById(R.id.text_view_random_number);
        //设置按钮以启动后台服务
        Button btnStartBackgroundService = findViewById(R.id.btn_start_
background_service);
        btnStartBackgroundService.setOnClickListener(v -> {
```

```
        Intent intent = new Intent(this, BackgroundServiceDemo.class);
        startService(intent);
    });
    //设置按钮以使用隐式意图启动后台服务
    Button btnStartImplicitBackgroundService = findViewById(R.id.btn_start_
implicit_background_service);
    btnStartImplicitBackgroundService.setOnClickListener(v -> {
        Intent intent = new Intent ( " com. example. backgroundservicedemo.
ACTION_START_SERVICE");
        intent.setPackage(getPackageName());
        startService(intent);
    });
    //注册 BroadcastReceiver 以接收随机数广播
    randomNumberReceiver = new BroadcastReceiver() {
        @Override
        public void onReceive(Context context, Intent intent) {
            if (BackgroundServiceDemo.ACTION_RANDOM_NUMBER.equals(intent.
getAction())) {
                int randomNumber =intent.getIntExtra(BackgroundServiceDemo.
EXTRA_RANDOM_NUMBER, -1);
                textViewRandomNumber.setText("随机数: " + randomNumber);
            }
        }
    };
    IntentFilter filter = new IntentFilter(BackgroundServiceDemo.ACTION_
RANDOM_NUMBER);
    if (Build.VERSION.SDK_INT >= Build.VERSION_CODES.O) {
        registerReceiver(randomNumberReceiver, filter, Context.RECEIVER_
EXPORTED);
    }
}
@Override
protected void onDestroy() {
    super.onDestroy();
    //注销 BroadcastReceiver 以避免内存泄漏
    unregisterReceiver(randomNumberReceiver);
}
}
```

服务类程序 BackgroundServiceDemo\ BackgroundServiceDemo.java 代码如下。

```
package com.example.backgroundservicedemo;
public class BackgroundServiceDemo extends Service {
    public static final String ACTION _ RANDOM _ NUMBER = " com. example.
backgroundservicedemo.ACTION_RANDOM_NUMBER";
    public static final String EXTRA _ RANDOM _ NUMBER = " com. example.
backgroundservicedemo.EXTRA_RANDOM_NUMBER";
    public BackgroundServiceDemo() {
    }
```

```
@Override
public IBinder onBind(Intent intent) {
    return null;
}
@Override
public void onCreate() {
    super.onCreate();
}
@Override
public int onStartCommand(Intent intent, int flags, int startId) {
    Log.i("后台服务示例", "后台服务启动");
    //生成随机数并发送广播
    Random random = new Random();
    int randomNumber = random.nextInt(100);
    Intent broadcastIntent = new Intent(ACTION_RANDOM_NUMBER);
    broadcastIntent.putExtra(EXTRA_RANDOM_NUMBER, randomNumber);
    sendBroadcast(broadcastIntent);
    Log.i("后台服务示例", "随机数: " + randomNumber);
    return super.onStartCommand(intent, flags, startId);
}
@Override
public void onDestroy() {
    super.onDestroy();
}
}
```

程序运行结果如图 5.5 所示。

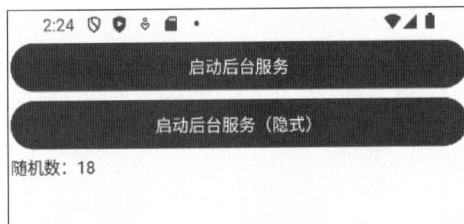

图 5.5　后台服务运行示例

程序运行时,打开 Logcat 窗口可以查看后台服务生命周期方法执行的输出信息,如图 5.6 所示。

图 5.6　Logcat 窗口查看输出信息

5.3.4　绑定服务

绑定服务提供了客户端与服务之间的通信渠道,允许客户端调用服务中的方法,获取服务状态或执行操作。多个客户端可同时绑定到该服务。bindService()方法用于绑定一个服务,使应用的组件(如 Activity)能够与服务进行交互。当客户端完成与服务的交互后,会调用 unbindService()来解除绑定。如果没有绑定到服务的客户端,则系统会销毁该服务。

【例 5.3】　绑定服务示例。在 Activity 中显示绑定服务按钮,服务绑定成功后,调用服务计算两个输入框的输入数值的和,并将结果输出到主界面中。

在 AndroidManifests. xml 文件中注册服务类 BindServiceDemo。

```xml
<?xml version="1.0" encoding="utf-8"?>
<manifest xmlns:android="http://schemas.android.com/apk/res/android">
    <application
        android:allowBackup="true"
        android:icon="@mipmap/ic_launcher"
        android:label="@string/app_name"
        android:roundIcon="@mipmap/ic_launcher_round"
        android:supportsRtl="true"
        android:theme="@style/Theme.Chapter5">
        <service
            android:name="com.example.bindservicedemo.BindServiceDemo"
            android:enabled="true" />
        <activity
            android:name=".MainActivity"
            android:exported="true">
            <intent-filter>
                <action android:name="android.intent.action.MAIN" />
                <category android:name="android.intent.category.LAUNCHER" />
            </intent-filter>
        </activity>
    </application>
</manifest>
```

界面布局 BindServiceDemo\activity_main. xml 代码如下。

```xml
<?xml version="1.0" encoding="utf-8"?>
<LinearLayout xmlns:android="http://schemas.android.com/apk/res/android"
    xmlns:tools="http://schemas.android.com/tools"
    android:id="@+id/main"
    android:layout_width="match_parent"
    android:layout_height="match_parent"
    android:orientation="vertical"
    tools:context=".MainActivity">
<!-- 输入参数 1 -->
<EditText
    android:id="@+id/et_param1"
    android:layout_width="match_parent"
    android:layout_height="wrap_content"
```

```
            android:hint="参数 1"
            android:inputType="number" />
        <!-- 输入参数 2 -->
        <EditText
            android:id="@+id/et_param2"
            android:layout_width="match_parent"
            android:layout_height="wrap_content"
            android:hint="参数 2"
            android:inputType="number" />
        <!-- 绑定/解绑服务按钮 -->
        <Button
            android:id="@+id/btn_bind_service"
            android:layout_width="match_parent"
            android:layout_height="wrap_content"
            android:text="绑定/解绑服务"/>
        <!-- 计算参数和按钮 -->
        <Button
            android:id="@+id/btn_calculate"
            android:layout_width="match_parent"
            android:layout_height="wrap_content"
            android:text="计算参数和"/>
        <!-- 显示结果 -->
        <TextView
            android:id="@+id/tv_result"
            android:layout_width="wrap_content"
            android:layout_height="wrap_content"
            android:text="请绑定服务" />
</LinearLayout>
```

MainActivity 程序 BindServiceDemo\MainActivity.java 代码如下。

```
package com.example.bindservicedemo;
public class MainActivity extends AppCompatActivity {
    private boolean isBound = false;
    private BindServiceDemo bindService;
    //定义 ServiceConnection 对象
    private final ServiceConnection connection = new ServiceConnection() {
        @Override
        public void onServiceConnected(ComponentName name, IBinder service) {
            BindServiceDemo.LocalBinder binder = (BindServiceDemo.LocalBinder)
service;
            bindService = binder.getService();
            isBound = true;
        }
        @Override
        public void onServiceDisconnected(ComponentName name) {
            isBound = false;
        }
    };
```

```
    @Override
    protected void onCreate(Bundle savedInstanceState) {
        super.onCreate(savedInstanceState);
        EdgeToEdge.enable(this);
        setContentView(R.layout.activity_main);
        ViewCompat.setOnApplyWindowInsetsListener(findViewById(R.id.main),
(v, insets) -> {
            Insets systemBars = insets.getInsets(WindowInsetsCompat.Type.
systemBars());
            v.setPadding(systemBars.left, systemBars.top, systemBars.right,
systemBars.bottom);
            return insets;
        });
        //获取 UI 控件
        EditText etParam1 = findViewById(R.id.et_param1);
        EditText etParam2 = findViewById(R.id.et_param2);
        TextView tvResult = findViewById(R.id.tv_result);
        Button btnBindService = findViewById(R.id.btn_bind_service);
        Button btnCalculate = findViewById(R.id.btn_calculate);
        //绑定/解绑服务按钮点击事件
        btnBindService.setOnClickListener(v -> {
            if (isBound) {
                unbindService(connection);
                isBound = false;
                tvResult.setText("服务已解绑,请重新绑定服务");
            } else {
                Intent intent = new Intent(this, BindServiceDemo.class);
                bindService(intent, connection, BIND_AUTO_CREATE);
                if (isBound) {
                    tvResult.setText("服务已绑定");
                } else {
                    tvResult.setText("服务绑定失败");
                }
            }
        });
        //计算按钮点击事件
        btnCalculate.setOnClickListener(v -> {
            if (isBound) {
                int param1 = Integer.parseInt(etParam1.getText().toString());
                int param2 = Integer.parseInt(etParam2.getText().toString());
                int result = bindService.calculateSum(param1, param2);
                tvResult.setText("结果: " + result);
            } else {
                tvResult.setText("服务未绑定");
            }
        });
    }
}
```

服务类程序 bindservicedemo\BindServiceDemo.java 代码如下。

```
package com.example.bindservicedemo;
public class BindServiceDemo extends Service {
    public BindServiceDemo() {
    }
    //创建 Binder 对象
    private final IBinder binder = new LocalBinder();
    //定义 LocalBinder 类
    public class LocalBinder extends Binder {
        BindServiceDemo getService() {
            return BindServiceDemo.this;
        }
    }
    @Override
    public IBinder onBind(Intent intent) {
        Log.i("绑定服务示例", "服务已绑定");
        return binder;
    }
    @Override
    public boolean onUnbind(Intent intent) {
        Log.i("绑定服务示例", "服务已解绑");
        return super.onUnbind(intent);
    }
    @Override
    public void onDestroy() {
        super.onDestroy();
    }
    //计算两个参数的和
    public int calculateSum(int param1, int param2) {
        return param1 + param2;
    }
}
```

程序的运行结果如图 5.7 所示。运行程序后需要先单击"绑定/解绑服务"按钮,绑定服务成功后,输入计算数据,单击"计算参数和"按钮,调用服务类进行计算,并将计算结果显示在界面上。

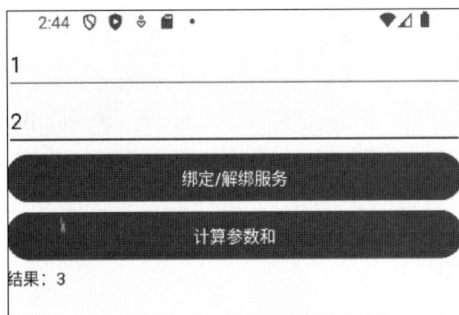

图 5.7　绑定服务运行示例

程序运行时,打开 Logcat 窗口可以查看后台服务生命周期方法执行的输出信息,如图 5.8 所示。

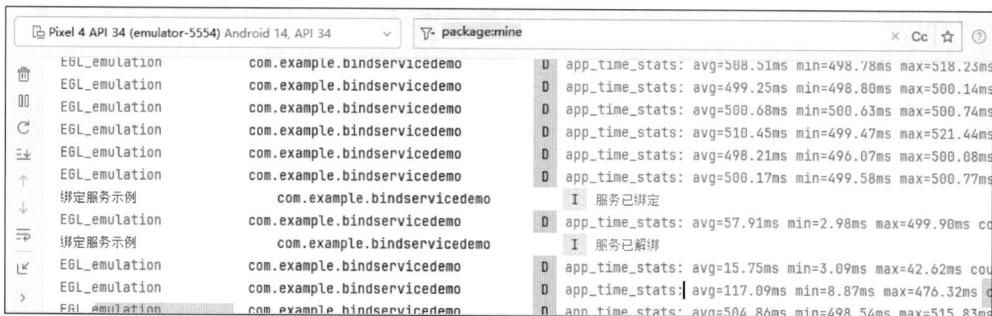

图 5.8　绑定服务 Log 输出

5.4　调用系统服务

Android 系统提供了多种系统服务,帮助开发者访问设备的核心功能和硬件资源。这些服务通过 Context. getSystemService()方法获取,并提供特定的接口用于执行相关操作。几种常见的系统服务及其含义如表 5.2 所示。

表 5.2　主要的系统服务及其含义

系统服务名	功　　能
ActivityManager	获取与运行的应用程序相关的信息,如任务、服务和进程信息
AlarmManager	计划在未来某个时间点执行的操作(如闹钟、定时任务)
AudioManager	控制和管理音频流和音量
ClipboardManager	访问和操作剪贴板中的内容
ConnectivityManager	管理网络连接,检查网络状态和网络连接类型
LocationManager	访问地理位置服务,获取 GPS 或网络位置
NotificationManager	管理通知,发布和取消通知
PowerManager	控制设备电源管理,如唤醒锁(WakeLock)
SensorManager	访问设备的传感器,如加速度计、陀螺仪、光传感器等
TelephonyManager	管理电话功能,如获取 SIM 卡信息、电话状态等
Vibrator	用于控制设备的振动功能
WifiManager	用于管理 Wi-Fi 连接和配置 Wi-Fi 网络
WindowManager	用于管理应用窗口和显示内容
InputMethodManager	用于管理输入法,控制软键盘的显示和隐藏
PackageManager	用于获取已安装应用的信息、启动应用、获取权限等
BatteryManager	用于访问电池状态和管理电池电量信息
BluetoothManager	用于管理蓝牙连接和设备

5.4.1　LocationManager

LocationManager 用于获取地理位置信息,如 GPS 位置和网络位置。它允许应用程序获取设备的当前位置,以及监听位置变化和地理围栏等功能。

LocationManager 可以使用多种位置提供器来获取设备位置,每种提供器的精度、速度、功耗和可用性都不同。获取设备位置的方式如下。

（1）GPS_PROVIDER：使用 GPS 卫星获取位置信息，精度高，但耗电量大，且在室内可能无法获取到位置。

（2）NETWORK_PROVIDER：使用移动网络或 Wi-Fi 获取位置信息，精度较低，但耗电量低，适用于室内或城市环境。

（3）PASSIVE_PROVIDER：不主动请求位置更新，而是通过其他应用或服务获取到的位置。

LocationManager 类的常用方法如下。

（1）boolean addNmeaListener(OnNmeaMessageListener listener，Handler handler)：添加一个 NMEA 监听器，用于接收 NMEA 消息。监听器将在指定的 Handler 线程上运行。

（2）void addProximityAlert(double latitude，double longitude，float radius，long expiration，PendingIntent pendingIntent)：为指定的经纬度设置一个接近警报。当设备进入或离开指定半径区域时，将触发给定的 PendingIntent。

（3）void getCurrentLocation(String provider，LocationRequest locationRequest，CancellationSignal cancellationSignal，Executor executor，Consumer＜Location＞ consumer)：根据指定的 LocationRequest，从指定的提供者异步获取一次当前位置。

（4）List＜GnssAntennaInfo＞ getGnssAntennaInfos()：返回当前的 GNSS 天线信息列表，如果未知或不支持则返回 null。

（5）GnssCapabilities getGnssCapabilities()：返回 GNSS 芯片支持的功能和特性。

（6）String getGnssHardwareModelName()：返回 GNSS 硬件驱动程序的型号名称，包括供应商和硬件/软件版本。如果不可用，则返回 null。

（7）Location getLastKnownLocation(String provider)：获取指定提供者的最后已知位置，如果没有可用的位置，则返回 null。

（8）boolean isLocationEnabled()：返回定位功能的当前启用或禁用状态。

（9）boolean registerAntennaInfoListener(Executor executor，GnssAntennaInfo. Listener listener)：注册一个 GNSS 天线信息监听器，以接收天线信息的变化。

（10）boolean registerGnssMeasurementsCallback(Executor executor，GnssMeasure-mentsEvent. Callback callback)：注册一个 GNSS 测量回调。

（11）void requestLocationUpdates(String provider，long minTimeMs，float minDistanceM，LocationListener listener)：使用指定的提供者注册位置更新，设置最小时间间隔和最小距离，并在调用线程的 Looper 上回调。

在使用 GPS 前，需要先检查 GPS 服务是否启用，才能正确获得当前的位置，以下是启用 GPS 的步骤。

（1）检查位置服务是否启用。

```
boolean isGPSEnabled =
    locationManager.isProviderEnabled(LocationManager.GPS_PROVIDER);
boolean isNetworkEnabled =
    locationManager.isProviderEnabled(LocationManager.NETWORK_PROVIDER);
```

（2）获取 LocationManager 实例。

```
LocationManager locationManager = (LocationManager)
    getSystemService(Context.LOCATION_SERVICE);
```

（3）获取当前位置。

```
Location location =
    locationManager.getLastKnownLocation(LocationManager.GPS_PROVIDER);
if (location != null) {
    double latitude = location.getLatitude();
    double longitude = location.getLongitude();
    //使用位置数据
}
```

（4）监听位置变化。

```
locationManager.requestLocationUpdates(
    LocationManager.GPS_PROVIDER,
    5000,        //最小时间间隔(毫秒)
    10,          //最小距离间隔(米)
    new LocationListener() {
      @Override
      public void onLocationChanged(Location location) {
          double latitude = location.getLatitude();
          double longitude = location.getLongitude();
          //使用更新的位置信息
      }
      @Override
      public void onStatusChanged(String provider, int status, Bundle extras) {
          //处理提供者状态变化
      }
      @Override
      public void onProviderEnabled(String provider) {
          //处理提供者启用
      }
      @Override
      public void onProviderDisabled(String provider) {
          //处理提供者禁用
      }
    }
);
```

【例 5.4】 使用 LocationManager 类接收位置信息的示例，获取当前位置信息后将信息显示在界面上。

调用定位信息，需要在 AndroidManifests.xml 中添加如下权限。

```
<uses-permission android:name="android.permission.ACCESS_FINE_LOCATION"/>
<uses-permission
    android:name="android.permission.ACCESS_COARSE_LOCATION"/>
```

MainActivity 程序 SystemServiceDemo\MainActivity. java 代码如下。

```java
package com.example.systemservicedemo;
public class MainActivity extends AppCompatActivity {
    private TextView tvResult;
    private LocationManager locationManager;
    @Override
    protected void onCreate(Bundle savedInstanceState) {
        super.onCreate(savedInstanceState);
        setContentView(R.layout.activity_main);
        tvResult = findViewById(R.id.tv_result);
        Button btnGetLocation = findViewById(R.id.btn_get_location);
        locationManager = (LocationManager) getSystemService(Context.LOCATION_
SERVICE);
        btnGetLocation.setOnClickListener(v -> getLocationAndDisplay());
        //Check and request location permission
        if (ActivityCompat. checkSelfPermission (this, Manifest. permission.
ACCESS_FINE_LOCATION) != PackageManager.PERMISSION_GRANTED) {
            ActivityCompat. requestPermissions (this, new String[]{Manifest.
permission.ACCESS_FINE_LOCATION}, 1);
        }
    }
    @Override
    public void onRequestPermissionsResult(int requestCode, @NonNull String[]
permissions, @NonNull int[] grantResults) {
        super.onRequestPermissionsResult(requestCode, permissions, grantResults);
        if (requestCode == 1) {
            if (grantResults.length > 0 && grantResults[0] == PackageManager.
PERMISSION_GRANTED) {
                getLocationAndDisplay();
            } else {
                tvResult.setText("未授予位置权限");
            }
        }
    }
    private void getLocationAndDisplay() {
        if (ActivityCompat. checkSelfPermission (this, Manifest. permission.
ACCESS_FINE_LOCATION) == PackageManager.PERMISSION_GRANTED) {
            if (locationManager. isProviderEnabled (LocationManager. GPS_
PROVIDER)) {
                Location lastKnownLocation = locationManager.getLastKnownLocation
(LocationManager.GPS_PROVIDER);
                if (lastKnownLocation != null) {
                    String locationText = "当前位置信息: " + lastKnownLocation.
getLatitude() + ", " + lastKnownLocation.getLongitude();
                    tvResult.setText(locationText);
                    Log.i("SystemServiceExample", locationText);
                } else {
                    tvResult.setText("没有最后已知位置");
```

```
                    Log.i("SystemServiceExample", "没有最后已知位置");
                }
        } else {
            tvResult.setText("GPS 未启用");
            Log.i("SystemServiceExample", "GPS 未启用");
        }
    } else {
        tvResult.setText("未授予位置权限");
    }
  }
}
```

App 在执行时需要开启定位权限,如图 5.9 所示。由于是 LocationManager 获取位置信息,因此在获取位置大幅依赖于 GPS 信号,导致在室内难以进行定位,需要携带手机在空旷地带走动一段时间,LocationManager 才能获取位置信息,从而输出上一个已知的位置。

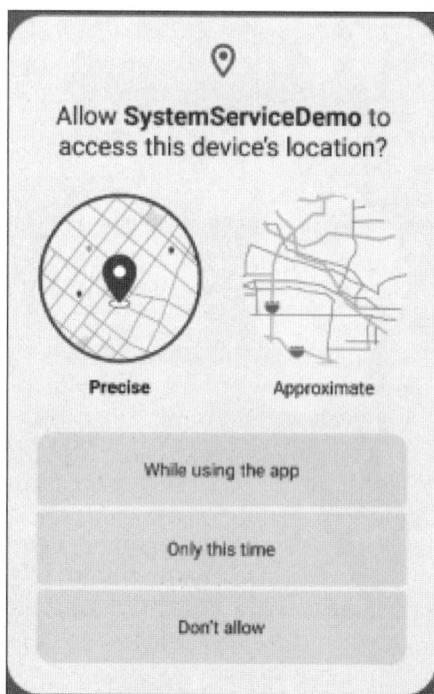

图 5.9　授权定位

运行结果如图 5.10 所示。

图 5.10　定位服务示例

5.4.2　AlarmManager

AlarmManager 用于调用系统的定时任务,在特定的时间点启动指定的操作(如执行某个任务、启动一个服务等)。AlarmManager 可以用于设置定时任务、周期性任务,甚至是在设备休眠时也能唤醒设备执行任务。

AlarmManager 中常用的方法如表 5.3 所示。

表 5.3　**AlarmManager 中的常用方法**

方　　法	功　能　说　明
void setExact(int type,long triggerAtMillis,String tag,AlarmManager. OnAlarmListener listener,Handler targetHandlern)	在指定的时间触发一次性闹钟
void setRepeating(int type,long triggerAtMillis,long intervalMillis, PendingIntent operation)	在指定的时间开始,并以固定的时间间隔重复触发
void setInexactRepeating (int type,long triggerAtMillis,long intervalMillis,PendingIntent operation)	与 etRepeating()类似,但在时间点上不精确,以便节省电量
void setAndAllowWhileIdle (int type, long triggerAtMillis, PendingIntent operation)	在设备处于低功耗模式时触发闹钟
void setExactAndAllowWhileIdle(int type,long triggerAtMillis, PendingIntent operation)	在设备处于低功耗模式时以精确时间触发一次性闹钟

其中,第一个参数 int type 可以定义的常量如表 5.4 所示。

表 5.4　**触发类型**

类　　型	功　能　说　明
RTC	基于 UTC 时间的闹钟,不会唤醒设备
RTC_WAKEUP	基于 UTC 时间的闹钟,唤醒设备触发闹钟
ELAPSED_REALTIME	基于设备启动后经过的时间,不会唤醒设备
ELAPSED_REALTIME_WAKEUP	设备启动后经过的时间,唤醒设备触发闹钟

通过 AlarmManager 设置与管理闹钟的步骤如下。

(1) 获取 AlarmManager 实例。

```
AlarmManager alarmManager = (AlarmManager) getSystemService (Context.ALARM_
SERVICE);
```

(2) 设置一次性闹钟。

```
Intent intent = new Intent(this, MyBroadcastReceiver.class);
PendingIntent pendingIntent = PendingIntent.getBroadcast(this, 0, intent, 0);
AlarmManager alarmManager = (AlarmManager) getSystemService (Context.ALARM_
SERVICE);
long triggerTime = System.currentTimeMillis() + 60000; //1分钟后触发
alarmManager.setExact(AlarmManager.RTC_WAKEUP, triggerTime, pendingIntent);
```

（3）设置重复闹钟。

```
Intent intent = new Intent(this, MyBroadcastReceiver.class);
PendingIntent pendingIntent = PendingIntent.getBroadcast(this, 0, intent, 0);
AlarmManager alarmManager = (AlarmManager) getSystemService(Context.ALARM_
SERVICE);
long interval = AlarmManager.INTERVAL_FIFTEEN_MINUTES;
long triggerTime = System.currentTimeMillis() + interval;
alarmManager. setInexactRepeating (AlarmManager. RTC _ WAKEUP, triggerTime,
interval, pendingIntent);
```

（4）取消闹钟。

```
alarmManager.cancel(pendingIntent);
```

5.4.3　NotificationManager

NotificationManager 用于管理通知，允许应用在通知栏显示通知信息。通知通常显示在状态栏中，并且可以在下拉的通知面板中查看详细信息。用户点击通知后可以触发相应的操作，例如，启动一个 Activity 或打开一个链接。表 5.5 显示了 NotificationManager 的常用方法。

表 5.5　NotificationManager 的常用方法

方　　法	功　　能
Boolean areBubblesAllowed()	检查应用的通知是否可以显示为气泡浮动在其他应用上方
Boolean areBubblesEnabled()	检查当前用户是否启用了气泡功能
Boolean areNotificationsEnabled()	检查当前应用的通知是否已启用
Boolean areNotificationsPaused()	检查当前应用的通知是否被暂时隐藏
void cancel(int id)	取消指定 ID 的通知
void cancelAll()	取消所有已显示的通知
void createNotificationChannel(NotificationChannel channel)	创建通知通道，指定通知的展示和行为方式
void deleteNotificationChannel(String channelId)	删除指定的通知通道
StatusBarNotification[] getActiveNotifications()	获取当前活跃的通知列表
void notify(int id，Notification notification)	在状态栏中发布一个通知

在应用中使用 NotificationManager 创建通知的步骤如下。

（1）申请权限。

从 Android 13 开始，必须获取 POST_NOTIFICATIONS 权限，需要在应用启动时或在需要发送通知之前请求此权限，代码如下。

```
if (Build.VERSION.SDK_INT >= Build.VERSION_CODES.TIRAMISU) {
    if (checkSelfPermission (Manifest. permission. POST _ NOTIFICATIONS) != 
PackageManager.PERMISSION_GRANTED) {
        requestPermissions(new String[]{
            Manifest.permission.POST_NOTIFICATIONS}, 101)});
    }
}
```

（2）获取 NotificationManager 实例。

```
NotificationManager notificationManager = (NotificationManager) getSystemService
(Context.NOTIFICATION_SERVICE);
```

（3）创建通知渠道。

```
if (Build.VERSION.SDK_INT >= Build.VERSION_CODES.O) {
    String channelId = "my_channel_id";
    CharSequence name = "My Channel";
    String description = "Channel for My App Notifications";
    int NotificationChannel channel =
        new NotificationChannel(channelId, name,
        channel.setDescription(description);
    //注册渠道
    NotificationManager notificationManager =
        getSystemService(NotificationManager.class);
    notificationManager.createNotificationChannel(channel);
}
```

（4）构建通知。

```
String channelId = "my_channel_id";                    //与创建渠道时使用的 ID 相同
NotificationCompat.Builder builder =
    new NotificationCompat.Builder(this, channelId)
    .setSmallIcon(R.drawable.ic_notification)          //设置小图标
    .setContentTitle("My Notification")                //设置通知标题
    .setContentText("This is the content of the notification.") //设置通知内容
    .setPriority(NotificationCompat.PRIORITY_DEFAULT);          //设置通知优先级
```

（5）发布通知。

```
int notificationId = 1;
notificationManager.notify(notificationId, builder.build());
```

（6）取消通知。

```
notificationManager.cancel(notificationId);
```

5.5　远程服务

5.5.1　什么是远程服务

远程服务是指可以在不同进程之间进行通信的服务。通常情况下,Android 应用程序的组件(如 Activity、Service 等)运行在应用程序自身的进程中,并且默认情况下,这些组件只能被同一个应用内的其他组件访问。然而,通过创建远程服务,可以让一个应用中的服务被另一个应用访问,从而实现跨应用的进程间通信(IPC)。

　　远程服务与本地服务存在一些区别。远程服务运行在不同的进程中,如果服务所在的进程崩溃了,它不会影响到调用它的客户端进程。而本地服务则运行在同一进程中,如果服务崩溃了,可能会导致整个应用崩溃。本地服务通常通过直接调用 bindService()来与服务交互,并通过 IBinder 对象直接访问服务的方法。而远程服务则需要通过 AIDL 定义接口,并通过 Binder 机制实现跨进程调用。对于远程服务来说,由于涉及进程间的通信,因此在服务的绑定和解绑过程中,需要处理更多的网络通信相关的问题。此外,当服务进程被杀死或重启时,远程服务的客户端可能需要重新建立连接。

　　远程服务因为涉及不同应用之间的交互,所以需要更严格的权限管理。例如,可能需要设置权限标签<permission>来限制哪些应用可以绑定到服务。远程服务由于运行在不同的进程中,其资源管理也与本地服务不同。例如,当系统内存紧张时,系统可能会优先杀死远程服务所在的进程。

　　远程服务可以实现多个应用之间的数据共享和功能调用。例如,一个应用可以调用另一个应用提供的远程服务来获取数据或触发特定操作,也可以通过远程服务来保持进程独立性,防止因前台进程被关闭而中断服务。此外,在大型系统中,使用远程服务可以实现应用功能模块化。例如,支付系统、用户管理系统等可以作为独立的服务运行,方便管理和维护。

5.5.2　远程服务中的 AIDL

　　Android 接口定义语言(AIDL)是一种用于抽象化进程间通信(IPC)的工具。通过在 .aidl 文件中定义接口,各种构建系统会使用 AIDL 二进制文件生成 C++ 或 Java 绑定,从而实现跨进程使用该接口。AIDL 可以在 Android 中的任何进程之间使用,既可以在平台组件之间使用,也可以在不同应用之间使用。

　　AIDL 的语法与 Java 语言的接口类似。AIDL 文件中需要指定接口协议以及此协议中使用的各种数据类型和常量。

　　AIDL 允许指定函数的参数传递方向,可以定义为 in、out 或 inout。in 是默认方向,表示数据从调用方传递给被调用方。out 表示数据从被调用方传递给调用方。inout 是这两种方向的组合。

　　创建 AIDL 接口的方法:创建一个 .aidl 文件,定义远程服务的接口。在服务中实现 .aidl 文件中定义的接口。在 AndroidManifest.xml 中声明服务。在客户端应用中绑定远程服务。相关步骤与示例代码如下。

　　(1)定义 AIDL 接口,创建 IRemoteService.aidl 文件。

```
interface IRemoteService {
    void performTask();
}
```

　　(2)创建 RemoteService.java 文件,实现 AIDL 接口。

```
public class RemoteService extends Service {
    private final IRemoteService.Stub binder = new IRemoteService.Stub() {
```

```
        @Override
        public void performTask() throws RemoteException {
            //实现远程任务
        }
    };
    @Override
    public IBinder onBind(Intent intent) {
        return binder;
    }
}
```

（3）在 AndroidManifest. xml 中声明服务。

```
<service
    android:name=".RemoteService"
    android:exported="true">
    <intent-filter>
        <action android:name="com.example.remoteservice.IRemoteService" />
    </intent-filter>
</service>
```

（4）在客户端绑定远程服务并使用。

```
public class MainActivity extends AppCompatActivity {
    private IRemoteService remoteService;
    private boolean isBound = false;
    private ServiceConnection connection = new ServiceConnection() {
        @Override
        public void onServiceConnected(ComponentName name, IBinder service) {
            remoteService = IRemoteService.Stub.asInterface(service);
            isBound = true;
            Toast.makeText(MainActivity.this, "服务已绑定",
              Toast.LENGTH_SHORT).show();
        }
        @Override
        public void onServiceDisconnected(ComponentName name) {
            remoteService = null;
            isBound = false;
            Toast.makeText(MainActivity.this, "服务已断开",
              Toast.LENGTH_SHORT).show();
        }
    };
    @Override
    protected void onCreate(Bundle savedInstanceState) {
        super.onCreate(savedInstanceState);
        setContentView(R.layout.activity_main);
    }
    public void onBindServiceClicked(View view) {
        Intent intent = new Intent();
```

```
        intent.setClassName("com.example.attendancedemo",
          "com.example.attendancedemo.RemoteService");
        bindService(intent, connection, BIND_AUTO_CREATE);
    }
    public void onUnbindServiceClicked(View view) {
        if (isBound) {
            unbindService(connection);
            isBound = false;
        }
    }
    public void onPerformOperationClicked(View view) {
        if (isBound) {
            try {
                remoteService.performRemoteOperation();
                Toast.makeText(this, "远程操作已执行",
                        Toast.LENGTH_SHORT).show();
            } catch (RemoteException e) {
                e.printStackTrace();
            }
        } else {
            Toast.makeText(this, "服务未绑定", Toast.LENGTH_SHORT).show();
        }
    }
}
```

5.5.3 远程服务示例

【例 5.5】 远程序服务调用示例。RemoteServiceDemo 是调用远程服务将本地的两个随机数进行相加。

(1) 创建新的远程服务模块 RemoteServiceDemo。

(2) 首先需要在 remoteservicedemo 模块的 build. gradle 文件中添加 aidl 支持。在 android 块中添加 buildFeatures 配置。

```
android {
    ...
    buildFeatures {
        aidl = true
    }
    ...
}
```

配置好后需要进行 Gradle 同步,否则后续无法添加 AIDL 文件。

(3) 创建布局文件 remoteservicedemo\activity_main. xml。

```
<?xml version="1.0" encoding="utf-8"?>
<LinearLayout xmlns:android="http://schemas.android.com/apk/res/android"
    xmlns:tools="http://schemas.android.com/tools"
    android:id="@+id/main"
```

```
    android:layout_width="match_parent"
    android:layout_height="match_parent"
    android:orientation="vertical"
    tools:context=".MainActivity">
    <Button
        android:id="@+id/bindServiceButton"
        android:layout_width="match_parent"
        android:layout_height="wrap_content"
        android:text="绑定远程服务" />
    <Button
        android:id="@+id/addNumbersButton"
        android:layout_width="match_parent"
        android:layout_height="wrap_content"
        android:text="随机数相加" />
    <TextView
        android:id="@+id/resultTextView"
        android:layout_width="match_parent"
        android:layout_height="wrap_content"
        android:layout_marginTop="16dp"
        android:text="结果 = " />
</LinearLayout>
```

（4）创建 IRemoteService. aidl 文件，右击模块名，在 Android Studio 中选择 File→new→
AIDL→AIDL File，这是声明远程服务内公共函数的文件，只需要声明，不需要在这里实现。

```
程序代码：remoteservicedemo\IRemoteService.aidl
package com.example.remoteservicedemo;
interface IRemoteService {
    //程序中定义 addNumbers()方法，接收两个参数并求和
    double addNumbers(double a, double b);
}
```

Build 编译项目，生成 IRemoteService 类文件。

（5）创建 RemoteService. java 文件，实现 AIDL 接口。

```
程序代码：remoteservicedemo\RemoteService.java
package com.example.remoteservicedemo;
public class RemoteService extends Service {
    //实现 AIDL 接口
    private final IRemoteService.Stub binder = new IRemoteService.Stub() {
        @Override
        public double addNumbers(double a, double b) throws RemoteException {
            Log.d("RemoteService", "addNumbers");
            return a + b;
        }
    };
    @Nullable
    @Override
```

```
        public IBinder onBind(Intent intent) {
            Log.d("RemoteService", "onBind");
            return binder;
        }
    }
}
```

（6）创建 MainActivity，程序界面与用户交互生成随机数并调用远程服务。

```
程序代码：remoteservicedemo\MainActivity.java
package com.example.remoteservicedemo;
public class MainActivity extends AppCompatActivity {
    //远程服务接口
    private IRemoteService remoteService;
    //服务是否绑定的标志
    private boolean isBound = false;
    //服务连接对象
    private ServiceConnection serviceConnection = new ServiceConnection() {
        @Override
        public void onServiceConnected(ComponentName name, IBinder service) {
            Log.d("MainActivity","onServiceConnected");
            //获取远程服务接口
            remoteService = IRemoteService.Stub.asInterface(service);
            isBound = true;
        }
        @Override
        public void onServiceDisconnected(ComponentName name) {
            Log.d("MainActivity","onServiceDisconnected");
            remoteService = null;
            isBound = false;
        }
    };
    @Override
    protected void onCreate(Bundle savedInstanceState) {
        super.onCreate(savedInstanceState);
        //启用 EdgeToEdge
        EdgeToEdge.enable(this);
        setContentView(R.layout.activity_main);
        //设置窗口插入监听器
        ViewCompat.setOnApplyWindowInsetsListener(findViewById(R.id.main),
(v, insets) -> {
            Insets systemBars = insets.getInsets(WindowInsetsCompat.Type.
systemBars());
            v.setPadding(systemBars.left, systemBars.top, systemBars.right,
systemBars.bottom);
            return insets;
        });
        //获取按钮和文本视图
        Button bindServiceButton = findViewById(R.id.bindServiceButton);
        Button addNumbersButton = findViewById(R.id.addNumbersButton);
```

```
        TextView resultTextView = findViewById(R.id.resultTextView);
        //绑定服务按钮点击事件
        bindServiceButton.setOnClickListener(v -> {
            Intent intent = new Intent();
            intent.setComponent(new ComponentName("com.example.remoteservicedemo",
"com.example.remoteservicedemo.RemoteService"));
            bindService(intent, serviceConnection, Context.BIND_AUTO_CREATE);
        });
        //加法按钮点击事件
        addNumbersButton.setOnClickListener(v -> {
            if (isBound && remoteService != null) {
                try {
                    //调用远程服务的 addNumbers()方法
                    double result = remoteService.addNumbers(random(), random());
                    resultTextView.setText("结果: " + result);
                } catch (RemoteException e) {
                    e.printStackTrace();
                }
            } else {
                resultTextView.setText("无法调用远程服务!");
                Log.e("MainActivity","无法调用远程服务!");
            }
        });
    }
    @Override
    protected void onDestroy() {
        super.onDestroy();
        //解绑服务
        if (isBound) {
            unbindService(serviceConnection);
            isBound = false;
        }
    }
}
```

（7）在配置文件 AndroidManifest.xml 中添加服务的调用。

```
<service android:name=".RemoteService" android:exported="true">
    <intent-filter>
        <action android:name="com.example.remoteservicedemo.IRemoteService" />
    </intent-filter>
</service>
```

程序运行结果如图 5.11 所示,绑定远程服务,生成两个随机数并通过远程服务进行运算。

图 5.11　远程服务运行结果

习题

一、单项选择题

1. 下列选项中,属于可以在后台持续运行的组件是(　　)。

    A. Activity   B. ContentProvider

    C. Service   D. Intent

2. 关于 Service 的描述中,哪一项是错误的?(　　)

    A. Service 是 Android 的 4 大组件之一

    B. 没有用户界面

    C. 在 Java 代码中可以动态注册服务

    D. Service 依赖于 Activity,当 Activity 销毁时,Service 也被销毁

3. 下列关于 Service 服务的描述中,错误的是(　　)。

    A. Service 是没有用户可见的界面,不能与用户交互

    B. Service 可以通过 Context.startService()来启动

    C. Service 可以通过 Context.bindService()来启动

    D. Service 无须在清单文件中进行配置。

4. 下列关于 Service 生命周期的说法,正确的是(　　)。

    A. 服务的生命周期和 Activity 一样

    B. 服务的创建会执行 onCreate()

    C. 启动时 onCreate()→onStart()→onResume()

    D. 通过 startService()方法开启服务,首先会调用 onCreate()和 onStart()方法

5. 定义一个非绑定服务时,需要重写 Service 的哪些方法?(　　)

    A. onCreate()→onResume()→onDestroy()

    B. onCreate()→onStartCommand()→onDestroy()

    C. onCreate()→onResume()→onPause→onDestroy()

    D. onCreate()→onResume()→onStart()→onDestroy()

6. 下列关于 Service 的方法描述,错误的是(　　)。

    A. onCreate()表示第一次创建服务时执行的方法

    B. 调用 startService()方法启动服务时执行的方法是 onStartCommand()

    C. 调用 bindService()方法启动服务时执行的方法是 onBind()

    D. 调用 startService ()方法断开服务绑定时执行的方法是 onUnbind()

7. 通过 startService( )启动服务时,以下哪项是正确的?（　　　）

　　A. 服务停止时会调用 onStop( )

　　B. 服务开启后只能关机后才能关闭服务

　　C. 服务不需要在清单文件里注册

　　D. startService( )方法开启服务,服务一旦被开启,就会在后台长期运行

8. 如果通过 bindService( )方法开启服务,那么服务的生命周期是（　　　）。

　　A. onCreate( )→onstart( )→onBind( )→onDestroy( )

　　B. onCreate( )→onBind( )→onDestroy( )

　　C. onCreate( )→onBind( )→onUnBind( )→onDestroy( )

　　D. onCreate( )→onStart( )→onBind ( )→onUnBind( )→onDestroy( )

9. 下面关于 bindService( )方法启动服务的描述,正确的是（　　　）。

　　A. 服务会长期在后台运行

　　B. 启动服务的组件与服务之间没有关联

　　C. 可以通过 stopService( )方法停止该服务

　　D. 可以通过 unbindService( )方法停止该服务

10. 下列选项中,当使用 bindService( )启动服务时,停止服务调用的方法是（　　　）。

　　A. stopSelf( )　　　　　　　　　　　　B. stopService( )

　　C. unbindService( )　　　　　　　　　D. finish( )

二、判断题

1. 通过绑定方式启动服务后,服务与调用者没有关系（　　　）。

2. 服务的界面可以设置得很美观。（　　　）

3. 通过绑定方式启动服务后,当界面不可见时服务就会被关闭（　　　）。

4. 在服务中可以处理长时间的耗时操作。（　　　）

5. 服务不是 Android 中的 4 大组件,因此不需要在清单文件中注册。（　　　）

6. Service 服务是运行在子线程中的。（　　　）

7. 使用服务的通信方式进行通信时,必须保证服务是以绑定的方式开启的,否则无法通信。（　　　）

8. 一个组件只能绑定一个服务。（　　　）

三、填空题

1. 在创建服务时,必须要继承_____类。

2. 绑定服务时,必须要实现服务的_____方法。

3. 在清单文件中,注册服务时应该使用的标签是_____。

4. 服务的开启方式有两种,分别是_____和_____。

5. 在进行远程服务通信时,需要使用_____接口。

6. 如果想要停止 bindService( )方法启动的服务,需要调用_____方法。

7. Android 系统的服务的通信方式分为_____和_____。

四、简答题

1. 简述 Service 后台服务与绑定服务的区别。

2. 简述 Service 的生命周期中各个方法的用途。

3. 什么是远程服务?

第 6 章
数据存储

在 Android 应用程序中,数据的管理和存储是至关重要的一环。无论是用户偏好设置、应用状态,还是数据的持久化。合理的数据存储策略不仅可以提升用户体验,还能确保应用的可靠性和性能。在 Android 开发中,开发者面临着多种数据存储方案的选择,包括 SQLite 数据库、文件存储、SharedPreferences,以及云存储等。

本章将介绍 Android 平台上主流的数据存储方案,帮助读者理解每种方案的优缺点、适用场景以及如何在实际开发中实现。我们将从基本的键值对存储(SharedPreferences)开始,逐步过渡到文件存储和 SQLite 数据库的使用。

本章学习目标:

1. 知识理解

- 理解不同的数据存储方案(如 SharedPreferences、文件存储、SQLite 数据库)的基本概念、特点及其适用场景。
- 掌握 URI 的基本结构及其在 Android 数据存储和组件间交互中的重要性。

2. 技能应用能力

- 能够根据应用需求选择合适的数据存储方案,并能够有效地实现数据的读写操作。
- 能够使用 Android 的 SharedPreferences、文件存储、SQLite 数据库,完成数据的持久化存储。
- 能够编写代码实现 URI 的创建、解析和使用,支持不同组件之间的数据共享和访问。

3. 分析与解决问题能力

- 能够分析不同数据存储方案的优缺点,针对具体应用场景提出合理的数据存储解决方案。
- 能够识别和解决在数据存储和管理过程中可能遇到的常见问题,如数据一致性、存储效率和安全性等。
- 能够设计一个完整的 Android 应用数据存储架构,合理规划数据存储、访问和管理流程,确保数据的高效性和安全性。
- 能够综合运用所学知识,构建共享数据的 Android 应用。

6.1　文件存储

6.1.1　SharedPreferences 存储

SharedPreferences 是 Android 中一个轻量级的存储类，它主要用于保存应用的配置信息，如用户的设置选项等。SharedPreferences 保存的数据是以键值对（Key-Value）的形式存储的，其中，键（Key）是唯一的字符串类型值（Value）可以是多种类型，包括布尔值（Boolean）、浮点型（Float）、整型（Int）、长整型（Long）、字符串（String）以及字符串集合（Set＜String＞）。

1. 获取 SharedPreferences 对象

在 Android 中，获取 SharedPreferences 实例的常用方法是通过调用 Context 对象的 getSharedPreferences（String name，int mode）方法。这里的 Context 可以是 Activity、Service、Application 等组件的实例，它们都继承自 Context 类。

getSharedPreferences（String name，int mode）方法的参数含义如下。

name 参数：是想要创建的 SharedPreferences 文件的名称，如果文件不存在，Android 系统会自动创建它。这个名称是唯一的，用于在应用内部区分不同的 SharedPreferences 文件。

mode 参数：指定了文件的操作模式，MODE_PRIVATE 表示该文件只能被创建它的应用访问。

获取 SharedPreferences 对象示例代码如下。

```
SharedPreferences sharedPreferences = getSharedPreferences ("MyPrefs",MODE_
PRIVATE);
```

2. 修改数据

在 Android 中，获取 SharedPreferences 实例后，需要使用 edit（）方法获取一个 SharedPreferences.Editor 对象，然后通过这个对象使用相应的 put 方法如 putString（）、putInt（）、putBoolean（）等来添加或修改键值对。最后调用 commit（）方法来提交完成的更改。MainActivity 示例代码如下。

```
public class MainActivity extends AppCompatActivity {
    @Override
    protected void onCreate(Bundle savedInstanceState) {
        super.onCreate(savedInstanceState);
        setContentView(R.layout.activity_main);
        //获取 SharedPreferences 对象
  SharedPreferences sharedPreferences = getSharedPreferences("MyPrefs",MODE_
PRIVATE);
        //获取 Editor 对象的引用
        SharedPreferences.Editor editor = sharedPreferences.edit();
        //将获取过来的值放入文件
        editor.putString("name", "NTU");
        editor.putInt("age", 18);
        //提交数据
```

```
        editor.commit();
    }
}
```

单击"运行"按钮后,可通过上方工具栏中 View→Tool Windows→Device Explorer 中 data/data/<package_name>/shared_prefs 文件夹下生成 MyPrefs. xml 的 XML 文件,如图 6.1 所示。

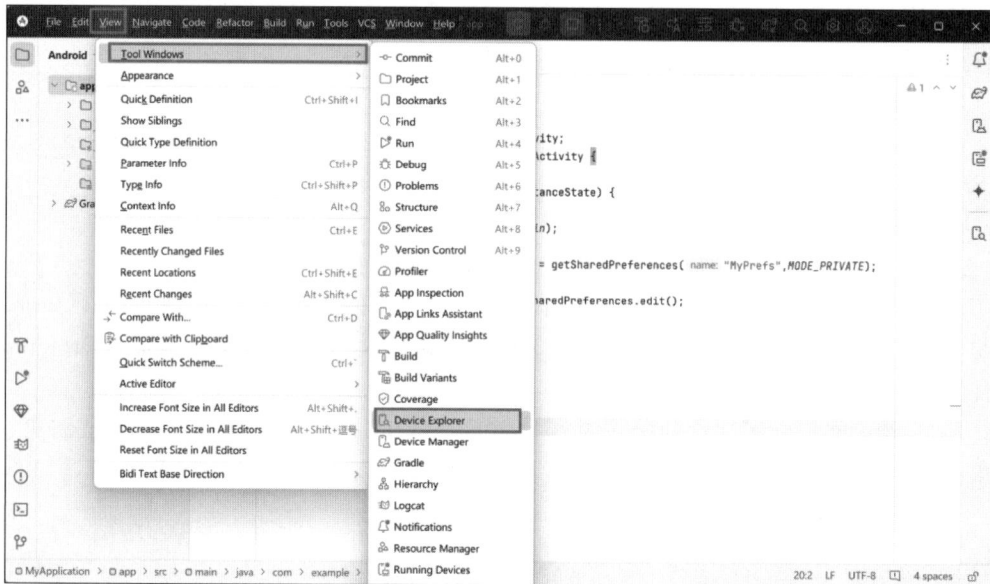

图 6.1　打开 Device Explorer

单击可以打开该文件,可以看到该文件保存的数据如图 6.2 所示。

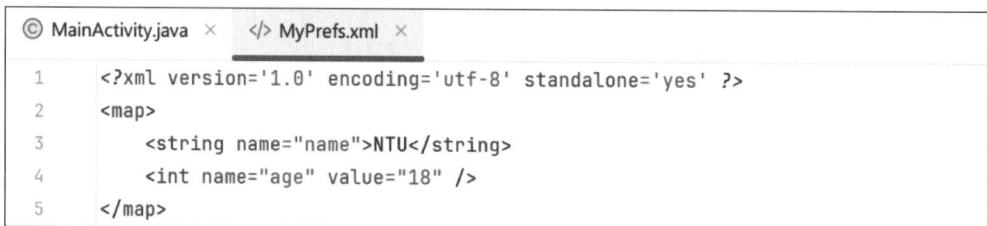

```
1  <?xml version='1.0' encoding='utf-8' standalone='yes' ?>
2  <map>
3      <string name="name">NTU</string>
4      <int name="age" value="18" />
5  </map>
```

图 6.2　MyPrefs. xml 保存的数据

3. 读取数据

在 Android 中,读取数据可以通过 getxxx(key,defaultvalue)方法获取第二个参数,一般是一个默认值,表示当获取数据的时候没有该 key,则返回一个默认值,示例代码如下。

```
package com.example.myapplication;
public class MainActivity extends AppCompatActivity {
    @Override
    protected void onCreate(Bundle savedInstanceState) {
```

```
        super.onCreate(savedInstanceState);
        setContentView(R.layout.activity_main);
    SharedPreferences sharedPreferences= getSharedPreferences("MyPrefs",
        MODE_PRIVATE);
        String name=sharedPreferences.getString("name","");
        int age = sharedPreferences.getInt("age",0);
        Log.i("SharedPreferences","name:"+ name +" age:" + age );
    }
}
```

可通过打开 Logcat 窗口,实时查看应用程序的日志输出,找到标签为 SharedPreferences 的读取结果,如图 6.3 所示。

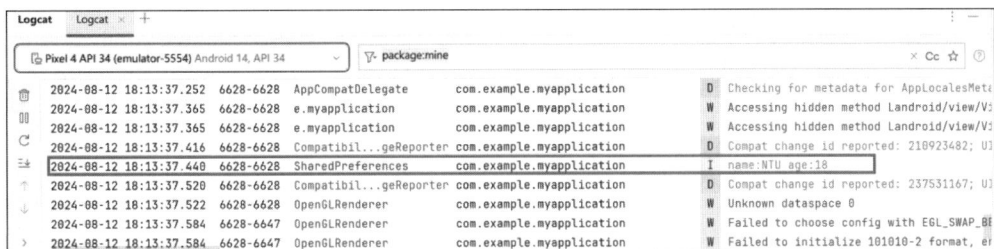

图 6.3　SharedPreferences 读取数据

4. 删除数据

删除存储在 SharedPreferences 中的数据,可以通过 SharedPreferences. Editor 提供的 remove(String key)方法来实现。这个方法会删除与指定键相关联的值。如果键不存在, 则调用此方法不会有任何显示。MainActivity 删除 age 的示例代码如下。

```
package com.example.myapplication;
public class MainActivity extends AppCompatActivity {
    @Override
    protected void onCreate(Bundle savedInstanceState) {
        super.onCreate(savedInstanceState);
        setContentView(R.layout.activity_main);
        SharedPreferences sharedPreferences =
            getSharedPreferences("MyPrefs",MODE_PRIVATE);
        SharedPreferences.Editor editor = sharedPreferences.edit();
        //删除 age 数据
        editor.remove("age");
        editor.commit();
    }
}
```

单击"运行"按钮后,可再次通过上方工具栏中 View→Tool Windows→Device Explorer 中 data/data/<package_name>/shared_prefs 文件夹下生成 MyPrefs. xml 的 XML 文件, 查看删除后的数据,如图 6.4 所示。

```
ⓒ MainActivity.java    </> MyPrefs.xml    ×
1    <?xml version='1.0' encoding='utf-8' standalone='yes' ?>
2    <map>
3        <string name="name">NTU</string>
4    </map>
```

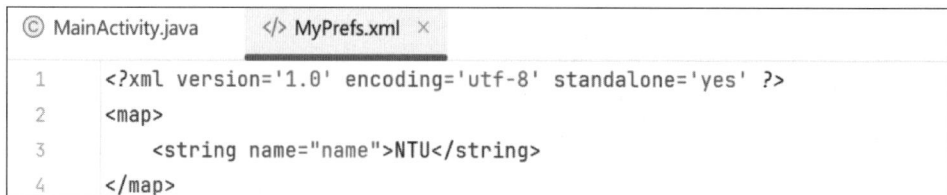

图 6.4　SharedPreferences 删除数据

6.1.2　内部文件存储

在 Android 中,内部文件存储用于存储仅供应用程序自身访问的文件。这些文件存储在应用的私有目录中,其他应用无法访问,因此非常适合存储敏感数据或应用的配置文件。数据保存在/data/data/＜package_name＞/files/目录下,其中,＜package_name＞是应用的包名。由于这些文件存储在应用的私有目录下,系统会在应用卸载时自动删除该目录及其内容。

关于文件操作,虽然内部存储默认是私有的,不需要额外的权限,但如果涉及访问外部存储文件或其他目录的文件操作,则可能需要申请相关权限。从 Android 6.0(API 级别23)开始,某些文件操作需要动态请求权限,例如,访问外部存储时需要声明并动态申请 READ_EXTERNAL_STORAGE 或 WRITE_EXTERNAL_STORAGE 权限。此外,从 Android 11(API 级别 30)起,访问外部存储的方式进一步受限,引入了 Scoped Storage 机制,应用需要使用 MediaStore API 或获取特定目录的权限。

1. 写入数据

openFileOutput(String name,int mode) 是一个在 Context 类中定义的方法,用于向应用的内部文件存储区域写入数据。这个方法返回一个 FileOutputStream 对象,通过这个对象将数据写入文件。如果指定的文件不存在,系统将会创建这个文件,示例代码如下。

```
FileOutputStream fos = openFileOutput(String name,int mode);
```

openFileOutput()方法中参数 name 表示文件的名称,mode 表示文件打开的模式,定义了如何创建和写入文件。

mode 常用的模式如下。

(1) MODE_PRIVATE:文件是私有的,只能被应用本身访问,并且写入文件时会覆盖原文件的内容(如果文件已存在)。

(2) MODE_APPEND:如果文件已存在,写入的数据会被追加到文件内容的末尾,而不是覆盖原有内容。此模式需要与其他模式(如 MODE_PRIVATE)结合使用,如 MODE_PRIVATE | MODE_APPEND。

(3) MODE_WORLD_READABLE 和 MODE_WORLD_WRITEABLE:这两个模式在 Android 4.2(API 级别 17)及更高版本中已被弃用,因为它们提供了不安全的文件访问方式。不应在新的应用中使用这些模式。

【例 6.1】　使用 openFileOutput()方法写入数据,创建文件名为"example.txt"的文件并写入文件数据"Hello,this is a test file!"。

```
MainActivity程序代码: openfileoutputdemo\MainActivity.java
package com.example.myapplication;
public class MainActivity extends AppCompatActivity {
    @Override
    protected void onCreate(Bundle savedInstanceState) {
        super.onCreate(savedInstanceState);
        setContentView(R.layout.activity_main);
        String fileName = "example.txt";                    //文件名称
        String fileContents = "Hello, this is a test file!"; //写入文件内容
        try (FileOutputStream fos = openFileOutput(fileName,
            Context.MODE_PRIVATE)) {
            fos.write(fileContents.getBytes());
            fos.close();
        } catch (IOException e) {
            e.printStackTrace();
        }
    }
}
```

单击"运行"按钮后,可再次通过上方工具栏中 View→Tool Windows→Device Explorer 中/data/data/＜package_name＞/files/文件夹下生成 example. txt,查看数据,如图 6.5 所示。

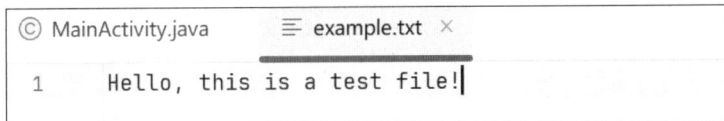

图 6.5　写入内部文件存储

2. 读取数据

openFileInput(String name)是 Context 类中的一个方法,用于从应用的内部文件存储区域读取文件,该方法返回一个 FileInputStream 对象,可以通过这个对象读取文件内容,示例代码如下,其中,参数 name 是需要读取的文件路径名。

```
FileInputStream fis = openFileInput(String Name);
```

【例 6.2】　使用 openFileInput()方法读取数据,读取文件名为"example. txt"中的文件内容。

MainActivity 程序代码如下。

```
package com.example.myapplication;
public class MainActivity extends Activity {
    @Override
    protected void onCreate(Bundle savedInstanceState) {
        super.onCreate(savedInstanceState);
        setContentView(R.layout.activity_main);
        //调用方法来读取文件并打印到 Logcat
        readFileAndLog("example.txt");
```

```
    }
    private void readFileAndLog(String fileName) {
        try {
            //使用 Activity 的 Context 来打开文件输入流
            FileInputStream fis = openFileInput(fileName);
            //创建一个 StringBuilder 来存储文件内容
            StringBuilder stringBuilder = new StringBuilder();
            //创建一个 byte 数组来存储读取的数据
            byte[] buffer = new byte[1024];
            int length;
            while ((length = fis.read(buffer)) != -1) {
                //将读取到的 byte 数组转换为字符串，并追加到 StringBuilder 中
                stringBuilder.append(new String(buffer, 0, length,
                    StandardCharsets.UTF_8));
            }
            fis.close();                        //关闭文件输入流
            //将文件内容打印到 Logcat
            Log.d("MainActivity", "File " + fileName + " content: "
                + stringBuilder.toString());
        } catch (IOException e) {
            e.printStackTrace();                //处理异常
            //在这里添加额外的错误处理逻辑
            Log.e("MainActivity", "Error reading file " + fileName, e);
        }
    }
}
```

单击"运行"按钮后可通过打开 Logcat 窗口实时查看应用程序的日志输出，找到标签为 MainActivity 的读取结果如图 6.6 所示。

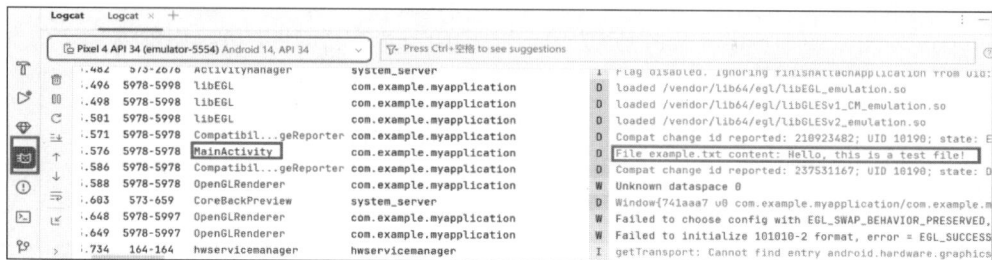

图 6.6　读取内部文件存储

6.2　SQLite 数据库

6.2.1　SQLite 数据库简介

SQLite 是一个轻量级的数据库引擎，它占用资源少，处理速度快，非常适合在资源受限的移动设备上使用。SQLite 数据库以单个文件的形式存储在设备的文件系统中，因此易于管理和迁移。它支持标准的 SQL 语法，允许执行创建表、插入数据、查询数据、更新数据和

删除数据等操作。

SQLite 数据库的特点如下：

（1）轻量级。SQLite 的数据库引擎非常小，完全配置时小于 600KB，省略可选功能配置时可以小于 250KB，非常适合移动设备和嵌入式系统。

（2）高效性。SQLite 不需要任何外部依赖或服务器进程，所有的数据库操作都在用户进程中完成，减少了资源消耗和复杂性。

（3）零配置。SQLite 不需要安装、配置或管理。数据库文件可以直接在应用程序的文件系统中创建和访问。

（4）事务性。SQLite 支持事务处理，满足 ACID（原子性、一致性、隔离性、持久性）属性，确保数据的一致性和可靠性。

（5）SQL 支持。SQLite 支持标准的 SQL 语法，包括查询、更新、删除等操作，使得数据库操作变得简单和直观。

在处理 SQLite 数据库中，SQLiteOpenHelper 和 SQLiteDatabase 是 Android SDK 中提供的两个核心类，它们一起协作以简化数据库的操作。下面是对这两个类的简要介绍以及它们常用方法的概述。

1. SQLiteOpenHelper

SQLiteOpenHelper 是一个抽象类，用于管理数据库的创建和版本管理。当需要在应用中创建一个新的 SQLite 数据库或更新现有数据库时，可以通过继承这个类并实现其抽象方法来达到目的。

SQLiteOpenHelper 的主要方法如下：

（1）onCreate(SQLiteDatabase db)：当数据库第一次被创建时调用，用于初始化数据库，如表结构的创建等。

（2）onUpgrade(SQLiteDatabase db,int oldVersion,int newVersion)：当数据库版本增加且需要更新数据库结构时调用，可以在这里执行升级操作，如添加新表、修改表结构等。

（3）onOpen(SQLiteDatabase db)：当数据库打开时调用。这是一个可选的方法，用于执行一些数据库打开后的初始化操作。

（4）getReadableDatabase()：打开（或创建）数据库，返回一个用于读取的 SQLiteDatabase 对象。

（5）getWritableDatabase()：打开（或创建）数据库，返回一个用于读写的 SQLiteDatabase 对象。如果数据库以只读模式打开，但需要写入数据，则此方法会重新以读写模式打开数据库。

2. SQLiteDatabase

SQLiteDatabase 类提供了一系列的方法来执行 SQL 命令，如执行查询、更新、插入和删除数据等操作。

SQLiteDatabase 的主要方法如下：

（1）execSQL(String sql)：用于执行 SQL 语句，如 INSERT、UPDATE、DELETE、CREATE TABLE、DROP TABLE 等。这个方法不返回任何数据，因为它主要用于执行那些不直接返回数据给调用者的 SQL 语句。

（2）rawQuery(String sql,String[] selectionArgs)：执行一条 SQL 查询语句，并返回

一个 Cursor 对象,用于遍历查询结果。这个方法适合执行 SELECT 语句。

（3）insert(String table,String nullColumnHack,ContentValues values)：向指定表中插入一行新数据。nullColumnHack 参数是一个在表所有列都非空且没有为 null 的列提供值时使用的占位符。

（4）update(String table,ContentValues values,String whereClause,String[] whereArgs)：更新表中符合指定条件的行。whereClause 和 whereArgs 用于指定哪些行需要被更新。

（5）delete(String table,String whereClause,String[] whereArgs)：删除表中符合指定条件的行。

6.2.2　SQLite 数据库使用

【例 6.3】　SQLite 数据库使用示例,在 App 中对用户数据的增加、删除、修改和查询。界面设计如图 6.7 所示,该界面包含用于输入姓名、年龄、身高和体重的表单,根布局使用 LinearLayout,每个输入部分由 TextView 和 EditText 组成,最后添加了 4 个按钮,分别用于增加、删除、修改和查询数据。

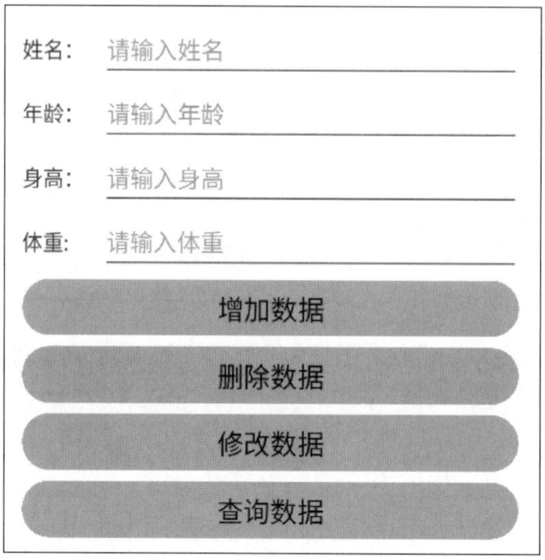

图 6.7　SQLite 数据库使用

1. 界面布局
布局文件代码如下。

```xml
<?xml version="1.0" encoding="utf-8"?>
<LinearLayout xmlns:android="http://schemas.android.com/apk/res/android"
    android:layout_width="match_parent"
    android:layout_height="match_parent"
    android:orientation="vertical"
    android:padding="16dp">
    <!-- 姓名 -->
    <LinearLayout
        android:layout_width="match_parent"
```

```xml
            android:layout_height="wrap_content"
            android:orientation="horizontal">
        <TextView
            android:id="@+id/textViewName"
            android:layout_width="0dp"
            android:layout_height="wrap_content"
            android:layout_weight="1"
            android:text="姓名："
            android:textSize="16sp"
            android:layout_marginEnd="8dp"/>
        <EditText
            android:id="@+id/editTextName"
            android:layout_width="0dp"
            android:layout_height="wrap_content"
            android:layout_weight="6"
            android:hint="请输入姓名"
            android:inputType="textPersonName"/>
    </LinearLayout>
    <!-- 年龄 -->
    <LinearLayout
        android:layout_width="match_parent"
        android:layout_height="wrap_content"
        android:orientation="horizontal">
        <TextView
            android:id="@+id/textViewAge"
            android:layout_width="0dp"
            android:layout_height="wrap_content"
            android:layout_weight="1"
            android:text="年龄："
            android:textSize="16sp"
            android:layout_marginEnd="8dp"/>
        <EditText
            android:id="@+id/editTextAge"
            android:layout_width="0dp"
            android:layout_height="wrap_content"
            android:layout_weight="6"
            android:hint="请输入年龄"
            android:inputType="numberDecimal"/>
    </LinearLayout>
    <!-- 身高 -->
    <LinearLayout
        android:layout_width="match_parent"
        android:layout_height="wrap_content"
        android:orientation="horizontal">
        <TextView
            android:id="@+id/textViewHeight"
            android:layout_width="0dp"
            android:layout_height="wrap_content"
            android:layout_weight="1"
```

```
        android:text="身高："
        android:textSize="16sp"
        android:layout_marginEnd="8dp"/>
    <EditText
        android:id="@+id/editTextHeight"
        android:layout_width="0dp"
        android:layout_height="wrap_content"
        android:layout_weight="6"
        android:hint="请输入身高"
        android:inputType="numberDecimal"/>
</LinearLayout>
<!-- 体重 -->
<LinearLayout
    android:layout_width="match_parent"
    android:layout_height="wrap_content"
    android:orientation="horizontal">
    <TextView
        android:id="@+id/textViewWeight"
        android:layout_width="0dp"
        android:layout_height="wrap_content"
        android:layout_weight="1"
        android:text="体重:"
        android:textSize="16sp"
        android:layout_marginEnd="8dp"/>
    <EditText
        android:id="@+id/editTextWeight"
        android:layout_width="0dp"
        android:layout_height="wrap_content"
        android:layout_weight="6"
        android:hint="请输入体重"
        android:inputType="numberDecimal" />
</LinearLayout>
<Button
    android:id="@+id/btn_save"
    android:layout_width="match_parent"
    android:layout_height="wrap_content"
    android:text="增加数据"
    android:textColor="@color/black"
    android:textSize="20sp"/>
<Button
    android:id="@+id/btn_delete"
    android:layout_width="match_parent"
    android:layout_height="wrap_content"
    android:text="删除数据"
    android:textColor="@color/black"
    android:textSize="20sp"/>
<Button
    android:id="@+id/btn_update"
    android:layout_width="match_parent"
```

```
        android:layout_height="wrap_content"
        android:text="修改数据"
        android:textColor="@color/black"
        android:textSize="20sp"/>
    <Button
        android:id="@+id/btn_find"
        android:layout_width="match_parent"
        android:layout_height="wrap_content"
        android:text="查询数据"
        android:textColor="@color/black"
        android:textSize="20sp"/>
    <LinearLayout
        android:layout_width="match_parent"
        android:layout_height="wrap_content"
        android:orientation="horizontal">
     <TextView
        android:id="@+id/tv_result"
        android:layout_width="0dp"
        android:layout_height="wrap_content"
        android:layout_weight="1"
        android:textSize="18sp"
        android:layout_marginEnd="8dp" />
    </LinearLayout>
</LinearLayout>
```

2. Enity 实体类

设计实体类 Enity 用于封装用户数据，id 属性存储用户的唯一标识符，name 属性存储用户的名称，age 属性存储用户的年龄信息，height 属性存储用户的身高信息，weight 属性存储用户的体重信息。示例代码如下。

```
public class Enity {
    public int id;
    public String name;
    public int age;
    public long height;
    public float weight;
    public Enity() { }
    public Enity(String name, int age, long height, float weight) {
        this.name = name;
        this.age = age;
        this.height = height;
        this.weight = weight;
    }
    @Override
    public String toString() {
        return "Enity{" +
                "id=" + id +
                ", name='" + name + '\'' +
```

```
                ", age=" + age +
                ", height=" + height +
                ", weight=" + weight +
                '}';
    }
}
```

3. 数据库操作

创建类 MyDatabaseHelper 来继承 SQLiteOpenHelper。在这个类中,实现两个重要的方法:onCreate(SQLiteDatabase db)和 onUpgrade(SQLiteDatabase db,int oldVersion,int newVersion)。onCreate()方法用于在数据库首次创建时执行数据库和表的创建语句,而 onUpgrade( )方法用于在数据库版本更新时执行必要的数据库迁移操作。定义 MyDatabaseHelper 类的单例对象和 mRDB、mWDB 分别用于读取和写入数据库的 SQLiteDatabase 对象,设置打开数据库读写连接以及关闭数据库读写连接。示例代码如下。

```java
public class MyDatabaseHelper extends SQLiteOpenHelper {
    //创建数据库名称
    private static final String DATABASE_NAME = "MyDatabase.db";
    //创建表名
    private static final String TABLE_NAME="User";
    //数据库版本号
    private static final int DATABASE_VERSION = 1;
    private static MyDatabaseHelper myDatabaseHelper=null;
    private SQLiteDatabase mRDB=null; //读取对象
    private SQLiteDatabase mWDB=null; //写入对象
    //构造方法,传入上下文和数据库名称
    private MyDatabaseHelper(Context context) {
        super(context, DATABASE_NAME,null,DATABASE_VERSION);
    }
    //利用单例模式获取数据库帮助器的唯一实例
    public static MyDatabaseHelper getInstance(Context context){
        if(myDatabaseHelper==null)
        {
            myDatabaseHelper=new MyDatabaseHelper(context);
        }
        return myDatabaseHelper;
    }
    //打开数据库读连接
    public SQLiteDatabase openR() {
        if(mRDB ==null || !mRDB.isOpen()) {
            mRDB =myDatabaseHelper.getWritableDatabase();
        }
        return mRDB;
    }
    //打开数据库写连接
    public SQLiteDatabase openW() {
        if(mWDB ==null || !mWDB.isOpen()) {
```

```
                mWDB =myDatabaseHelper.getReadableDatabase();}
        return mWDB;
    }
    //关闭数据库连接
    public void closeR() {
        if(mRDB!=null&&mRDB.isOpen()) {
            mRDB.close();
            mRDB=null;
        }
        if(mWDB!=null&&mWDB.isOpen()) {
            mWDB.close();
            mWDB=null;
        }
    }
    //在数据库第一次创建时调用,执行建表语句
    @Override
    public void onCreate(SQLiteDatabase db) {
        //创建 User 表
        String sql="CREATE TABLE "+TABLE_NAME+"(" +
                "id INTEGER PRIMARY KEY AUTOINCREMENT," +
                "name VARCHAR NOT NULL," +
                "age INTEGER NOT NULL," +
                "height LONG NOT NULL," +
                "weight FLOAT NOT NULL" + ");";
        db.execSQL(sql);
    }
    //在数据库版本更新时调用
    @Override
    public void onUpgrade(SQLiteDatabase db, int oldVersion, int newVersion) {
    }
}
```

数据库连接打开后,在 MyDatabaseHelper 类中定义 insert()、update()、delete()、findALL()等方法,执行数据的添加、更新、删除与查询。

(1) 增加数据。

在 MyDatabaseHelper 类中实现 insert()方法,创建 ContentValues 的实例 values,通过调用 values. put()方法,将 enity 对象的属性作为键值对添加到 values 对象中,最后 insert()方法执行后,会返回新插入行的 ID,示例代码如下。

```
public long insert(Enity enity){
    ContentValues values=new ContentValues();
    values.put("name",enity.name);
    values.put("age",enity.age);
    values.put("height",enity.height);
    values.put("weight",enity.weight);
    return mWDB.insert(TABLE_NAME,null,values);
}
```

（2）删除数据。

在 MyDatabaseHelper 类中实现 delete()方法，从 SQLite 数据库中删除与给定名称相匹配的记录。方法接收一个 String 类型的参数 name，该参数指定了要删除记录的名称，并返回一个 long 类型的值，表示被删除的行数进行删除操作。方法返回的结果，即被删除的行数。如果没有任何行被删除，则返回 0。示例代码如下。

```
public long delete(String name) {
    return mWDB.delete(TABLE_NAME,"name=?",new String[]{name});
}
```

（3）修改数据。

在 MyDatabaseHelper 类中实现 update()方法，用于更新 SQLite 数据库中与给定 Enity 对象名称相匹配的记录。方法接收一个 Enity 类型的参数 enity，并根据该对象的属性更新数据库中的相应字段，最后返回一个 long 类型的值，表示被更新的行数，示例代码如下。

```
public long update(Enity enity){
    ContentValues values=new ContentValues();
    values.put("name",enity.name);
    values.put("age",enity.age);
    values.put("height",enity.height);
    values.put("weight",enity.weight);
    return mWDB.update(TABLE_NAME,values,"name=?",new String[]{enity.name});
}
```

（4）查询数据。

在 MyDatabaseHelper 类中实现 findALL()方法，用于从 SQLite 数据库中检索并返回所有 Enity 对象的列表，方法返回一个 List＜Enity＞类型的值，其中包含数据库中所有记录的映射，示例代码如下。

```
public List<Enity> findALL(){
    List<Enity> list=new ArrayList<>();
    //返回结果集的游标
    Cursor cursor=mRDB.query(TABLE_NAME,null,null,null,null,null,null);
    //取出所有游标的记录
    while (cursor.moveToNext()){
        Enity enity=new Enity();
        enity.id=cursor.getInt(0);
        enity.name=cursor.getString(1);
        enity.age=cursor.getInt(2);
        enity.height=cursor.getLong(3);
        enity.weight=cursor.getFloat(4);
        list.add(enity);
    }
    return list;
}
```

4．MainActivity 类

在 MainActivity 类中获取 EditText 对象从用户那里获取姓名、年龄、身高和体重的输入，findViewById( )用来获取 4 个按钮的引用，MyDatabaseHelper 类的实例用来创建、打开、关闭数据库以及后续执行 CRUD(创建、读取、更新、删除)操作，在 onClick( )方法中实现 View.OnClickListener 接口，允许它为界面上的按钮设置点击事件监听器，同时调用 MyDatabaseHelper 中 insert( )方法、delete( )方法、update( )方法、findALL( )方法来实现数据库的增删改查，示例代码如下。

```java
public class MainActivity extends AppCompatActivity implements View.OnClickListener {
    private EditText editTextName;
    private EditText editTextAge;
    private EditText editTextHeight;
    private EditText editTextWeight;
    private TextView tvResult;
    private MyDatabaseHelper myDatabaseHelper;
    @Override
    protected void onCreate(Bundle savedInstanceState) {
        super.onCreate(savedInstanceState);
        setContentView(R.layout.activity_main);
        editTextName=findViewById(R.id.editTextName);
        editTextAge=findViewById(R.id.editTextAge);
        editTextHeight=findViewById(R.id.editTextHeight);
        editTextWeight=findViewById(R.id.editTextWeight);
        tvResult = findViewById(R.id.tv_result);
        findViewById(R.id.btn_save).setOnClickListener(this);
        findViewById(R.id.btn_delete).setOnClickListener(this);
        findViewById(R.id.btn_update).setOnClickListener(this);
        findViewById(R.id.btn_find).setOnClickListener(this);
    }
    @Override
    protected void onStart() {
        super.onStart();
        //获得数据库帮助器的实例
        myDatabaseHelper = MyDatabaseHelper.getInstance(this);
        //打开数据库读写连接
        myDatabaseHelper.openW();
        myDatabaseHelper.openR();
    }
    @Override
    protected void onStop() {
        super.onStop();
        myDatabaseHelper.closeR();
    }
    @Override
    public void onClick(View v) {
        //从 EditText 组件中获取用户输入的数据
        String name=editTextName.getText().toString();
        String age=editTextAge.getText().toString();
```

```
            String height=editTextHeight.getText().toString();
            String weight=editTextWeight.getText().toString();
            Enity enity=null;                          //初始化 Enity 对象,用于后续操作
            if (v.getId() == R.id.btn_save) {
//如果是保存按钮,则创建一个新的 Enity 对象并使用用户输入的数据初始化它
                enity = new Enity(name, Integer.parseInt(age),
                        Long.parseLong(height),
                        Float.parseFloat(weight));
                //将 Enity 对象插入数据库
                if (myDatabaseHelper.insert(enity) > 0)
                 ToastUtil.show(this, "添加成功");     //如果插入成功,显示 Toast 消息
            } else if(v.getId() == R.id.btn_delete)
                {    //根据用户输入的姓名从数据库中删除记录
                    if(myDatabaseHelper.delete(name)>0)
                        ToastUtil.show(this, "删除成功");
            } else if (v.getId() == R.id.btn_update) {
                //创建一个新的 Enity 对象,更新数据库中的记录
                enity = new Enity(name, Integer.parseInt(age),
                        Long.parseLong(height),
                        Float.parseFloat(weight));
                if (myDatabaseHelper.update(enity) > 0)
                    ToastUtil.show(this, "修改成功");
            } else {
                //从数据库中检索所有 Enity 记录
                List<Enity> list=myDatabaseHelper.findALL();
                //调用数据库帮助类的方法来获取数据
                StringBuilder sb = new StringBuilder();
                //构建包含 id, name, age, height, weight 的字符串,每个属性之间用逗号分
                //隔,并在每个实体后添加换行符
                for(Enity enity1:list)
                {
                    sb.append("id=").append(enity1.id)
                        .append(",name=")
                        .append(enity1.name)
                        .append(", age=")
                        .append(enity1.age)
                        .append(", height=")
                        .append(enity1.height)
                        .append(", weight=")
                        .append(enity1.weight).append("\n");
                }
                //更新 TextView 的内容
                tvResult.setText(sb.toString());
                ToastUtil.show(this, "查询成功");
            }
        }
    }
```

ToastUtil 类是实用工具类,用于简化在 Android 应用中显示 Toast 消息的过程。这个类包含一个静态方法 show(),它接收一个 Context 对象和一个字符串 desc 作为参数,然后

使用这些信息来创建一个 Toast 消息并显示它,示例代码如下。

```java
public class ToastUtil {
    public static void show(Context context,String desc) {
        Toast.makeText(context,desc, Toast.LENGTH_SHORT).show();
    }
}
```

5. 查看 SQLite 数据库

通过 Android Studio 工具栏中 View→Tool Windows→App Inspection 可以查看数据库表的内容,如图 6.10 所示,NTU 成功添加到 User 表中,如图 6.8 所示。

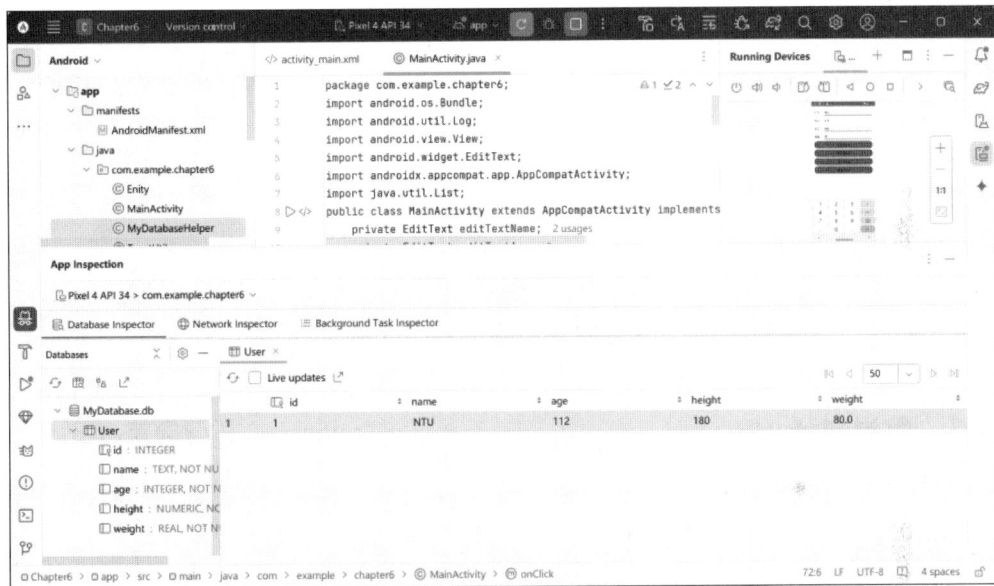

图 6.8　查看表中数据

6.3　ContentProvider 数据分享

6.3.1　数据提供者 ContentProvider

ContentProvider 是 Android 系统中的 4 大组件之一,是一种在应用程序间共享数据的接口机制。它提供了一种统一的接口,使得应用程序可以访问和修改其他应用程序中的数据,同时还可以对数据进行安全性和权限控制。

假设有这样一个场景:一个社交媒体应用需要访问用户的联系人,以便让用户轻松地邀请他们的朋友。这时候就可以考虑使用 ContentProvider,Android 系统提供的关于联系人数据 ContactsContract 的共享。社交媒体应用通过 ContentResolver 查询 ContactsContract.Contacts.CONTENT_URI,获取联系人列表;用户选择联系人后,应用可以使用 ContentProvider 向联系人发送邀请信息。

此外,通过 ContentProvider,应用程序可以指定需要共享的数据,而其他应用程序则可以在不知数据来源、路径的情况下,对共享数据进行查询、添加、删除和更新等操作。

ContentProvider 的特点如下。

(1) 封装性。ContentProvider 封装了数据源,提供了统一的接口来访问数据,隐藏了数据的具体实现细节。

(2) 安全性。通过权限控制,ContentProvider 可以精细地控制哪些应用程序可以访问哪些数据,从而保护数据的安全性。

(3) 可扩展性。ContentProvider 可以轻松地扩展数据源,支持更多的数据类型和存储方式。

(4) 统一接口。为存储和获取数据提供了统一的接口,使得应用程序不必关心数据的具体存储细节。

创建 ContentProvider 需要定义一个类来继承自 ContentProvider 的类,在这个类中,需要实现 ContentProvider 数据访问的多个方法,包括 onCreate()、query()、insert()、update() 和 delete() 等。

(1) onCreate():当 ContentProvider 被创建时调用,用于初始化操作,如打开数据库连接等。

(2) query():根据 URI 和其他参数,查询数据并返回 Cursor 对象。

(3) insert():插入新数据,并返回新数据的 URI。

(4) update():更新数据,并返回受影响的行数。

(5) delete():删除数据,并返回受影响的行数。

6.3.2　数据描述 URI

在 Android 开发中,URI(Uniform Resource Identifier,统一资源标识符)扮演着一个重要的角色。它不仅是标识资源的标准方式,也是不同 Android 组件(如 Activity、Service、ContentProvider 等)之间进行交互和数据共享的核心机制之一。以下是 URI 在 Android 中的几个主要作用。

(1) 资源标识。

URI 用于唯一标识 Android 应用中的各种资源,如文件、数据条目、网络资源等。通过 URI,开发者可以方便地访问和管理应用中不同类型的资源。例如,当使用 ContentProvider 来存取共享数据时,URI 就是访问特定数据记录的关键。

(2) 数据共享与访问。

在 Android 应用中,多个组件可能需要访问相同的数据。ContentProvider 是 Android 提供的一种机制,允许应用共享数据。通过 URI,应用可以访问不同应用的数据。例如,系统相册应用的 ContentProvider 允许其他应用通过 URI 获取图像数据。

(3) Intent 中的数据传递。

在 Activity 之间的导航中,URI 可以作为 Intent 的一个重要部分。通过 URI,开发者可以在不同的 Activity 之间传递信息。例如,一个图像查看器应用可以通过 URI 来传递要显示的图像的地址或 ID,从而确保目标 Activity 能够准确获取到需要展示的数据。

(4) 请求处理。

当客户端通过 ContentResolver 向 ContentProvider 发送请求时,URI 充当了关键桥

梁。URI 不仅标识了目标数据,还提供了请求处理的上下文信息。ContentProvider 可以根据 URI 解析请求的类型(如查询、插入、更新、删除等)以及目标数据的位置,从而执行相应的操作。通过 URI,系统能够高效、明确地处理数据请求。

(5)权限控制。

URI 在 Android 的权限控制中发挥了重要作用。通过 URI,ContentProvider 可以实现细粒度的权限管理,例如,控制哪些客户端可以访问哪些数据。开发者可以为不同类型的 URI 设置不同的访问权限,从而确保敏感数据的安全性。

在本节介绍的 ContentProvider 中,URI 用于唯一标识 ContentProvider 中的数据集合或特定数据项,是客户端如 Activity、Service 等与 ContentProvider 进行数据交互的桥梁。

URI 的结构通常遵循以下模式。

```
content://<authority>/<path>/<id>
```

(1)content://作为 ContentProvider 的标准协议前缀,表明这是一个与 ContentProvider 相关的资源路径。

(2)<authority>表示 ContentProvider 的授权名,用于唯一标识一个 ContentProvider。授权名通常由应用的包名组成,如 com. example. app. provider,以确保在不同应用中具有唯一性。

(3)<path>表示资源的路径,用于进一步指定数据的位置或类型。例如,在一个内容提供者中,可能会有不同的路径表示用户表(/users)或订单表(/orders)等。

(4)<id>(可选)表示特定数据项的唯一 ID,用于直接定位某一条数据记录。例如,content://com. example. app. provider/users/123 可以标识 ID 为 123 的用户数据。

URI 的优势与功能扩展如下。

(1)统一资源标识。URI 作为资源的唯一标识,使得客户端能够准确指定它们想要访问或操作的数据。通过这种标准化方式,开发者可以在复杂的系统中轻松定位目标数据。

(2)请求操作的明确性。URI 不仅标识了数据的位置,还能够指示请求的操作类型。例如,通过 URI,系统可以解析请求是针对数据集合的查询,还是针对特定数据项的删除或更新,从而提高了数据交互的效率和准确性。

(3)跨应用交互的便利性。URI 使得 Android 中的组件能够跨应用进行安全、可靠的交互。例如,通过系统相册的 ContentProvider,第三方应用可以通过 URI 访问和读取图片数据,而无须直接访问文件系统。

(4)细粒度的权限控制。URI 提供了一种实现细粒度权限控制的机制。开发者可以为不同的 URI 路径配置不同的权限策略,确保数据的安全性。例如,可以为用户信息设置只读权限,为订单数据设置读写权限,从而防止未授权的访问。

6.3.3 数据使用者 ContentResolver

Android 框架中,ContentProvider 提供的数据,需要使用 ContentResolver 类通过 URI 进行操作。ContentResolver 允许应用程序以统一的方式查询、插入、更新和删除数据。ContentResolver 隐藏了数据的具体存储位置和实现细节,使得应用程序可以更加灵活地访问和操作数据。

ContentResolver 的特点如下。

（1）统一接口。ContentResolver 为应用程序提供了统一的接口来访问不同的 ContentProvider，无须关心数据的具体存储位置和实现细节。

（2）灵活性。通过 ContentResolver，应用程序可以灵活地访问和操作各种数据源，包括内置的数据提供者和其他应用程序创建的数据提供者。

（3）安全性。ContentResolver 通过权限控制机制保护数据的安全性，只有拥有相应权限的应用程序才能访问和操作指定的数据。

6.3.4　ContentProvider 与 ContentResolver 使用

【例 6.4】　ContentProvider 与 ContentResolver 使用示例。App 中定义 ContentProvider 对数据封装与管理。在 MainActivity 类中通过 ContentResolver 调用 ContentProvider 实现对用户数据的管理。界面包含用于输入姓名、年龄、身高和体重的 TextView 和 EditText，以及 4 个按钮，分别用于增加、删除、修改和查询数据。程序界面设计如图 6.9 所示。

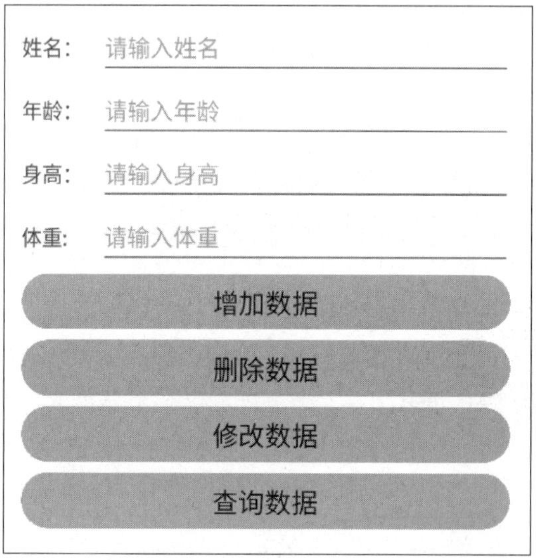

图 6.9　ContentProvider 与 ContentResolver 使用

1. 创建应用程序

创建名为"ContentProvider"的应用 App，在程序包名上单击鼠标右键选择 New→Other→Content Provider，创建 MyContentProvider.java 文件，在弹出窗口中可输入 ContentProvider 的 Class Name 以及设置 URI Authorities（唯一标识 ContentProvider，通常使用包名命名）。

如图 6.10 所示，选择 ContentProvider。

在创建 MyContentProvider 完成后，Android Studio 会自动在 AndroidManifest.xml 中＜application＞标签内部添加一个＜provider＞标签来注册 ContentProvider，如图 6.11 所示。

＜provider＞标签中的属性如下。

android:name：指定 ContentProvider 的完整类名（包括包名），标识 Android 系统哪个

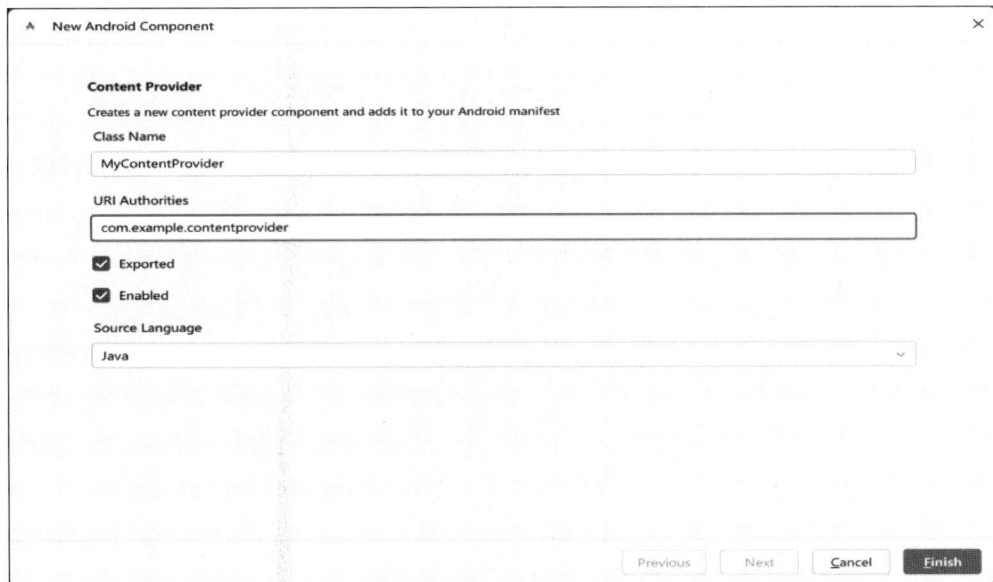

图 6.10 设置 Class Name 和 URI Authorities

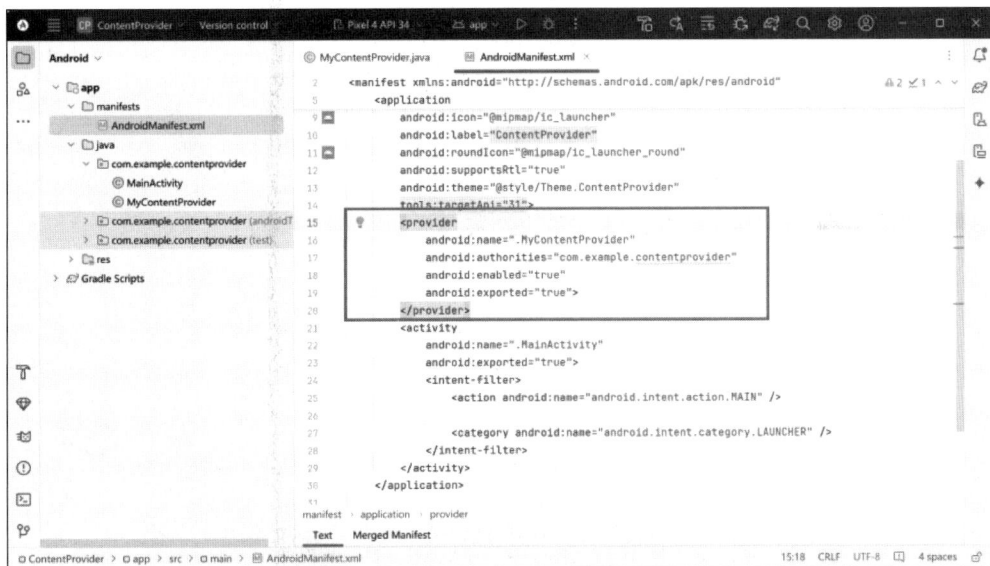

图 6.11 注册 ContentProvider

类实现了 ContentProvider。

android:authorities：指定 ContentProvider 的唯一标识符（URI Authorities）。这是 URI 中用于标识 ContentProvider 的部分，其他应用通过它来访问 ContentProvider。

android:exported：指定 ContentProvider 是否可以被其他应用访问。如果设置为 true，则 ContentProvider 可以被其他应用访问；如果设置为 false，则只能被同一应用内的组件访问。

android:enabled：用于指定该 ContentProvider 是否应该被系统实例化。这个属性是可选的，默认值是 true，意味着 ContentProvider 默认是启用的。

2. 创建 MyContentProvider

创建 MyContentProvider 类继承自 ContentProvider 类，实现使用 ContentProvider 来管理对 SQLite 数据库的访问，包括插入、查询、删除和更新数据操作，示例代码如下。

```java
public class MyContentProvider extends ContentProvider {
    //私有成员变量,用于访问数据库
    private MyDatabaseHelper myDatabaseHelper;
    //当 ContentProvider 被创建时调用
    @Override
    public boolean onCreate() {
        //初始化数据库帮助类,用于管理数据库
        myDatabaseHelper = MyDatabaseHelper.getInstance(getContext());
        return true; //返回 true 表示 ContentProvider 创建成功
    }
    //插入数据
    @Override
    public Uri insert(Uri uri, ContentValues values) {
        //获取可写的数据库实例
        SQLiteDatabase mdb = myDatabaseHelper.getWritableDatabase();
        //插入数据到数据库中,表名为 MyDatabaseHelper.TABLE_NAME
        mdb.insert(MyDatabaseHelper.TABLE_NAME, null, values);
        //返回插入数据的 URI,这里简单返回传入的 URI
        return uri;
    }
    //查询数据
    @Override
    public Cursor query(Uri uri, String[] projection, String selection,
                        String[] selectionArgs, String sortOrder) {
        //获取可读的数据库实例
        SQLiteDatabase mdb = myDatabaseHelper.getReadableDatabase();
        //执行查询操作,返回 Cursor 对象
        return mdb.query(MyDatabaseHelper.TABLE_NAME, projection, selection,
selectionArgs, null, null, sortOrder);
    }
    //删除数据
    @Override
    public int delete(Uri uri, String selection, String[] selectionArgs) {
        //获取可写的数据库实例
        SQLiteDatabase mdb = myDatabaseHelper.getWritableDatabase();
        //执行删除操作,并返回被删除的行数
int count = mdb.delete(MyDatabaseHelper.TABLE_NAME, selection, selectionArgs);
        return count;
    }
    //获取数据的 MIME 类型
    @Override
    public String getType(Uri uri) {
        throw new UnsupportedOperationException("Not yet implemented");
    }
    //更新数据
```

```
@Override
public int update(Uri uri, ContentValues values, String selection,
                String[] selectionArgs) {
    //获取可写的数据库实例
    SQLiteDatabase mdb = myDatabaseHelper.getWritableDatabase();
    //执行更新操作,并返回被更新的行数
int rowsUpdated = mdb.update(MyDatabaseHelper.TABLE_NAME, values, selection,
selectionArgs);
    //通知所有监听器数据已更改
    getContext().getContentResolver().notifyChange(uri, null);
    return rowsUpdated;
}
}
```

3. 创建 UriContent 类

定义名为 UriContent 的类,它包含与内容提供者相关的静态常量。其中,AUTHORITIES 常量是内容提供者的唯一标识符,用于构建访问该内容提供者的 URI。CONTENT_URI 常量是一个具体的 URI,用于访问内容提供者中的用户数据。此外,定义内容提供者的操作中用于引用特定的用户属性。示例代码如下。

```
package com.example.contentprovider;
public class UriContent {
//定义内容提供者的权限字符串,它是 URI 的基础部分,用于唯一标识内容提供者
 public static final String AUTHORITIES = "com.example.contentprovider";
 //定义访问用户数据的 URI。URI 通过 ContentResolver 访问内容提供者
    public static final Uri CONTENT_URI = Uri.parse("content://" + AUTHORITIES +
"/User");
//定义用户数据的列名常量,这些常量在内容提供者的操作中作为字段名使用
//在插入、查询、更新或删除用户数据时,会使用这些常量来引用特定的用户属性
    public static final String USER_ID = "id";            //用户的唯一标识符
    public static final String USER_NAME = "name";        //用户的名字
    public static final String USER_AGE = "age";          //用户的年龄
    public static final String USER_HEIGHT = "height";    //用户的身高
    public static final String USER_WEIGHT = "weight";    //用户的体重
}
```

4. 创建 MainActivity

在 MainActivity 类中获取 EditText 对象从用户那里获取姓名、年龄、身高和体重的输入,实现了一个简单的用户界面,允许用户通过 findViewById 获取 4 个按钮的引用(保存、读取、删除、更新)与一个内容提供者(ContentProvider)交互,以管理用户信息。同时调用 MyContentProvider 中的 insert()方法、delete()方法、update()方法、query()方法来实现增删改查,示例代码如下。

```
public class MainActivity extends AppCompatActivity implements View.OnClickListener {
    private EditText editTextName;
    private EditText editTextAge;
```

```java
private EditText editTextHeight;
private EditText editTextWeight;
private TextView tvResult;
@SuppressLint("MissingInflatedId")
@Override
protected void onCreate(Bundle savedInstanceState) {
    super.onCreate(savedInstanceState);
    setContentView(R.layout.activity_main);
    //初始化 UI 组件
    editTextName=findViewById(R.id.editTextName);
    editTextAge=findViewById(R.id.editTextAge);
    editTextHeight=findViewById(R.id.editTextHeight);
    editTextWeight=findViewById(R.id.editTextWeight);
    tvResult = findViewById(R.id.tv_result);
    //为按钮设置点击监听器
    findViewById(R.id.btn_save).setOnClickListener(this);
    findViewById(R.id.btn_delete).setOnClickListener(this);
    findViewById(R.id.btn_update).setOnClickListener(this);
    findViewById(R.id.btn_read).setOnClickListener(this);
}
@SuppressLint("Range")
@Override
public void onClick(View v) {
    //获取输入框中的值
    String name=editTextName.getText().toString();
    String age=editTextAge.getText().toString();
    String height=editTextHeight.getText().toString();
    String weight=editTextWeight.getText().toString();
    //根据点击的按钮执行不同的操作
    if (v.getId() == R.id.btn_save) {
        //插入数据
        ContentValues values=new ContentValues();
        values.put(UriContent.USER_NAME,editTextName.getText().toString());
        values.put(UriContent.USER_AGE,
            Integer.parseInt(editTextAge.getText().toString()));
        values.put(UriContent.USER_HEIGHT,
            Integer.parseInt(editTextHeight.getText().toString()));
        values.put(UriContent.USER_WEIGHT,
            Float.parseFloat(editTextWeight.getText().toString()));
        //执行插入操作,并判断是否成功
        Uri resultUri = getContentResolver()
            .insert(UriContent.CONTENT_URI, values);
        if (resultUri != null) {
            ToastUtil.show(this, "添加成功");
        } else {
            ToastUtil.show(this, "添加失败");
        }
    } else if (v.getId() == R.id.btn_read) {
        //查询数据
```

```
            StringBuilder sb = new StringBuilder();
            Cursor cursor = getContentResolver()
                .query(UriContent.CONTENT_URI, null, null, null, null);
            if (cursor != null) {
                while (cursor.moveToNext()) {
                    Entity p = new Entity();
                    p.id = cursor
                        .getInt(cursor.getColumnIndex(UriContent.USER_ID));
                    p.name = cursor.getString(cursor
                        .getColumnIndex(UriContent.USER_NAME));
                    p.age = cursor.getInt(cursor
                        .getColumnIndex(UriContent.USER_AGE));
                    p.height = cursor.getLong(cursor.
                        getColumnIndex(UriContent.USER_HEIGHT));
                    p.weight = cursor.getFloat(cursor
                        .getColumnIndex(UriContent.USER_WEIGHT));
                        sb.append("id=").append(p.id)
                        .append(", name=").append(p.name)
                        .append(", age=").append(p.age)
                        .append(", height=").append(p.height)
                        .append(", weight=").append(p.weight).append("\n");
                }
                cursor.close();
                tvResult.setText(sb.toString());
            }
            ToastUtil.show(this, "查询成功");
        } else if (v.getId() == R.id.btn_delete) {
            //删除数据
            int w = getContentResolver()
                .delete(UriContent.CONTENT_URI, "name=?", new String[]{name});
            if (w > 0) {
                ToastUtil.show(this, "删除成功");
            } else {
                ToastUtil.show(this, "删除失败");
            }
        } else if (v.getId() == R.id.btn_update) {
            //更新数据
            ContentValues values = new ContentValues();
            values.put(UriContent.USER_AGE, Integer.parseInt(age));
            values.put(UriContent.USER_HEIGHT, Integer.parseInt(height));
            values.put(UriContent.USER_WEIGHT, Float.parseFloat(weight));
            //执行更新操作,根据姓名来匹配记录
            int rowsUpdated = getContentResolver().update(
                    UriContent.CONTENT_URI,
                    values,
                    UriContent.USER_NAME + "=?",
                    new String[]{name}
            );
            if (rowsUpdated > 0) {
```

```
                ToastUtil.show(this, "更新成功");
            } else {
                ToastUtil.show(this, "更新失败,未找到名为 " + name + " 的记录");
            }
        }
    }
}
```

　　示例通过自定义的 ContentProvider 实现对数据的管理,它提供了插入、查询、更新和删除(CRUD)4 种操作,使得应用能够以一种标准化、模块化的方式访问和修改存储在数据库中的用户数据。通过在 ContentProvider 中实现这些操作,开发者能够集中管理数据访问逻辑,并通过 URI 和权限控制确保数据的安全和一致性。示例中 MainActivity 调用的布局文件接收用户输入数据,通过 ContentResolver 调用 ContentProvider 执行相应的数据库操作,完成用户信息的管理。

习题

一、单项选择题

1. 在 Android 中初始化 SharedPreferences 时,以下哪种方式是正确的?(　　)

   A. SharedPreferences sp =new SharedPreferences();

   B. SharedPreferences sp = SharedPreferences.getDefault();

   C. SharedPreferences sp = SharedPreferences.Factory();

   D. SharedPreferences sp = getSharedPreferences("config",MODE_PRIVATE);

2. 在 SharedPreferences 的方法中,用于获取 String 类型参数的方法是(　　)。

   A. getString()　　　　　　　　　　B. getStringExtra()

   C. getStringValue()　　　　　　　　D. getValue()

3. 在 SharedPreferences 中,(　　)数据无法存储。

   A. new Date()　　　B. 123　　　　C. "hello"　　　D. 0.25

4. 以下关于操作 SQLite 数据库的说法中,哪一项是错误的?(　　)

   A. SQLiteOpenHelper 类用来创建数据库和更新数据库

   B. SQLiteDatabase 类用来操作数据库

   C. 每次调用 SQLiteDatabase 的 getWritableDatabase()时,都会执行 SQLiteOpenHelper 的 onCreate()方法

   D. 数据库版本变化时,系统会自动更新数据库结构

5. 在 SQLiteOpenHelper 中,以下哪个方法用于打开一个只读的数据库?(　　)

   A. onCreate()　　　　　　　　　　B. onUpgrade()

   C. getReadableDatabase()　　　　　D. getWritableDatabase()

6. 在下列选项中,关于 SQLiteOpenHelper 的作用,正确的描述是(　　)。

   A. 删除数据库表中的数据

   B. 修改数据库表中的数据

C. 通过 onCreate()方法和 onUpgrade()方法管理数据库版本

D. 管理数据库的事务

7. 在 Android 中,操作数据库增删改查有两种方式,分别是(　　　)。

A. 第一种方式 execSQL()和 rawQuery()方法操作,第二种方式直接提供封装好的 insert()、delete()、update()和 query()这 4 个方法操作

B. 第一种方式 execSQL()方法操作,第二种方式直接提供封装好的 insert()、delete()、update()和 query()这 4 个方法操作

C. 两种方式都是用这个方法 execSQL()

D. 两种方式都是提供封装好的 insert()、delete()、update()和 query()这 4 个方法操作

8. Android 对数据库的表进行查询操作时,会使用 SQLiteDatabase 类中的(　　　)方法。

A. insert()　　　　　B. execSQL()　　　　C. query()　　　　　D. update()

9. 如果一个应用程序想要访问另外一个应用程序的数据库,那么需要通过(　　　)实现。

A. BroadcastReceiver　　　　　　　　B. Activity

C. ContentProvider　　　　　　　　　D. AIDL

10. 下列关于 ContentProvider 的描述,错误的是(　　　)。

A. ContentProvider 是一个抽象类,只有继承后才能使用

B. ContentProvider 只有在 AndroidManifest.xml 文件中注册后才能运行

C. ContentProvider 为其他应用程序提供了统一的访问数据库的方式

D. 以上说法都不对

11. Android 中创建 ContentProvider 时,应继承(　　　)。

A. ContentData　　　　　　　　　　B. ContentProvider

C. ContentObserver　　　　　　　　D. ContentDataProvider

12. 下面关于 ContentProvider 描述错误的是(　　　)。

A. ContentProvider 可以暴露数据

B. ContentProvider 用于实现跨程序共享数据

C. ContentProvider 不是 4 大组件

D. ContentProvider 通过 Uri 的形式对外提供数据

13. 关于内容提供者的描述,哪一项是错误的?(　　　)

A. ContentProvider 是一个抽象类,只有继承后才能使用

B. 内容提供者只有在 AndroidManifest.xml 文件中注册后才能运行

C. 内容提供者为其他应用程序提供了统一的访问数据库的方式

D. 内容提供者不是抽象类

14. 以下哪些功能需要使用 ContentProvider?(　　　)

A. 读取系统中的短信内容　　　　　　B. 建立一个数据库

C. 开机后自动启动一个程序　　　　　D. 播放一段音乐

15. 查询系统短信内容时,内容提供者对应的 Uri 是(　　)。

    A. Contacts. Photos. CONTENT_URI

    B. Contacts. People. CONTENT_URI

    C. content://sms/

    D. Media. EXTERNAL_CONTENT_URI

16. ContentProvider 中的(　　)方法用于根据给定的 URI 查询数据。

    A. delete()　　　　　　B. insert()　　　　　　C. query()　　　　　　D. update()

17. 调用现有的 ContentProvider 时,应该获得(　　)对象,才能进行数据的增、删、查、改操作。

    A. CursorLoader   B. ContentResolver

    C. Cursor   D. ContentProvider

18. 使用 ContentResolver 查询短信数据时,Uri 应该写为(　　)。

    A. Uri uri = Uri. parse("content://sms");

    B. Uri uri = Uri. parse("content://sms/data");

    C. Uri uri = Uri. parse("content://sms/contact");

    D. Uri uri = Uri. parse("sms/");

19. 在 Activity 中,获得 ContentResolver 对象的方法是(　　)。

    A. getContentResolver()   B. getResolver()

    C. getContentResolvers()   D. getResolvers()

20. 在下列选项中,关于 ContentResolver 的说法错误的是(　　)。

    A. ContentResolver 通过 Uri 匹配到内容提供者

    B. 通过 ContentResolver 可以在其他应用程序中访问内容提供者

    C. ContentResolver 的增、删、改、查方法与目标内容提供者的增删改查方法是一一对应的

    D. ContentResolver 不需要通过 Uri 匹配到内容提供者

二、判断题

1. Android 中数据存储方式只有一种。(　　)

2. SQLite 支持 NULL、INTEGER、REAL(浮点数字)、TEXT(字符串文本)和 BLOB(二进制对象)5 种数据类型。(　　)

3. SQLite 数据库的事务操作满足原子性、一致性、隔离性和持续性。(　　)

4. SQLite 数据库的事务通常是在一组业务逻辑操作开始之前开启,操作完成之后结束。(　　)

5. Android 中获取到 SQLiteDatabase 类实例后,可以对数据库进行增、删、改、查操作。(　　)

6. 创建数据库帮助类 TestDBHelper,需要继承 SQLiteOpenHelper 类来管理数据库版本。(　　)

7. Android 中获取到 SQLiteDatabase 实例 db 后,可以通过 db. beginTransaction()开启事务。(　　)

8. Uri 主要由三部分组成,分别是 scheme,authority 和 path。(　　)

9．内容提供者主要功能是实现跨程序共享数据的功能。（　　　）

10．ContentProvider 中的 getType() 方法是用来获取当前 Uri 路径指定数据的类型。（　　　）

三、填空题

1．在 Android 中使用的数据库为＿＿＿＿＿＿＿，它是一个轻量级的嵌入式数据库。

2．＿＿＿＿＿＿＿是一个数据库访问类，该类封装了一系列数据库操作的 API，可以对数据进行增、删、改、查操作。

3．在操作 SQLite 数据库时，＿＿＿＿＿＿＿类用于创建数据库和更新数据库。

4．Android 中使用＿＿＿＿＿＿＿获取 SharedPreferences 实例对象。

5．内容提供者通过＿＿＿＿＿＿＿暴露数据，应用程序可以通过它查询数据。

6．创建内容提供者时，需要继承＿＿＿＿＿＿＿类。

四、简答题

1．简述 Android 数据内部存储的特点与方式。

2．简述 ContentProvider 用于对外共享数据的优势。

3．简述 ContentProvider 和 ContentResolver 之间的关系以及数据处理流程。

第 7 章
Android 后台线程

在现代移动应用开发中,多线程操作和后台任务处理是提升应用性能与用户体验的重要环节。Android 中的线程管理与消息传递机制为开发者提供了丰富的工具,用于实现主线程与子线程的协作,确保应用在复杂任务执行过程中保持流畅性。同时,定位功能作为许多应用的核心需求,结合后台线程处理可以实现实时、高效的定位信息更新。本章将系统讲解 Android 的多线程开发与消息传递机制,并结合百度定位服务的使用,帮助开发者掌握后台线程与定位功能的实际应用。

本章学习目标:

1. 知识理解

- 理解线程的基本概念,掌握多线程在 Android 开发中的重要性和作用。
- 熟悉线程创建的两种方式:继承 Thread 类和实现 Runnable 接口,并理解它们的使用场景。
- 掌握 Android 后台线程的基本工作机制,包括主线程与子线程的关系。
- 理解 Looper 类、MessageQueue 类、Handler 类的功能及其在 Android 消息传递机制中的作用。
- 掌握 HandlerThread 和 AsyncTask 异步任务的使用方法及其适用场景。
- 理解 Android 定位服务的基本原理,掌握百度定位服务(LocationClient)的工作机制。

2. 技能应用能力

- 熟练使用 Handler 实现主线程与子线程之间的消息传递。
- 能够结合 HandlerThread、AsyncTask 等工具完成复杂的异步任务处理。
- 熟练集成百度定位 SDK,完成从下载到 API Key 配置、SDK 集成的全流程操作。
- 能够在 Android 应用中实现后台线程与定位功能的结合,如动态更新定位信息。

3. 分析与解决问题能力

- 能够分析和总结不同线程处理方式的优缺点,针对具体场景设计合理的多线程解决方案。
- 能够识别并解决多线程开发中可能遇到的常见问题,如线程安全、内存泄漏和主线程阻塞等。
- 针对复杂的消息传递场景,能够综合运用 Looper、Handler、MessageQueue 等工具设计高效的消息处理机制。

- 能够识别和解决定位服务在后台线程中运行可能遇到的问题，如位置更新延迟或服务中断。

7.1　线程基础

7.1.1　线程概述

线程是进程中独立运行的基本单位。一个进程可以包含多个线程，多个线程之间可以并行执行，可以共享进程中的资源（如内存、文件等）。在 Java 中，线程可以由 Thread 类创建，或者通过实现 Runnable 接口创建。

每个 Java 应用程序在启动时，都会默认创建一个主线程，用于执行 main() 方法中的代码。当希望让程序同时进行多个任务时，可以创建多个线程。线程可以让程序同时处理多个任务，提高程序的效率和响应速度。

程序中使用线程具有以下优势。

（1）提高程序的响应性。在用户界面应用程序中，耗时任务如果在主线程中执行，会导致界面卡顿甚至无响应。通过将这些任务放到后台线程中，可以确保主线程继续处理用户交互，从而提升应用的流畅度和响应性。

（2）充分利用多核 CPU。现代计算机多核 CPU 能同时执行多个线程。使用线程机制可以让不同任务并行运行，充分利用处理器资源。例如，数据处理应用可以将数据分块交由多个线程处理，从而加快整体速度。

（3）简化异步任务的实现。Java 线程机制使异步操作更加容易。在处理文件下载、网络请求等任务时，可以让这些操作在后台独立运行，不阻塞主线程，从而保持程序的高效运转。

（4）多任务处理。线程可以让程序同时处理多个任务，例如，浏览器中可以同时下载文件、渲染页面和处理用户输入。这种并发处理能力使得应用程序能够更好地满足用户需求。

（5）提高程序效率。线程能避免程序因等待资源而被完全阻塞。例如，在服务器中，一个线程在等待数据库响应时，其他线程仍可以继续处理新的请求，从而提高整体性能。

7.1.2　创建线程

在 Java 中，创建线程的方式主要有两种：通过继承 Thread 类和 Runnable 接口实现。Java 类的继承是单继承，extends 后面只能指定一个父类，如果当前类需要继承业务类又要创建多线程，可以继承 Runnable 接口实现多线程。在程序中可以根据具体需求选择合适的方式。

1. 继承 Thread 类创建线程

当一个类继承 Thread 类时，可以直接创建线程，重写 Thread 类的 run() 方法，在其中定义线程的执行逻辑。

（1）继承 Thread 类，定义一个类继承 Thread 类，并重写其 run() 方法。语法代码如下。

```
class MyThread extends Thread {
    @Override
```

```
        public void run() {
            //线程执行的代码
        }
    }
```

（2）创建线程对象，通过实例化自定义的线程类来创建线程对象。

（3）启动线程，调用线程对象的 start()方法启动线程。start()方法会调用 run()方法，并在新线程中执行 run()方法中的代码。在调用 start()方法后，线程将进入就绪状态，等待 CPU 调度执行 run()方法中定义的任务。

示例代码：

```
public class Main {
    public static void main(String[] args) {
        MyThread thread = new MyThread();    //创建线程对象
        thread.start();                      //启动线程
    }
}
```

2. 实现 Runnable 接口创建线程

实现 Runnable 接口是更为灵活的方式，因为 Java 不支持多重继承，通过实现 Runnable 接口，可以避免继承 Thread 类的限制。

（1）实现 Runnable 接口，定义一个类实现 Runnable 接口，并重写 run()方法。

```
class MyRunnable implements Runnable {
    @Override
    public void run() {
        //线程执行的代码
    }
}
```

（2）创建 Runnable 对象，实例化自定义的 Runnable 实现类。

（3）创建线程对象，将 Runnable 对象作为参数传递给 Thread 类的构造函数，创建线程对象。

（4）启动线程，调用线程对象的 start()方法启动线程。

示例代码：

```
public class Main {
    public static void main(String[] args) {
        //创建 Runnable 对象
        MyRunnable myRunnable = new MyRunnable();
        Thread thread = new Thread(myRunnable);     //创建线程对象
        thread.start();                             //启动线程
    }
}
```

7.2　Android 后台线程

7.2.1　主线程与子线程

在 Android 应用程序中,主线程(UI 线程)是处理用户界面和用户交互的核心线程,所有与用户界面相关的操作,如触摸事件处理、界面绘制和动画,都是在主线程中完成的。为了保证应用能够及时响应用户操作,任何可能导致延迟的操作(如网络请求、数据库查询或复杂计算)都不应在主线程中执行;否则,这些操作会阻塞 UI 更新,导致用户体验不佳,甚至可能引发"应用无响应"(ANR)的错误。

为了避免主线程的阻塞,开发者通常将耗时操作放在子线程(工作线程)中执行。子线程专门用于处理那些不需要立即更新 UI 的操作,如网络通信、大量数据的处理或文件操作。

在 Android 系统中,UI 界面上的更新一般只能由主线程完成。如果在子线程中直接更新 UI,会引起线程不安全,从而导致 App 应用崩溃。因此,在 Android 中,子线程中执行耗时操作后,如果更新 UI,需要通过特定的方法切换到主线程才可以更新。Android 提供了 Handler、HandlerThread、AsyncTask 等多种方式来完成多线程情形下的界面 UI 更新。

7.2.2　Handle 消息传递

在 Android 中,Handler 是处理线程间通信的方法之一。它允许从一个线程向另一个线程发送消息,并在接收到消息时执行相应的任务。Handler 通常与 Looper 和 MessageQueue 一起使用,以实现消息的发送、处理和执行。相关流程与处理方法如下。

1. Looper 类

Looper 是一个消息循环,它不断地从消息队列中取出消息并处理。每个线程默认情况下没有 Looper,但主线程(UI 线程)在创建时会自动配置一个 Looper。如果希望在子线程中使用 Handler,需要手动为该线程创建 Looper。

2. MessageQueue 类

MessageQueue 是消息的队列,存储了线程需要处理的所有消息和任务。Looper 从 MessageQueue 中取出消息并交给相应的 Handler 处理。

3. Handler 类

Handler 类的作用是将消息和可运行的任务(Runnable)发送到与之关联的 MessageQueue,并处理从 MessageQueue 取出的消息。

(1) Handler 的工作原理。

在一个线程中创建 Handler 时,这个 Handler 会与该线程的 Looper 绑定。通过 Handler 的 post()或 sendMessage()方法,可以将任务或消息发送到消息队列中,然后 Looper 会从队列中取出任务,调用 Handler 的 handleMessage()方法或执行相应的 Runnable。

(2) 发送消息或任务。

post(Runnable r)方法:将一个 Runnable 对象添加到消息队列中,在指定时间点执行。

sendMessage(Message msg)方法:将一个 Message 对象添加到消息队列中,处理消息时会调用 Handler 的 handleMessage(Message msg)方法。

（3）消息接收与处理。

当 Looper 从 MessageQueue 中取出消息时，Handler 会调用 handleMessage(Message msg)方法处理该消息。开发者可以重写 handleMessage()方法，定义消息的处理逻辑。

【例 7.1】　后台线程更新 UI 界面示例。主线程中创建 Handler，并将其与主线程的 Looper 关联。这个 Handler 的作用是接收从子线程发送的消息，并在主线程中处理这些消息，从而更新 UI。随后启动了一个子线程，子线程中模拟了一个耗时操作（通过 Thread.sleep(5000)模拟了 5s 的延迟）。任务完成后，子线程通过调用 Handler 的 sendMessage()方法，发送了一条包含任务完成状态的消息到主线程。

主线程中的 Handler 接收到消息后，会自动调用 handleMessage()方法。在 handleMessage()方法中，根据消息的类型（msg.what 字段）执行相应的 UI 更新操作。

MainActivity 程序 handlerdemo /MainActivity.java 的代码如下。

```java
public class MainActivity extends AppCompatActivity {
    private TextView textView;
    private Handler handler;
    @SuppressLint("MissingInflatedId")
    @Override
    protected void onCreate(Bundle savedInstanceState) {
        super.onCreate(savedInstanceState);
        setContentView(R.layout.activity_main);
        textView = findViewById(R.id.textView);
        //在主线程中创建 Handler，并关联主线程的 Looper
        handler = new Handler(Looper.getMainLooper()) {
            @Override
            public void handleMessage(Message msg) {
                //处理消息
                if (msg.what == 1) {
                    //更新 UI，例如
                    textView.setText("任务完成!");
                }
            }
        };
        //启动子线程执行耗时操作
        new Thread(new Runnable() {
            @Override
            public void run() {
                performLongRunningTask();       //模拟耗时任务
                //任务完成后发送消息到主线程更新 UI
                Message message = Message.obtain();
                message.what = 1;               //消息类型
                handler.sendMessage(message);
            }
        }).start();
    }
```

```
private void performLongRunningTask() {
    try {
        //模拟耗时操作,如网络请求或文件处理
        Thread.sleep(5000); //假设任务耗时 5s
    } catch (InterruptedException e) {
        e.printStackTrace();
    }
}
```

该例中 MainActivity 类继承了 AppCompatActivity,在 onCreate()方法中初始化了 Handler,该 Handler 与主线程的 Looper 关联,负责在子线程任务完成后接收消息并更新 UI。在子线程中,执行了一个模拟的耗时操作(Thread. sleep(5000),模拟任务耗时 5s)。耗时操作完成后,子线程通过 Handler 发送一条消息到主线程。主线程在接收到这条消息后,更新 TextView 的文本。初始状态下,TextView 显示"正在等待任务完成…",当子线程任务完成后,TextView 将被更新为"任务完成!"。

7.2.3　HandlerThread

HandlerThread 是 Android 中的一种特殊线程类,它结合了 Thread 和 Handler 的功能,用于处理后台任务,特别适合需要在后台执行较长时间操作的情况。相比于普通的 Thread,HandlerThread 内置了一个消息队列(MessageQueue),可以在同一线程中连续处理多个任务,节省资源。HandlerThread 是继承自 Thread 的类。它启动时会创建一个线程,同时建立一个消息队列(MessageQueue)和循环器(Looper),使得我们能够在这个线程中通过 Handler 按顺序处理任务。

HandlerThread 的工作机制如下。

(1)启动线程,当 HandlerThread 启动后,会创建一个新的后台线程,并在这个线程中执行任务。

(2)获取 Looper,HandlerThread 内部会启动一个 Looper,即消息循环器。通过调用 getLooper()可以获取 Looper 对象,用来构建 Handler。

(3)处理任务,通过 Handler 向 HandlerThread 发送任务(Runnable 或 Message),这些任务会被放入消息队列并按顺序执行。

(4)关闭线程,通过 quit()或 quitSafely()结束 HandlerThread。quitSafely()会在处理完所有任务后再关闭。

【例 7.2】　使用 HandlerThread 来处理后台任务示例。在本示例中,模拟斐波那契数列计算任务,在后台执行计算任务后将结果返回主线程更新 UI。

程序清单 handlerthreadexample/MainActivity. java 的代码如下。

```
public class MainActivity extends AppCompatActivity {
    private static final int MSG_CALCULATE_RESULT = 1;
    private HandlerThread handlerThread;
    private Handler backgroundHandler;
```

```java
    private Handler mainHandler;
    private TextView resultTextView;
    private Button calculateButton;
    @SuppressLint("MissingInflatedId")
    @Override
    protected void onCreate(Bundle savedInstanceState) {
        super.onCreate(savedInstanceState);
        setContentView(R.layout.activity_main);
        resultTextView = findViewById(R.id.resultTextView);
        calculateButton = findViewById(R.id.calculateButton);
        //初始化 HandlerThread
        handlerThread = new HandlerThread("CalculationThread");
        handlerThread.start();
        //创建后台 Handler
        backgroundHandler = new Handler(handlerThread.getLooper()) {
            @Override
            public void handleMessage(Message msg) {
                if (msg.what == MSG_CALCULATE_RESULT) {
                    int n = msg.arg1;
                    int result = calculateFibonacci(n);
                    //将结果发送回主线程
                    Message mainMsg =mainHandler
.obtainMessage(MSG_CALCULATE_RESULT, result, 0);
                    mainHandler.sendMessage(mainMsg);
                }
            }
        };
        //创建主线程 Handler
        mainHandler = new Handler(getMainLooper()) {
            @Override
            public void handleMessage(Message msg) {
                if (msg.what == MSG_CALCULATE_RESULT) {
                    int result = msg.arg1;
                    resultTextView.setText("Fibonacci Result: " + result);
                }
            }
        };
        //设置按钮点击事件
        calculateButton.setOnClickListener(new View.OnClickListener() {
            @Override
            public void onClick(View v) {
                //向后台线程发送任务
                Message msg = backgroundHandler
.obtainMessage(MSG_CALCULATE_RESULT, 30, 0);
                backgroundHandler.sendMessage(msg);
            }
        });
    }
    @Override
```

```
protected void onDestroy() {
    super.onDestroy();
    //释放 HandlerThread 资源
    handlerThread.quitSafely();
}
//计算斐波那契数列的第 n 项
private int calculateFibonacci(int n) {
    if (n <= 1) return n;
    return calculateFibonacci(n - 1) + calculateFibonacci(n - 2);
}
}
```

运行结果如图 7.1 所示。

在该程序中,首先在 onCreate()方法中初始化并启动一个 HandlerThread,创建后台 Handler 以处理耗时任务。接着,通过获取 HandlerThread 的 Looper,设置后台 Handler 用于接收和处理任务请求,同时在主线程创建 Handler 来接收后台线程的消息以更新 UI。用户点击按钮时,会向后台 Handler 发送任务,开始计算斐波那契数列的值,任

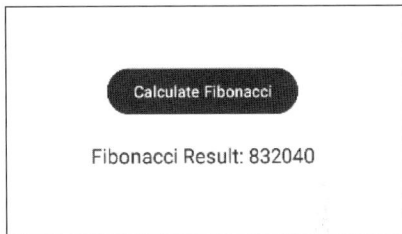

图 7.1 HandlerThread 使用示例

务完成后,结果通过主线程 Handler 返回并显示在 TextView 上。最后,在 onDestroy()中调用 quitSafely()释放 HandlerThread 资源,确保后台任务安全地结束。

7.2.4 AsyncTask 异步任务

AsyncTask 是 Android 中用于简化异步操作的类,它允许开发者在后台线程中执行耗时任务,并在任务完成后在主线程中更新 UI。AsyncTask 通过提供简单的接口,将后台任务的执行和 UI 更新结合起来,简化了多线程编程的复杂性。

AsyncTask 类在后台线程中执行任务,同时提供在任务执行前、中、后三个阶段更新 UI 的方法。AsyncTask 内部管理了一个线程池和消息循环,可以自动处理任务的排队和执行。

AsyncTask 的主要方法及其执行顺序如下。

(1) onPreExecute()方法,在异步任务开始执行之前在主线程调用,通常用于在 UI 上显示进度条等提示信息。

(2) doInBackground(Params…)方法,在后台线程中执行耗时操作。此方法中不可以直接访问 UI 元素,但可以调用 publishProgress()来更新任务进度。

(3) onProgressUpdate(Progress…)方法,在主线程中执行,用于根据后台任务的进度更新 UI。

(4) onPostExecute(Result)方法,在主线程中执行,接收 doInBackground()返回的结果并更新 UI。

(5) onCancelled()方法,如果任务被取消,则此方法在主线程中执行,用于清理资源并更新 UI。

【例 7.3】　使用 AsyncTask 类处理耗时的后台任务示例。界面如图 7.2 所示。

App 启动后界面上显示一个进度条和任务进度,初始状态下文本显示为"等待任务开始…"。当 AsyncTask 开始执行后,文本会更新为"任务即将开始…",并在后台执行一个模拟的耗时操作,后台任务执行过程中,AsyncTask 会不断调用 publishProgress()方法,将当前进度传递给主线程。主线程通过 onProgressUpdate()方法更新 UI,显示当前任务进度,直至任务完成。

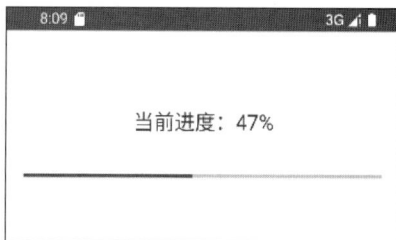

图 7.2　AsyncTask 使用示例

任务完成后,AsyncTask 会调用 onPostExecute()方法,在主线程中显示最终结果,此时文本更新为"任务完成!",并且进度条显示为 100%。如果任务在执行过程中被取消,AsyncTask 会调用 onCancelled()方法,清理状态并更新 UI 显示"任务已取消",同时将进度条重置为 0。

MainActivity 程序 asynctaskdemo/MainActivity.java 的代码如下。

```java
public class MainActivity extends AppCompatActivity {
    private TextView textView;
    private ProgressBar progressBar;
    @SuppressLint("MissingInflatedId")
    @Override
    protected void onCreate(Bundle savedInstanceState) {
        super.onCreate(savedInstanceState);
        setContentView(R.layout.activity_main);
        textView = findViewById(R.id.textView);
        progressBar = findViewById(R.id.progressBar);
        //启动 AsyncTask 执行耗时操作
        new MyAsyncTask().execute(100);
    }
    private class MyAsyncTask extends AsyncTask<Integer, Integer, String> {
        @Override
        protected void onPreExecute() {
            super.onPreExecute();
            textView.setText("任务即将开始...");
            progressBar.setProgress(0);
        }
        @Override
        protected String doInBackground(Integer... params) {
            int total = params[0];
            for (int i = 0; i <= total; i++) {
                try {
                    Thread.sleep(50);              //模拟耗时操作
                } catch (InterruptedException e) {
                    e.printStackTrace();
                    return "任务被中断";
                }
                publishProgress(i);                //更新进度
```

```
        }
        return "任务完成!";
    }
    @Override
    protected void onProgressUpdate(Integer... values) {
        super.onProgressUpdate(values);
        progressBar.setProgress(values[0]);
        textView.setText("当前进度: " + values[0] + "%");
    }
    @Override
    protected void onPostExecute(String result) {
        super.onPostExecute(result);
        textView.setText(result);
    }
    @Override
    protected void onCancelled(String result) {
        super.onCancelled(result);
        textView.setText("任务已取消");
        progressBar.setProgress(0);
    }
}
}
```

在程序中，onPreExecute()方法在任务开始前更新 UI 并提示任务即将开始；doInBackground()方法在后台线程中执行耗时操作，并通过 publishProgress()方法不断更新任务进度；onProgressUpdate()方法在主线程中接收进度更新并刷新 UI；onPostExecute()方法在任务完成后更新 UI 显示最终结果；而 onCancelled()方法则用于处理任务被取消的情况，更新 UI 显示任务已取消的状态。

AsyncTask 简化了在后台线程中执行耗时操作的过程，同时提供了在主线程中更新 UI 的机制。通过定义泛型参数，AsyncTask 能够规范任务的输入、进度更新和结果输出。

7.3　线程与定位示例

7.3.1　百度定位服务

百度定位（Baidu Location Service，BLS）是百度地图提供的专业位置服务，通过融合 GPS、Wi-Fi、基站、传感器等多种数据源，为用户提供精确、快速、稳定的位置信息。百度定位广泛应用于导航、打车、外卖、社交、物流等场景，能够在不同的地理环境中智能选择最佳定位方式，实现高精度和低耗电的定位体验。

百度定位的核心技术是多源融合定位，它通过智能算法将 GPS 定位的高精度、Wi-Fi 定位的室内优势、基站定位的广覆盖以及传感器数据结合起来，实现室内外无缝切换。此外，百度定位还支持地理围栏、运动状态识别、室内定位等高级功能，使开发者能够轻松实现精准位置跟踪、区域活动检测等复杂的应用场景，为用户带来更好的使用体验。

百度定位 SDK 提供了一系列便捷的 API，帮助开发者在应用中快速集成定位功能。以下是百度定位包中的一些主要 API。

1. LocationClient

LocationClient 是百度定位 SDK 中的核心类，用于管理定位服务的启动和停止，并获取位置信息。

主要方法如下。

start()：启动定位服务，开始获取位置更新。

stop()：停止定位服务，结束位置更新。

requestLocation()：请求一次性定位，立即获取当前位置信息。

registerLocationListener(BDLocationListener listener)：注册位置监听器，用于接收位置更新的结果。

unRegisterLocationListener(BDLocationListener listener)：注销位置监听器，停止接收位置信息。

2. LocationClientOption

LocationClientOption 类用于配置 LocationClient 的定位参数，如定位模式、精度、更新频率等。

主要方法如下。

setLocationMode(LocationMode mode)：设置定位模式（高精度、仅设备或仅网络）。

setCoorType(String coorType)：设置坐标类型（如 bd09ll 百度坐标、gcj02 国测局坐标）。

setScanSpan(int time)：设置定位请求间隔时间，0 表示只定位一次。

setIsNeedAddress(boolean needAddress)：设置是否需要返回详细地址信息。

setIsNeedLocationDescribe(boolean needDescribe)：设置是否需要返回位置描述。

setOpenGps(boolean openGps)：设置是否使用 GPS。

3. BDLocation

BDLocation 是一个封装了位置信息的类，用于返回定位结果。通过它可以获取用户的经纬度、精度、速度、方向、地址等详细信息。

主要方法如下。

getLatitude()：获取纬度信息。

getLongitude()：获取经度信息。

getRadius()：获取定位精度半径。

getAddrStr()：获取详细地址信息。

getCountry()、getProvince()、getCity()、getDistrict()：获取国家、省、市、区等具体位置信息。

getLocType()：获取定位结果类型（如 GPS 定位结果、网络定位结果等）。

4. BDLocationListener

BDLocationListener 是一个接口，用于接收 LocationClient 返回的定位结果。开发者需要实现此接口并将其注册到 LocationClient 中。

主要方法如下。

onReceiveLocation(BDLocation location)：当获取到位置信息时被调用，location 参数

包含所有定位数据。

5. GeoFenceClient

GeoFenceClient 是用于管理地理围栏的 API,允许开发者设置虚拟的地理区域,当设备进入或离开该区域时触发事件。

主要方法如下。

addGeoFence(BDLocation location,float radius,String customId):根据指定位置和半径创建地理围栏。

removeGeoFence(String customId):移除特定的地理围栏。

setActivateAction(int action):设置触发行为(进入、离开、停留等)。

7.3.2 使用百度定位

在 App 中使用百度定位服务需要下载百度定位应用开发包,并在项目中进行配置,流程与步骤如下。

1. 下载百度定位 SDK

打开百度地图开放平台(https://lbsyun.baidu.com),注册并登录百度开发者账号。点击主页面的"开发者频道""开发文档""Android 地图 SDK",进入"Android 地图 SDK"页面,找到"下载"的超链接,单击"自定义下载",可以下载最新版的百度地图 SDK 开发包,如图 7.3 所示。

图 7.3 百度定位 SDK

在"Android SDK 下载"下载页面,选择功能定位 SDK 选择"基础定位",下载并解压。解压压缩包的文件如图 7.4 所示。

2. 创建应用并获取 API Key

访问网址 https://lbs.baidu.com/,单击当前页面的"控制台",然后依次单击右侧的"应用管理"→"我的应用"→"创建应用",输入应用名称,选择应用类型"Android 应用",如图 7.5 所示。

填写开发版 SHA1,进入.android 目录,如图 7.6 所示。

名称	修改日期	类型	大小
arm64-v8a	2024/10/25 15:50	文件夹	
armeabi	2024/10/25 15:50	文件夹	
armeabi-v7a	2024/10/25 15:50	文件夹	
x86	2024/10/25 15:50	文件夹	
x86_64	2024/10/25 15:50	文件夹	
BaiduLBS_Android.jar	2024/10/23 11:30	Executable Jar File	6,319 KB

图 7.4　下载百度定位 SDK

创建应用

* 应用名称：　BaiDuMap

* 应用类型：　Android应用

　　服务端

　　浏览器端

　　微信小程序

　　Android应用

　　iOS应用　　　　Android应用

　　鸿蒙应用

* 启用服务：

☑ Android导航SDK　　☑ 实时公交SDK服务　　☑ 地图SDK骑行路线规划

☑ 地图SDK驾车路线规划　　☑ 地图SDK步行路线规划　　☑ 地图SDK市内公交路线规划

☑ 地图SDK跨城公交路线规划　　☑ 地图SDK地点检索　　☑ 地图SDK地点输入提示

☑ 地图SDKPOI详情　　☑ 地图SDK逆地理编码　　☑ 地图SDK地理编码

☑ 地图SDK公交信息检索　　☑ 地图SDK行政区边界数据检　　☑ 地图SDK室内POI检索

图 7.5　创建应用

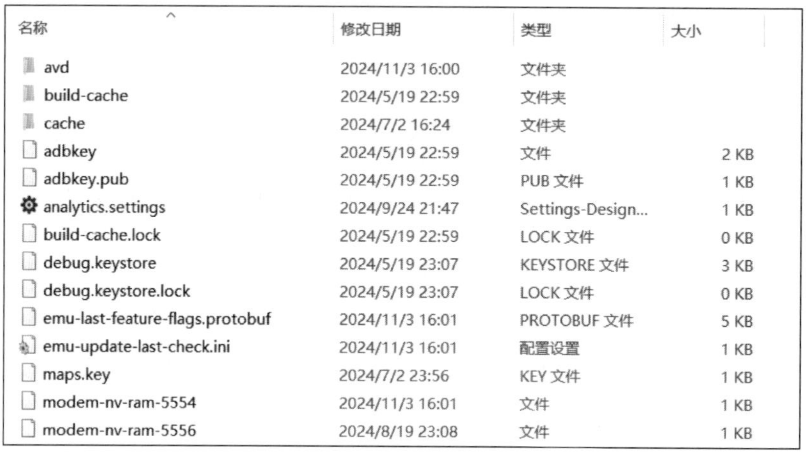

名称	修改日期	类型	大小
avd	2024/11/3 16:00	文件夹	
build-cache	2024/5/19 22:59	文件夹	
cache	2024/7/2 16:24	文件夹	
adbkey	2024/5/19 22:59	文件	2 KB
adbkey.pub	2024/5/19 22:59	PUB 文件	1 KB
analytics.settings	2024/9/24 21:47	Settings-Design...	1 KB
build-cache.lock	2024/5/19 22:59	LOCK 文件	0 KB
debug.keystore	2024/5/19 23:07	KEYSTORE 文件	3 KB
debug.keystore.lock	2024/5/19 23:07	LOCK 文件	0 KB
emu-last-feature-flags.protobuf	2024/11/3 16:01	PROTOBUF 文件	5 KB
emu-update-last-check.ini	2024/11/3 16:01	配置设置	1 KB
maps.key	2024/7/2 23:56	KEY 文件	1 KB
modem-nv-ram-5554	2024/11/3 16:01	文件	1 KB
modem-nv-ram-5556	2024/8/19 23:08	文件	1 KB

图 7.6　生成 SHA1

终端中执行命令：keytool-list-v-keystore debug. keystore，得到 SHA1，如图 7.7 所示。

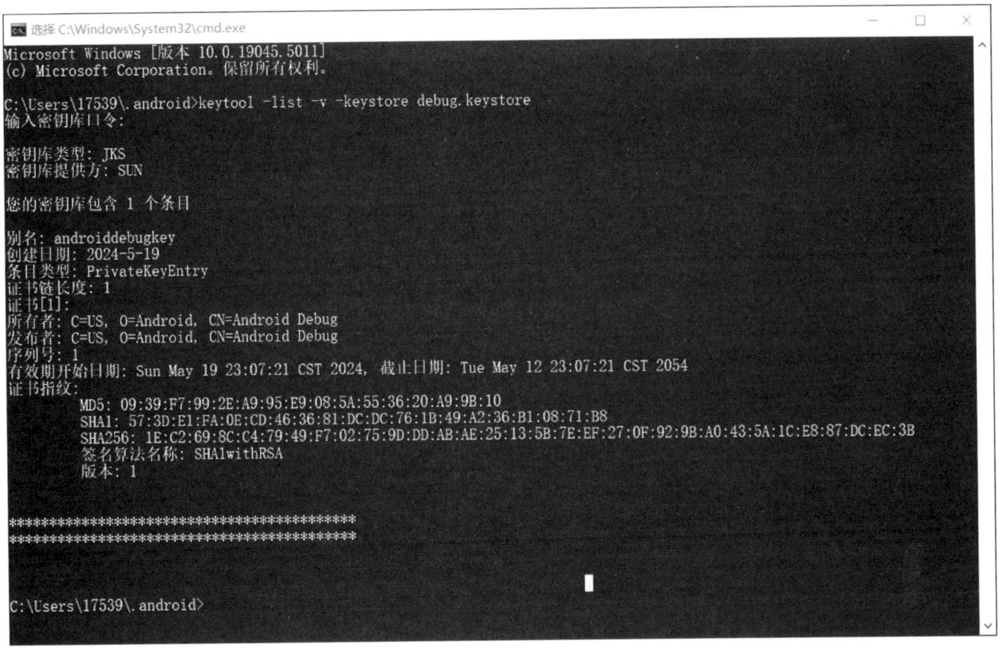

图 7.7　生成 SHA1

在 app 目录下的 build. gradle 文件中找到 applicationId，并确保其值与 AndroidManifest. xml 中定义的 package 相同。在创建应用界面中输入这两个值，单击"提交"按钮，如图 7.8 所示。提交之后创建成功，即可获得 API Key。

图 7.8　获取 API Key

3. 在 App 应用中集成百度定位 SDK

1）添加 jar 文件

打开解压后的开发包文件夹，找到 BaiduLBS_Android.jar 文件将其复制到工程的 app/libs 目录下，如图 7.9 所示。

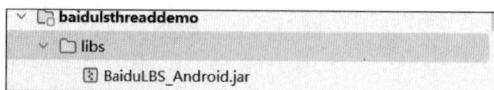

图 7.9　添加百度定位 SDK jar 包

在工程配置中将前面添加的 jar 文件集成到工程中。在 libs 目录下，选中 BaiduLbs_ Android.jar，右击选择 Add As Library。

2）添加 so 文件

在 src/main/ 目录下新建 jniLibs 目录（如果项目中已经包含该目录不用重复创建），在下载的开发包中复制项目中需要的 CPU 架构对应的 so 文件到 jniLibs 目录，如图 7.10 所示。

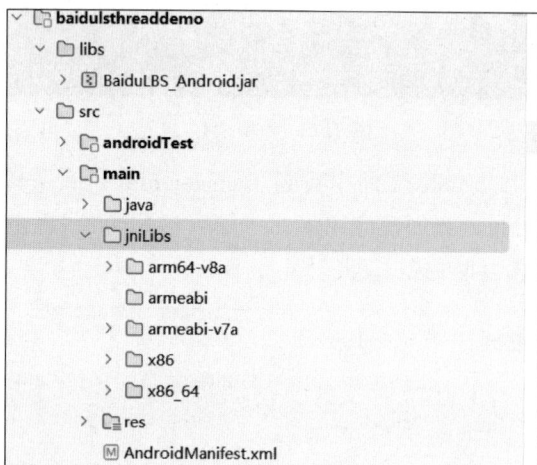

图 7.10　添加 so 文件

4. 代码实现应用

（1）在 AndroidManifest.xml 文件中配置必需的权限。相关权限如下。

• 添加访问网络，进行地图相关业务数据请求权限。

```
<uses-permission android:name="android.permission.INTERNET" />
```

• 添加获取网络状态权限，根据网络状态切换进行数据请求网络转换。

```
<uses-permission android:name="android.permission.ACCESS_NETWORK_STATE" />
```

• 添加读取外置存储权限。如果开发者使用了 so 动态加载功能并且把 so 文件放在了外置存储区域，则需要申请该权限，否则不需要。

```
<uses-permission
    android:name="android.permission.READ_EXTERNAL_STORAGE" />
```

- 添加外置存储写权限。如果开发者使用了离线地图，并且数据写在外置存储区域，
则需要申请该权限。

```
<uses-permission
    android:name="android.permission.WRITE_EXTERNAL_STORAGE" />
```

（2）在 AndroidManifest. xml 文件中添加百度地图的 API_KEY。

```
<meta-data
    android:name="com.baidu.lbsapi.API_KEY"
    android:value="9wzB4RJMI85KGUC4Ukls8P3Kb2xHkmaQ"/>
```

（3）在 AndroidManifest. xml 文件中配置 Application 类。
DemoApplication 类初始化百度地图 SDK 确保应用可以使用 SDK。

```
<application
    android:name=".DemoApplication"
    android:label="百度地图示例"
    android:theme="@style/AppTheme">
</application>
```

（4）创建了自定义的 Application 类 DemoApplication。DemoApplication. java 如下。

```
public class DemoApplication extends Application {
    @Override
    public void onCreate() {
        super.onCreate();
        //同意隐私协议,必须在 SDK 初始化之前调用
        SDKInitializer.setAgreePrivacy(getApplicationContext(), true);
        //初始化百度地图 SDK
        SDKInitializer.initialize(this);
    }
}
```

（5）创建 MainActivity 并加载百度地图。
MainActivity 程序 baidulsthreaddemo/MainActivity. java 的代码如下。

```
public class MainActivity extends AppCompatActivity {
    private static final String TAG = "BaiduMapDemo";
    private MapView mMapView;
    private BaiduMap mBaiduMap;
    @Override
    protected void onCreate(Bundle savedInstanceState) {
        super.onCreate(savedInstanceState);
```

```java
        setContentView(R.layout.activity_main);
        //获取地图组件引用
        mMapView = findViewById(R.id.bmapView);
        mBaiduMap = mMapView.getMap();
        //检查权限
        checkPermissions();
        //设置地图类型
        mBaiduMap.setMapType(BaiduMap.MAP_TYPE_NORMAL);
        //设置地图缩放级别
        MapStatus.Builder builder = new MapStatus.Builder();
        builder.zoom(18.0f);
        mBaiduMap.setMapStatus(MapStatusUpdateFactory
            .newMapStatus(builder.build()));
    }
    private void checkPermissions() {
        if (ContextCompat.checkSelfPermission(this,
            Manifest.permission.ACCESS_FINE_LOCATION) !=
            PackageManager.PERMISSION_GRANTED) {
            Log.d(TAG, "Requesting location permission");
            ActivityCompat.requestPermissions(this, new
                String[]{Manifest.permission.ACCESS_FINE_LOCATION}, 1);
        } else {
            mBaiduMap.setMyLocationEnabled(true);
        }
    }
    @Override
    public void onRequestPermissionsResult(int requestCode,
        @NonNull String[] permissions, @NonNull int[] grantResults) {
        super.onRequestPermissionsResult(requestCode, permissions, grantResults);
        if (requestCode == 1) {
            if (grantResults.length > 0 && grantResults[0] ==
                PackageManager.PERMISSION_GRANTED) {
                mBaiduMap.setMyLocationEnabled(true);
            } else {
                Log.e(TAG, "Location permission denied");
            }
        }
    }
    @Override
    protected void onResume() {
        super.onResume();
        mMapView.onResume();
    }
    @Override
    protected void onPause() {
        super.onPause();
        mMapView.onPause();
    }
    @Override
```

```
    protected void onDestroy() {
        super.onDestroy();
        mMapView.onDestroy();
    }
}
```

上述代码主要实现以下几个核心功能。

- 地图组件引用。通过 mMapView = findViewById(R.id.bmapView)；获取 XML 布局文件中的 MapView 组件，然后通过 mMapView.getMap()获取 BaiduMap 对象，进行地图操作。

- 权限检查。调用 checkPermissions()检查是否已授予位置权限。如果没有授予权限，将请求用户授予 ACCESS_FINE_LOCATION 权限。ActivityCompat.requestPermissions 用于在 Android 6.0 及以上版本中动态请求权限。如果权限被授予，调用 mBaiduMap.setMyLocationEnabled(true)；启用地图的定位功能。

- 设置地图类型。mBaiduMap.setMapType(BaiduMap.MAP_TYPE_NORMAL)；将地图类型设置为普通二维地图。如果需要其他类型（如卫星地图），可以使用 BaiduMap.MAP_TYPE_SATELLITE。

- 设置地图缩放级别。MapStatus.Builder 配置地图状态，通过 builder.zoom(18.0f) 设置地图缩放级别为 18。然后通过 mBaiduMap.setMapStatus()方法应用该地图状态。

- 管理生命周期。调用 mMapView.onResume()、mMapView.onPause()和 mMapView.onDestroy()来管理 MapView 的生命周期，使得在 Activity 生命周期中正确处理地图组件，避免内存泄漏。

7.3.3 后台线程中更新定位

【例 7.4】 在 Android 应用中集成百度地图和定位功能，使用子线程在后台定时更新定位信息到 UI 界面示例。

用户首次启动应用后，对隐私权限进行授权，App 就应用获取定位权限后，应用通过 LocationClient 获取当前位置，定位信息每 2s 更新一次，同时显示当前时间和位置信息。示例采用子线程和 Handler 向主线程传递时间与位置信息，主线程将信息更新到 UI 界面。

MainActivity 程序 BaiduMapLocationDemo\MainActivity Mainactivity.java 的代码如下。

```
public class MainActivity extends AppCompatActivity {
    private static final String TAG = "BaiduMapLocationDemo";
    private MapView mMapView;
    private BaiduMap mBaiduMap;
    private TextView locationInfoTextView;
    private Button btnRefreshLocation;
    private ProgressBar loadingIndicator;
    private LocationClient mLocationClient;
    //用于更新 UI 的主线程 Handler
    private Handler uiHandler = new Handler(Looper.getMainLooper());
```

```java
//用于子线程更新定位提示的 Handler
private Handler threadHandler = new Handler();
private SimpleDateFormat dateFormat = new SimpleDateFormat("HH:mm:ss");
@SuppressLint("MissingInflatedId")
@Override
protected void onCreate(Bundle savedInstanceState) {
    super.onCreate(savedInstanceState);
    //初始化 SDK 和隐私协议
    SDKInitializer.setAgreePrivacy(this.getApplicationContext(), true);
    LocationClient.setAgreePrivacy(true);
    SDKInitializer.initialize(this.getApplicationContext());
    setContentView(R.layout.activity_main);
    //初始化组件
    mMapView = findViewById(R.id.bmapView);
    mBaiduMap = mMapView.getMap();
    locationInfoTextView = findViewById(R.id.location_info);
    btnRefreshLocation = findViewById(R.id.btn_refresh_location);
    loadingIndicator = findViewById(R.id.loading_indicator);
    //显示隐私政策对话框
    showPrivacyDialog();
    //设置刷新定位按钮的点击事件
    btnRefreshLocation.setOnClickListener(v -> {
        showLoading(true);
        startLocationUpdates();
    });
    //启动子线程定时更新
    startThreadUpdate();
}
private void startThreadUpdate() {
    Runnable updateRunnable = new Runnable() {
        @Override
        public void run() {
            if (mLocationClient != null && mLocationClient.isStarted()) {
                BDLocation location =
                    mLocationClient.getLastKnownLocation();
                if (location != null) {
                    //获取当前时间
                    String currentTime = dateFormat.format(new Date());
                    //获取经纬度和位置信息
                    String locationInfo = "子线程更新定位 - " + currentTime +

                            "\nLatitude: " + location.getLatitude() +
                            "\nLongitude: " + location.getLongitude() +
                            "\nAddress: " + location.getAddrStr();
                    //在主线程更新 UI
                    uiHandler.post(() ->
                        locationInfoTextView.setText(locationInfo));
                    //打印日志
                    Log.d(TAG, locationInfo);
                }
```

```
            }
            //每隔 2s 再次执行此 Runnable
            threadHandler.postDelayed(this, 2000);
        }
    };
    threadHandler.postDelayed(updateRunnable, 2000); //启动定时任务
}
private void showPrivacyDialog() {
    new AlertDialog.Builder(this)
            .setTitle("隐私政策确认")
            .setMessage("请同意隐私政策以继续使用定位服务。")
            .setCancelable(false)
            .setPositiveButton("同意", (dialog, which) -> {
                SDKInitializer.setAgreePrivacy(getApplicationContext(), true);
                new Handler().postDelayed(this::initMapAndLocation, 3000);
            })
            .setNegativeButton("不同意", (dialog, which) -> finish())
            .show();
}
private void initMapAndLocation() {
    checkPermissions();
    mBaiduMap.setMapType(BaiduMap.MAP_TYPE_NORMAL);
    mBaiduMap.setMyLocationEnabled(true);
    //初始化定位
    initLocation();
}
private void checkPermissions() {
    if (ContextCompat.checkSelfPermission(this,
        Manifest.permission.ACCESS_FINE_LOCATION) !=
        PackageManager.PERMISSION_GRANTED)
    {
        ActivityCompat.requestPermissions(this, new
            String[]{Manifest.permission.ACCESS_FINE_LOCATION}, 1);
    } else {
        startLocationUpdates();
    }
}
@Override
public void onRequestPermissionsResult(int requestCode,
    @NonNull String[] permissions, @NonNull int[] grantResults) {
    super.onRequestPermissionsResult(requestCode, permissions, grantResults);
    if (requestCode == 1 && grantResults.length > 0 && grantResults[0] ==
        PackageManager.PERMISSION_GRANTED) {
        startLocationUpdates();
    } else {
        Toast.makeText(this, "没有定位权限!", Toast.LENGTH_SHORT).show();
        finish();
    }
}
```

```java
    private void initLocation() {
        Log.d(TAG, "隐私协议状态: " + SDKInitializer.getAgreePrivacy());
        if (!SDKInitializer.getAgreePrivacy()) {
            Toast.makeText(this, "请先同意隐私政策",
            Toast.LENGTH_SHORT).show();
            return;
        }
        try {
            mLocationClient = new LocationClient(getApplicationContext());
            LocationClientOption option = new LocationClientOption();
            option.setIsNeedAddress(true);
            option.setOpenGps(true);
            option.setCoorType("bd09ll");
            option.setScanSpan(5000);
            mLocationClient.setLocOption(option);
            mLocationClient.registerLocationListener(new
                BDAbstractLocationListener()
            {
                @Override
                public void onReceiveLocation(BDLocation bdLocation) {
                    if (bdLocation != null) {
                        //在子线程中处理定位更新,并通过 Handler 更新 UI
                        new Thread(() -> {
                            String locationInfo = "Latitude: "
                                + bdLocation.getLatitude()
                                +"\nLongitude: " + bdLocation.getLongitude()
                                +"\nAddress: " + bdLocation.getAddrStr();
                            //使用主线程 Handler 更新 UI
                            uiHandler.post(() ->
                            updateLocationUI(locationInfo, bdLocation));
                        }).start();
                    }
                }
            });
        } catch (Exception e) {
            Log.e(TAG, "定位初始化失败", e);
            Toast.makeText(this, "定位初始化失败",
                Toast.LENGTH_SHORT).show();
        }
    }
    private void updateLocationUI(String locationInfo, BDLocation bdLocation) {
        showLoading(false);
        locationInfoTextView.setText(locationInfo);
        MyLocationData locData = new MyLocationData.Builder()
```

```
                .latitude(bdLocation.getLatitude())
                .longitude(bdLocation.getLongitude())
                .build();
        mBaiduMap.setMyLocationData(locData);
        LatLng currentLocation = new LatLng(bdLocation.getLatitude(),
            bdLocation.getLongitude());
        mBaiduMap.animateMapStatus(MapStatusUpdateFactory.
            newLatLng(currentLocation));
    }
    private void startLocationUpdates() {
        if (mLocationClient != null && !mLocationClient.isStarted()) {
            mLocationClient.start();
        }
    }
    private void showLoading(boolean isLoading) {
        loadingIndicator.setVisibility(isLoading ?View.VISIBLE : View.GONE);
        locationInfoTextView.setText(isLoading ?"正在获取定位信息..." : "");
    }
    @Override
    protected void onResume() {
        super.onResume();
        mMapView.onResume();
    }
    @Override
    protected void onPause() {
        super.onPause();
        mMapView.onPause();
    }
    @Override
    protected void onDestroy() {
        super.onDestroy();
        if (mLocationClient != null) {
            mLocationClient.stop();
        }
        mBaiduMap.setMyLocationEnabled(false);
        mMapView.onDestroy();
        //停止子线程定时任务
        threadHandler.removeCallbacksAndMessages(null);
    }
}
```

程序运行结果如图 7.11 所示。该 App 实现在 Android 中集成百度地图和定位 SDK，利用子线程每 2s 更新当前位置信息到 UI。通过 Handler 和 Runnable 实现定时任务，避免主线程阻塞。

图 7.11　后台线程更新定位

习题

一、单项选择题

1. 下列关于线程和进程的描述中,哪一项是正确的?(　　)

    A. 进程是程序执行的基本单位,每个进程都有自己的内存空间和系统资源;线程是进程中的一个执行单元,所有线程共享进程的内存空间,但每个线程有自己的内存空间和系统资源

    B. 线程是程序执行的基本单位,每个线程都有自己的内存空间和系统资源;进程是线程中的一个执行单元,所有进程共享线程的内存空间,但每个进程有自己的堆栈和程序计数器

    C. 进程和线程都是程序执行的基本单位;进程共享内存空间,线程有自己的内存空间和系统资源

    D. 线程是程序执行的基本单位,具有自己的内存空间和系统资源;进程是线程中的一个执行单元,所有进程共享线程的内存空间,但每个进程有自己的堆栈和程序计数器

2. 在 Android 应用程序中，为了避免阻塞用户界面更新，长时间运行的操作应该（　　）。
　　A. 在主线程中执行
　　B. 在子线程中执行
　　C. 在任何线程中执行，主线程和子线程都不受影响
　　D. 在主线程和子线程中同时执行

3. 在 Android 应用中，主线程（UI 线程）主要负责（　　）。
　　A. 执行网络请求　　　　　　　　　　B. 处理用户界面和用户交互
　　C. 执行后台计算　　　　　　　　　　D. 管理数据库

4. 在 Android 中，如何在子线程中更新 UI？（　　）
　　A. 直接在子线程中更新 UI
　　B. 使用 Handler 发送消息到主线程
　　C. 使用 Thread.sleep()方法
　　D. 在子线程中使用 runOnUiThread()方法

5. 使用 Runnable 接口创建线程时，哪个方法需要被实现？（　　）
　　A. start()　　　　　　B. run()　　　　　　C. execute()　　　　　　D. create()

6. 关于 Service 和 Thread 的区别，哪一项描述是错误的？（　　）
　　A. 当有耗时或阻塞的操作时应该在其中创建一个线程
　　B. 可以在 Service 里创建一个 Thread
　　C. Service 里可以执行密集运算或阻塞操作
　　D. Service 默认运行在声明它的应用进程的主线程中

7. 以下哪个类用于处理不同线程之间的消息传递？（　　）
　　A. Thread　　　　　　B. Runnable　　　　　　C. Handler　　　　　　D. AsyncTask

8. 关于 Handler 的描述，哪一项是不正确的？（　　）
　　A. 它是一种跨进程通信的机制
　　B. 它避免了在新线程中更新 UI
　　C. 它采用队列的方式来存储 Message
　　D. 它实现不同线程间通信的一种机制

9. 假设线程处理不当会导致应用变慢，那么如何销毁线程？（　　）
　　A. onDestroy()　　　　　B. onClear()　　　　　C. onFinish()　　　　　D. onStop()

10. 在 AsyncTask 中，哪个方法是在后台线程中执行的？（　　）
　　A. onPreExecute()　　　　　　　　　　B. doInBackground(Params...)
　　C. onProgressUpdate(Progress...)　　　　D. onPostExecute(Result)

二、判断题

1. 子线程可以直接访问和更新主线程的 UI 元素。（　　）

2. Java 提供了 Thread 类和 Runnable 接口来管理线程的基本操作，包括创建、启动、暂停、恢复和终止。（　　）

3. Thread 类的 run()方法可以被直接调用来启动线程。（　　）

4. 在 Android 中，Handler 可以在任何线程中创建。（　　）

5. Handler 类的 post()方法只能在主线程中执行。（　　）

6. Handler 通过消息队列来实现不同线程之间的通信。（　　　）

7. 在 Android 中，AsyncTask 可以在主线程中执行耗时的操作。（　　）

8. AsyncTask 的 onPreExecute()方法是在后台线程中执行的。（　　）

三、填空题

1. 在 Android 中，执行长时间运行的操作时应避免在_____中运行，以避免阻塞用户界面。

2. 在 Android 中，Handler 主要用于_____线程之间的通信。

3. Handler 类用于将消息或_____对象发送到线程的消息队列。

4. Thread 类和 Runnable 接口的区别在于，Runnable 允许将任务分配给_____，从而避免了类继承的限制。

5. AsyncTask 的生命周期包括 onPreExecute()、doInBackground()、onProgressUpdate()和_____。

四、简答题

1. 简述 Android 中进程与线程的关系及区别。

2. 简述 Thread 类和 Runnable 接口的区别。

3. 如何通过 Handler 在 Android 中从子线程更新 UI?

4. 简述 AsyncTask 的 4 个生命周期方法以及它们的作用。

第 8 章
Android 网络开发

在移动互联网的快速发展中,网络通信是现代应用开发中的关键环节。Android 开发中的网络功能不仅包括基本的 HTTP 通信,还涉及高效、稳定的网络请求管理和与 Web 服务器的交互。为了满足用户对数据同步、实时更新的需求,开发者需要掌握从基本网络通信到高级网络框架(如 OkHttp)的使用方法。此外,客户端与服务器端的协同开发能力也是构建完整应用的重要基础。本章将系统讲解 HTTP 通信基础、OkHttp 网络框架的使用方法,以及 Android 应用与 Web 服务器的交互设计,帮助用户掌握网络开发的核心技能。

本章学习目标:

1. 知识理解
- 理解 HTTP 通信协议的基本概念,包括工作流程、请求方法和状态码。
- 掌握 HttpURLConnection 类的工作原理及其在 HTTP 通信中的应用。
- 熟悉 OkHttp 框架的基本概念、工作机制及其主要类的功能(如 OkHttpClient、Request、Response 等)。
- 理解客户端与 Web 服务器交互的基础知识,包括 Web 服务器端(如 Java Servlet)和客户端应用的设计模式。

2. 技能应用能力
- 能够使用 HttpURLConnection 类实现基本的 HTTP GET 和 POST 请求。
- 熟练使用 OkHttp 框架处理网络请求,完成从请求发送到响应处理的完整流程。
- 能够基于 OkHttp 实现高效的网络通信,包括文件上传下载、异步请求处理等功能。
- 能够设计 Web 服务器端接口(如 Java Servlet),并在 Android 客户端中完成对应的请求调用。
- 实现 Android 应用与 Web 服务器的数据交互功能,例如,用户登录、数据查询和数据提交。

3. 分析与解决问题能力
- 能够分析和总结不同网络通信方法(如 HttpURLConnection 和 OkHttp)的优缺点,并根据具体场景选择合适的通信方式。
- 能够识别并解决网络通信过程中常见的问题,如超时、连接失败和数据解析错误。
- 针对复杂的网络需求,能够结合客户端和服务器端设计高效的数据交互方案,优化网络性能并提升用户体验。

• 能够独立完成 Android 网络通信功能的开发,包括基本 HTTP 通信和高级框架的使用。

8.1 HTTP 通信基础

8.1.1 HTTP 协议

HTTP(Hypertext Transfer Protocol,超文本传输协议)是一种应用层协议。用于客户端(如浏览器)和服务器之间的请求和响应。客户端发送请求,服务器返回响应。

1. HTTP 的工作流程

HTTP 的工作流程通常包括以下 4 个步骤。

(1) 建立连接:客户端与服务器之间建立 TCP 连接。

(2) 发送请求:客户端向服务器发送 HTTP 请求。

(3) 发送响应:服务器接收请求后,向客户端发送 HTTP 响应。

(4) 关闭连接:客户端接收响应后,断开与服务器的连接。

HTTP 的工作流程如图 8.1 所示。

图 8.1 HTTP 的工作流程

2. HTTP 的请求方法

HTTP 常用的请求方法如表 8.1 所示。

表 8.1 HTTP 常用的请求方法

方　　法	用　　途
GET	请求获取 Request-URI 所标识的资源
POST	从客户端向服务器发送一些信息
HEAD	请求获取资源的响应消息报头
DELETE	请求服务器删除 Request-URI 所标识的资源
TRACE	请求服务器回送收到的请求信息,主要用于测试或诊断
OPTIONS	请求查询服务器的性能,或者查询与资源相关的选项和需求
PUT	请求服务器存储一个资源,并用 Request-URI 作为其标识

在浏览器的地址栏中输入网址的方式访问网页时,浏览器采用 GET 方法向服务器获取资源。GET 方法也可以向服务器传递数据,但传输数据就会受到 URL 长度的限制。

POST 方法一般用于向服务器提交数据,常用于提交表单。提交的数据大小受 Web 服务器的规定。POST 的安全性要比 GET 的安全性高。

HEAD 方法在使用时,不必传输整个资源内容,就可以得到 Request-URI 所标识的资源的信息。该方法常用于测试超链接的有效性,是否可以访问,以及最近是否更新等。

3. HTTP 状态码

状态码是服务器在处理客户端请求时返回的响应代码,用来表示请求是否成功以及成功的状态。

状态代码由三位数字组成,第一个数字定义了响应的类别,它有以下 5 种可能取值。

1xx:指示信息——表示请求已接收,继续处理。

2xx:成功——表示请求已被成功接收并处理。

3xx:重定向——要完成请求必须进行更进一步的操作。

4xx:客户端错误——请求有语法错误或请求无法实现。

5xx:服务器端错误——服务器未能实现合法的请求。

常见的状态码如下。

200 OK:请求成功。

301 Moved Permanently:资源已永久移动到新位置。

400 Bad Request:请求有误,服务器无法理解。

401 Unauthorized:请求需要身份验证。

403 Forbidden:服务器拒绝执行请求。

404 Not Found:请求的资源不存在。

500 Internal Server Error:服务器内部错误,无法完成请求。

8.1.2　HttpURLConnection 类

Android 系统在进行 HTTP 通信时,通常采用 java. net 包中的 HttpURLConnection 类处理 HTTP 请求。HttpURLConnection 支持各种 HTTP 方法(如 GET、POST、PUT、DELETE 等),并允许设置请求头、处理响应等操作。

每个 HttpURLConnection 实例用于发出单个请求。在请求之后调用 HttpURLConnection 的 InputStream 或 OutputStream 上的 close()方法可以释放与此实例关联的网络资源,但不会影响任何共享持久连接。如果此时持久连接处于空闲状态,则调用 disconnect()方法可能会关闭底层套接字。

HttpURLConnection 类常用方法如下。

openConnection():创建与指定 URL 的连接。

setRequestMethod(String method):设置请求方法,如 GET、POST。

setRequestProperty(String key,String value):设置请求头。

setDoOutput:当使用 POST 方法时,需要设置 setDoOutput(true)以允许向请求体写入数据。

getInputStream():获取输入流,从服务器读取数据。

getOutputStream():获取输出流,用于向服务器发送数据。

getResponseCode():获取 HTTP 响应码。

8.1.3　Android HTTP 通信

在 Android 系统中使用 HttpURLConnection 实现 HTTP 通信中,通常使用 GET 请求与 POST 请求。

1. 发送 GET 请求

通过 HttpURLConnection 发送 GET 请求,步骤如下。

(1) 使用 url. openConnection()方法创建 HttpURLConnection 实例。

```
URL url = new URL(urlString); //urlString是请求的地址
HttpURLConnection conn = (HttpURLConnection) url.openConnection();
```

(2) 设置连接参数,如超时时间和请求方法等。

```
//设置连接超时为 5s
conn.setConnectTimeout(5000);
//设置请求类型为 GET 类型
conn.setRequestMethod("GET");
```

(3) 获取输入流并读取数据,使用 getInputStream()方法读取响应数据。

```
InputStream inputStream = conn.getInputStream();
```

(4) 将输入流转换为字符串。

```
String response = StreamToStringUtils.convert(inputStream);
```

StreamToStringUtil 为将字节数组转换成字符串的工具类。

2. 发送 POST 请求

通过 HttpURLConnection 发送 POST 请求,主要需要实现如下步骤。

(1) 添加 POST 数据。

```
//创建 POST 请求的数据
String postData = "param1=value1&param2=value2"; //替换为实际参数
```

(2) 使用 OutputStream 将 postData 写入请求体中,向服务器发送数据。

```
OutputStream outputStream = conn.getOutputStream();
outputStream.write(postData.getBytes("UTF-8"));
outputStream.flush();
outputStream.close();
```

【例 8.1】　使用 HttpURLConnection 获取网页源码。单击 Button 按钮获取网页源代码,通过 TextView 显示。

布局文件 activity_main. xml 代码如下。

```xml
<?xml version="1.0" encoding="utf-8"?>
<LinearLayout xmlns:android="http://schemas.android.com/apk/res/android"
    android:layout_width="match_parent"
    android:layout_height="match_parent"
    android:orientation="vertical">
    <Button
        android:id="@+id/btn"
        android:layout_width="match_parent"
        android:layout_height="wrap_content"
        android:layout_gravity="center"
        android:text="使用 HttpURLConnection 获取网页源码"
        android:textSize="20sp"/>
    <ScrollView
        android:layout_width="match_parent"
        android:layout_height="match_parent">
        <TextView
            android:id="@+id/tv"
            android:layout_width="wrap_content"
            android:layout_height="wrap_content" />
    </ScrollView>
</LinearLayout>
```

创建工具类 StreamToStringUtils,将获取的输入流数据转换为字符串数据。工具类文件 StreamToStringUtils.java 中的代码如下。

```java
package com.example.httpurlconnectiondemo.utils;
public class StreamToStringUtils {
    //将流类型数据转换为字符串
    public static String convert(InputStream inputStream) throws IOException {
        StringBuilder result = new StringBuilder();    //用于构建最终的字符串结果
        //使用 UTF-8 编码读取输入流
        BufferedReader reader = new BufferedReader(new
            InputStreamReader(inputStream, "UTF-8"));
        String line;                                   //存储每一行的数据
        try {
            while ((line = reader.readLine()) != null) {
                //将每行附加到 StringBuilder 中
                result.append(line).append("\n");
            }
        } finally {
            reader.close();                            //确保流被关闭
        }
        return result.toString().trim(); //返回构建好的字符串,并去掉首尾的空白字符
    }
}
```

主程序文件 MainActivity.java 中的代码如下。

```
package com.example.httpurlconnectiondemo;
public class MainActivity extends AppCompatActivity implements View.OnClickListener {
    //定义请求的 URL 地址
    private static final String urlString = "https://www.baidu.com/";
    private TextView tv;
    @Override
    protected void onCreate(Bundle savedInstanceState) {
        super.onCreate(savedInstanceState);
        setContentView(R.layout.activity_main);
        tv = findViewById(R.id.tv);
        Button btn = findViewById(R.id.btn);
        btn.setOnClickListener(this);
    }
    @Override
    public void onClick(View v) {
        getHtml(v);
    }
    public void getHtml(View view) {
        //网络请求操作不能写在主线程中,因为可能会阻塞主线程执行
        //创建一个新的子线程来执行网络请求操作
        new Thread() {
            @Override
            public void run() {
                //1. 创建 HttpURLConnection 实例
                try {
                    URL url = new URL(urlString);
                    HttpURLConnection conn = (HttpURLConnection)
                        url.openConnection();
                    //设置连接超时为 5s
                    conn.setConnectTimeout(5000);
                    //设置请求类型为 GET 类型
                    conn.setRequestMethod("GET");
                    //使用 getInputStream() 读取响应数据(流类型的数据)
                    InputStream inputStream = conn.getInputStream();
                    //将流类型数据转换成字符串
                    String response = StreamToStringUtils.convert(inputStream);
                    //Android 中的 UI 只能在主线程(UI 线程)上更新,因此使用
                    //runOnUiThread()在主线程上更新 UI
                    runOnUiThread(new Runnable() {
                        @Override
                        public void run() {
                            tv.setText(response);
                        }
                    });
                } catch (MalformedURLException e) {
                    e.printStackTrace();        //打印异常信息到日志
                } catch (IOException e) {
                    e.printStackTrace();
                }
            }
        }.start();                              //启动线程
    }
}
```

App 要实现网络通信,需要在 AndroidManifest.xml 中添加互联网访问权限:

```
<uses-permission android:name="android.permission.INTERNET" />
```

运行结果如图 8.2 所示。上述代码中,网络请求操作不能在主线程中执行,如果在主线程中执行网络请求,网络操作可能会导致主线程阻塞,从而影响应用的响应速度和用户体验,所以需要创建一个 Thread,在 Thread 中执行网络请求。而 Android 中的 UI 只能在主线程(UI 线程)上更新,因此需要将 UI 更新操作放在 runOnUiThread()方法中。

图 8.2 使用 HttpURLConnection 获取网页源码

8.2 OkHttp 框架

8.2.1 OkHttp 的介绍以及作用

OkHttp 是一个高效、可靠且功能强大的 HTTP 访问框架,广泛应用于 Android 和 Java 开发中,简化了与服务器的通信。OkHttp 封装了 HTTP 请求和响应的处理,使开发者能够更加方便地进行网络操作。OkHttp 支持 HTTP/1.x 和 HTTP/2 协议,自动管理连接池以减少频繁创建连接的开销,并且支持透明的 GZIP 压缩和响应缓存,优化网络流量。此外,OkHttp 提供了强大的同步和异步请求支持,能够在请求失败时自动重试,并支持定制重试策略。它还支持 WebSocket 和其他现代网络协议。通过简化的 API,OkHttp 使得开发者能够专注于业务逻辑,并通过高效的网络连接管理和异步请求,提升应用的响应速度和性能,满足复杂的网络需求。

8.2.2　OkHttp 框架常用类

1. OkHttpClient 类

OkHttpClient 类是 OkHttp 框架的核心类,用来创建和发送 HTTP 请求。通常会配置各种参数,如超时、缓存、连接池等。常用方法如下。

newCall(Request request):创建一个新的 HTTP 请求,并返回一个 Call 对象。

dispatcher():返回与当前客户端关联的调度器,用于管理请求调度。

cache():获取客户端的缓存对象。

2. Request 类

Request 类表示一个 HTTP 请求。可以通过它指定请求 URL 的方法(如 GET、POST)、请求头、请求体等。常用方法如下。

url(String url):设置请求的 URL。

header(String name,String value):设置请求头。

build():构建请求对象。

3. Response 类

Response 类表示 HTTP 响应对象,包含服务器返回的状态码、响应体、响应头等信息。常用方法如下。

body():获取响应体,通常是一个 ResponseBody 对象。

code():获取 HTTP 状态码。

headers():获取响应头信息。

4. ResponseBody 类

ResponseBody 类表示 HTTP 响应的内容体,可以通过它获取响应的内容,如文本、JSON 或二进制数据。常用方法如下。

string():获取响应体内容的字符串。

bytes():获取响应体内容的字节数组。

5. Call 类

Call 类代表一次 HTTP 请求的调用,它用于发送请求并接收响应。通过它可以同步或异步地执行网络请求。常用方法如下。

execute():同步执行请求并返回响应。

enqueue():异步执行请求,提供回调函数。

8.2.3　使用 OkHttp 框架访问网络

在 Android Studio 中使用 OkHttp 框架,需要修改项目的 libs. versions. toml 和 build. gradle 文件,添加 OkHttp 依赖类库。

（1）在 libs. versions. toml 文件中添加 OkHttp 版本。

```
[versions]
okhttp = "4.10.0"
[libraries]
okhttp = { module = "com.squareup.okhttp3:okhttp", version.ref = "okhttp" }
```

（2）在 build. gradle 文件的 dependencies 块中，使用 libs 来添加 OkHttp 依赖。

```
implementation(libs.okhttp) //添加 OkHttp 依赖
```

【例 8.2】　使用 OkHttp 框架获取网页源码，单击界面上的 Button 按钮，获取网页源代码，并将其显示在界面上的 TextView 组件中。

在 AndroidManifest. xml 中需要添加联网权限。具体的 MainActivity. java 代码如下。

```java
package com.example.okhttpdemo;
public class MainActivity extends AppCompatActivity implements View.OnClickListener {
    private static final String URL_STRING = "https://www.baidu.com/";
    private OkHttpClient okHttpClient;
    private TextView tv;
    @Override
    protected void onCreate(Bundle savedInstanceState) {
        super.onCreate(savedInstanceState);
        setContentView(R.layout.activity_main);
        okHttpClient = new OkHttpClient();
        Button btn = findViewById(R.id.btn);
        tv = findViewById(R.id.tv);
        btn.setOnClickListener(this);
    }
    @Override
    public void onClick(View v) {
        getHtml();
    }
    private void getHtml() {
        //网络请求操作不能写在主线程中,因此使用子线程执行
        new Thread() {
            @Override
            public void run() {
                try {
                    //创建 OkHttpClient 实例
                    Request request = new Request.Builder()
                            .url(URL_STRING)
                            .build();
                    //执行请求
                    Response response = okHttpClient.newCall(request).execute();
                    if (!response.isSuccessful()) {
                        throw new IOException("Unexpected code " + response);
                    }
```

```
                        //获取响应体的内容
                        String responseData = response.body().string();
                        //更新 UI 必须在主线程上进行
                        runOnUiThread(new Runnable() {
                            @Override
                            public void run() {
                                tv.setText(responseData);
                            }
                        });
                    } catch (IOException e) {
                        e.printStackTrace(); //打印异常信息到日志
                    }
                }
            }.start();                              //启动线程
        }
    }
```

运行结果如图 8.3 所示。

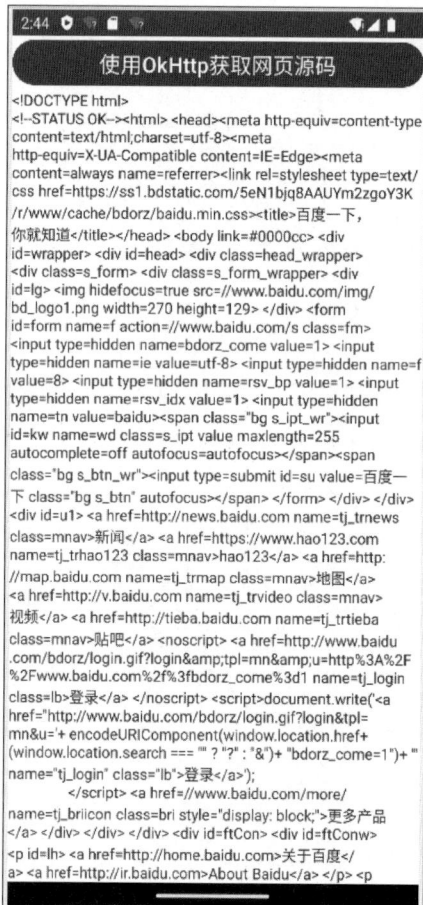

图 8.3　使用 OkHttp 获取网页源码

上述代码中默认 OkHttp 发送 GET 请求,仅涉及 URL 和查询参数,而若要使用 POST 方法完成 HTTP 请求,则需要一个请求体(body),用于发送数据到服务器。使用 RequestBody 来构建请求体,并将其附加到请求中,代码如下。

```
//创建 POST 请求体
RequestBody formBody = new FormBody.Builder()
        .add("key1", "value1")    //这里是表单数据,POST 请求的核心
        .add("key2", "value2")
        .build();
//创建 POST 请求
Request request = new Request.Builder()
        .url(URL_STRING)          //替换为实际 URL
        .post(formBody)           //设置请求方法为 POST,并附加请求体
        .build();
```

8.3　Android 访问 Web 服务器

在实际使用场景中,需要实现 App 端与 Web 服务器进行数据交互,App 端作为用户交互与展示端,Web 服务器用于项目管理与数据存储,如图 8.4 所示。本节通过一个案例演示 App 端与 Web 服务器通过数据交互,实现用户登录的完整过程。

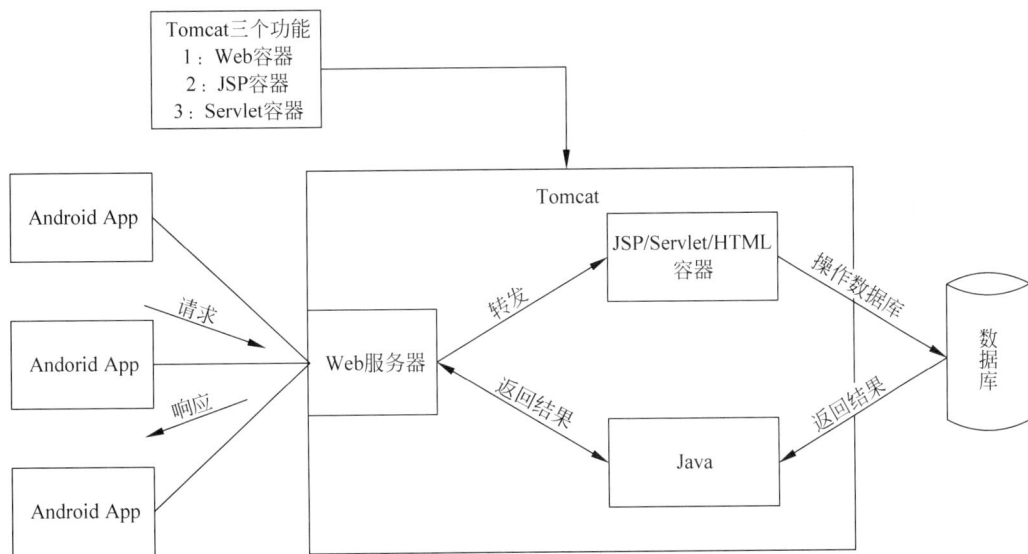

图 8.4　App 与 Web 服务器通信

【例 8.3】　App 端与 Web 服务器交互实现用户登录验证。本案例 App 端开发环境使用 Android Studio,Web 服务器使用 Tomcat。服务器端采用 Java Servlet 实现 Web 服务端功能。App 端通过 HttpURLConnection 发送 POST 请求,将用户名和密码作为请求体传递给 Web 服务器,Web 服务器中使用 LoginServlet 接收请求与参数,进行用户名和密码验证,并将验证结果返回 App 端。

App 端通过异步任务 AsyncTask 处理请求响应,实现用户登录功能的前后端交互。

HttpURLConnection 负责网络通信的连接、发送请求数据、接收响应数据,并在异步任务中处理这些操作。

1. Web 服务器端 Java Servlet 设计

创建后端的 Servlet 来处理用户的登录请求。在 Java Web 项目中,创建 LoginServlet 类来处理 HTTP 请求。

LoginServlet 类中通过 doPost()方法来接收 App 端发送的登录请求,并根据请求用户名和密码进行身份认证,并返回验证结果。

```java
package com.example.javaweb_android;
@WebServlet("/login")
public class LoginServlet extends HttpServlet {
    @Override
    protected void doPost (HttpServletRequest request, HttpServletResponse
response) throws ServletException, IOException {
        //获取请求参数
        String username = request.getParameter("username");
        String password = request.getParameter("password");
        //输出接收到的用户名和密码
        System.out.println("Received username: " + username);
        System.out.println("Received password: " + password);
        //验证用户名和密码
        if ("admin".equals(username) && "password123".equals(password)) {
            //登录成功,返回 1
            response.getWriter().write("1");
        } else {
            //登录失败,返回-1
            response.getWriter().write("-1");
        }
    }
}
```

使得 web.xml 中正确配置了 LoginServlet,或者使用@WebServlet 注解(如上例所示)来注册 Servlet。将 Java Web 项目部署到支持 Servlet 的服务器(如 Tomcat),使得后端服务运行正常,并能够通过 http://10.0.2.2:8080/JavaWeb_Android_war_exploded/login 访问到登录接口。

2. App 端程序设计

在 App 应用中使用 HttpURLConnection 向 Web 服务器发送 POST 请求。

布局文件 activity_main.xml 中包含两个 EditText 控件,分别用于输入用户名和密码,一个 Button 控件用于提交登录请求。布局文件代码如下。

```xml
<?xml version="1.0" encoding="utf-8"?>
<LinearLayout xmlns:android="http://schemas.android.com/apk/res/android"
    android:layout_width="match_parent"
    android:layout_height="match_parent"
```

```xml
        android:orientation="vertical"
        android:padding="16dp">
    <!-- 用户名输入框 -->
    <TextView
        android:id="@+id/tvUsername"
        android:layout_width="wrap_content"
        android:layout_height="wrap_content"
        android:text="用户名"
        android:textSize="18sp"
        android:layout_marginBottom="8dp"/>
    <EditText
        android:id="@+id/etUsername"
        android:layout_width="match_parent"
        android:layout_height="wrap_content"
        android:hint="请输入用户名"
        android:inputType="text" />
    <!-- 密码输入框 -->
    <TextView
        android:id="@+id/tvPassword"
        android:layout_width="wrap_content"
        android:layout_height="wrap_content"
        android:text="密码"
        android:textSize="18sp"
        android:layout_marginTop="16dp"
        android:layout_marginBottom="8dp"/>
    <EditText
        android:id="@+id/etPassword"
        android:layout_width="match_parent"
        android:layout_height="wrap_content"
        android:hint="请输入密码"
        android:inputType="textPassword" />
    <!-- 登录按钮 -->
    <Button
        android:id="@+id/btnLogin"
        android:layout_width="match_parent"
        android:layout_height="wrap_content"
        android:text="登录"
        android:layout_marginTop="16dp" />
    <!-- 显示登录结果 -->
    <TextView
        android:id="@+id/tvResult"
        android:layout_width="wrap_content"
        android:layout_height="wrap_content"
        android:text=""
        android:textSize="16sp"
        android:textColor="#FF0000"
        android:layout_marginTop="16dp"/>
</LinearLayout>
```

主程序文件 LoginActivity.java 的代码如下。

```java
public class MainActivity extends AppCompatActivity {
    private static final String TAG = "LoginActivity";
    @Override
    protected void onCreate(Bundle savedInstanceState) {
        super.onCreate(savedInstanceState);
        setContentView(R.layout.activity_main);
        Button btnLogin = findViewById(R.id.btnLogin);
        btnLogin.setOnClickListener(new View.OnClickListener() {
            @Override
            public void onClick(View v) {
                //用于获取用户输入的值
                EditText etUsername = findViewById(R.id.etUsername);
                EditText etPassword = findViewById(R.id.etPassword);
                String username = etUsername.getText().toString();
                String password = etPassword.getText().toString();
                //调用 LoginTask 异步任务来发送 POST 请求
                new LoginTask().execute(username, password);
            }
        });
    }
    //异步任务: 通过 POST 请求提交数据
    private class LoginTask extends AsyncTask<String, Void, String> {
        @Override
        protected String doInBackground(String... params) {
            String username = params[0];
            String password = params[1];
            HttpURLConnection connection = null;
            try {
                //打印发送请求之前的调试信息
                Log.d(TAG, "Preparing to send POST request...");
                Log.d(TAG, " URL: http://10.0.2.2:8080/JavaWeb_Android_war_
exploded/login");
                Log.d(TAG, "Username: " + username);
                Log.d(TAG, "Password: " + password);
                //创建 URL 对象
                URL url = new URL("http://10.0.2.2:8080/JavaWeb_Android_war_
exploded/login");
                //打开连接
                connection = (HttpURLConnection) url.openConnection();
                connection.setRequestMethod("POST");
                connection.setDoOutput(true);
                //设置请求头
                connection.setRequestProperty("Content-Type", "application/x-
www-form-urlencoded");
                //设置请求体
                String postData = "username="
                    + URLEncoder.encode(username, "UTF-8")
                    +"&password="
                    + URLEncoder.encode(password, "UTF-8");
```

```java
            //打印请求体内容
            Log.d(TAG, "Request body: " + postData);
            //将用户输入的用户名和密码拼接成请求体数据,发送给服务器
            OutputStream outputStream = connection.getOutputStream();
            outputStream.write(postData.getBytes(StandardCharsets.UTF_8));
            outputStream.flush();
            outputStream.close();
            //获取响应状态码
            int responseCode = connection.getResponseCode();
            Log.d(TAG, "Response Code: " + responseCode);
            //读取响应内容
            BufferedReader reader = new BufferedReader(new InputStreamReader
(connection.getInputStream()));
            StringBuilder response = new StringBuilder();
            String line;
            while ((line = reader.readLine()) != null) {
                response.append(line);
            }
            //打印服务器响应内容
            Log.d(TAG, "Response: " + response.toString());
            return response.toString();
        } catch (IOException e) {
            Log.e(TAG, "Error occurred while sending request", e);
            return null;
        } finally {
            if (connection != null) {
                connection.disconnect();
            }
        }
    }
    @Override
    protected void onPostExecute(String result) {
        //返回 1,表示登录成功,返回-1,表示登录失败
        super.onPostExecute(result);
        TextView tvResult = findViewById(R.id.tvResult);
        if (result != null) {
            Log.d(TAG, "Received response: " + result);
            if ("1".equals(result)) {
                tvResult.setText("登录成功");
            } else {
                tvResult.setText("登录失败");
            }
        } else {
            Log.e(TAG, "Response is null");
            tvResult.setText("请求失败");
        }
    }
}
}
```

运行程序,需要在 AndroidManifest.xml 中添加网络访问权限:

```
<uses-permission android:name="android.permission.INTERNET" />
```

App 端运行界面如图 8.5 所示。

图 8.5　App 端运行界面

Java 后端接收到 POST 请求如图 8.6 所示。

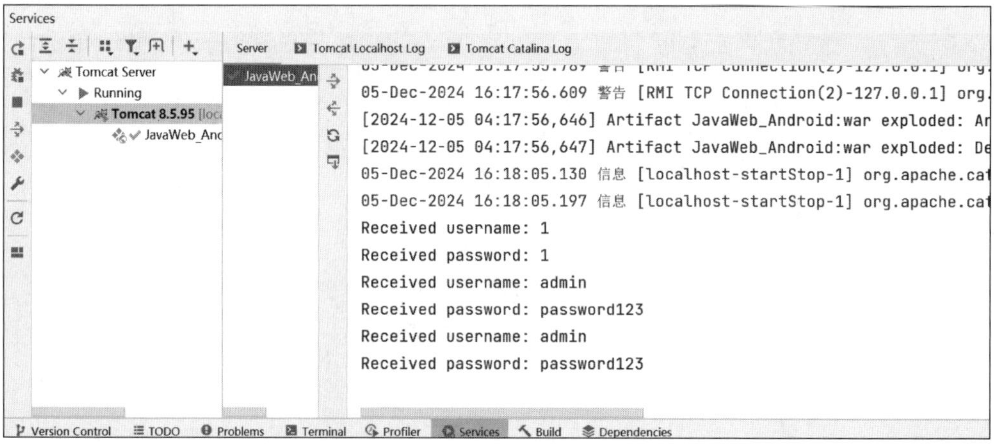

图 8.6　Web 服务运行信息

本案例实现了一个简单的 Android 登录功能,通过 HttpURLConnection 发送 HTTP POST 请求,向后端服务器提交用户名和密码进行验证。使用 AsyncTask 在后台线程中处理网络请求,避免阻塞主线程。请求完成后,根据服务器的响应(如"1"表示登录成功,"-1"表示失败)更新界面显示登录结果。

习题

一、单项选择题

1. 在 HTTP 中,用于请求资源的常见方法是(　　)。

    A. POST   B. GET   C. PUT   D. DELETE

2. 在 Android 中,使用 HttpURLConnection 执行 POST 请求时,需要调用(　　)方法来发送数据。

　　A. getInputStream()　　　　　　　　B. getOutputStream()

　　C. setRequestMethod()　　　　　　　D. setRequestProperty()

3. 在 HTTP 中,哪个状态码表示请求成功并返回所请求的资源?(　　)

　　A. 404　　　　　　　B. 500　　　　　　　C. 200　　　　　　　D. 301

4. 使用 HttpURLConnection 进行 GET 请求时,获取服务器响应码的方法是(　　)。

　　A. getInputStream()　　　　　　　　B. getResponseCode()

　　C. getOutputStream()　　　　　　　D. setRequestMethod()

5. 在 Android 中,哪个类用于处理 HTTPS 请求?(　　)

　　A. HttpURLConnection　　　　　　　B. HttpsURLConnection

　　C. HttpClientURL　　　　　　　　　D. HttpResponse

6. 在 HttpURLConnection 中,设置请求方法为 POST 的正确调用是(　　)。

　　A. setRequestMethod("POST")　　　　B. setRequestProperty("POST")

　　C. setDoOutput(true)　　　　　　　D. setRequestMethod("GET")

7. 在 Android 中使用 HttpURLConnection 发起 POST 请求时,必须调用以下哪个方法?(　　)

　　A. setDoOutput(true)

　　B. setRequestMethod("GET")

　　C. setRequestProperty("Content-Type","application/x-www-form-urlencoded")

　　D. connect()

8. Android 中使用 OkHttp 库的主要优点是(　　)。

　　A. 处理 HTTPS 请求　　　　　　　　B. 提供简化的 HTTP 请求和响应处理

　　C. 替代 HttpURLConnection　　　　　D. 处理 XML 数据

9. 以下哪种方法可以在子线程中更新 UI?(　　)

　　A. HttpURLConnection. getInputStream()

　　B. Handler. post()

　　C. HttpURLConnection. disconnect()

　　D. Thread. sleep()

10. 下列关于使用 HttpURLConnection 请求网络资源的步骤,不正确的是(　　)。

　　A. 调用 URL 对象的 openConnection()方法获得 HttpURLConnection 对象

　　B. 通过 setMethod()方法设置请求方式,如 GET、POST

　　C. 设置请求的相关参数

　　D. 通过 getInputStream()方法获取返回结果输入流,并用 Java 流的操作方式处理返回结果应该是 connection. setRequestMethod("GET");//设置请求方式

二、判断题

1. 在 HTTP 请求中,状态码 500 表示资源未找到。(　　)

2. 在 Android 中,OkHttp 库提供了对 HTTP 请求的基本支持。(　　)

3. HttpURLConnection 只能用于发送 GET 请求。(　　)

4. HTTP 中的 GET 请求用于从服务器获取资源,而 POST 请求用于向服务器发送数据。(　　)

5. 在 Android 中,HttpURLConnection 和 HttpsURLConnection 具有相同的功能,但 HttpsURLConnection 处理 HTTPS 请求。(　　)

6. 在 Android 的 HttpURLConnection 示例中,getInputStream()用于从服务器读取数据。(　　)

7. HttpURLConnection 用于发送 HTTP 请求和获取 HTTP 响应。(　　)

8. 在 Android 中,要访问网络,必须在 AndroidManifest.xml 中声明网络访问权限。(　　)

9. HttpURLConnection 是抽象类,不能直接实例化对象,需要使用 URL 的 openConnection()方法获得。(　　)

10. 使用 HttpURLConnection 进行 HTTP 网络通信时,GET 请求仅能发送最多 1024B 的数据。(　　)

三、填空题

1. HttpURLConnection 继承自_____类。

2. HTTP 基于_____模型,客户端发送请求,服务器返回响应。

3. 在 Java 中,进行 HTTP 请求时可以使用_____类来建立连接。

4. 在 Android 中,网络操作应该在_____线程中执行,以避免阻塞 UI 线程。

5. HttpURLConnection 类中的方法 setRequestMethod()用于设置 HTTP 请求的_____。

四、简答题

1. 简述 HTTP 的基本工作原理。

2. 简述 HTTP 的主要请求方法及其用途。

3. 在 Android 中,如何通过 HttpURLConnection 执行一个 HTTP POST 请求?

第 **9** 章

助老项目——AI 大模型在 Android 中的应用

随着人工智能技术的飞速发展,大模型在自然语言处理和多模态学习中的广泛应用,为移动应用开发带来了革命性变革。大模型能够理解和生成自然语言,提供代码生成、错误检测、智能问答等功能,大幅提升了开发效率和应用智能化水平。结合 Android 平台,开发者能够充分利用大模型的能力来优化开发流程在助老项目等实际场景中实现智能化解决方案。

本章首先从大模型的概述和技术基础入手,讲解主流大模型的特点与应用领域,帮助读者理解大模型如何支持自然语言处理、计算机视觉及多模态任务。接着,结合实际案例,详细介绍如何在 Android Studio 中安装并使用通义灵码等智能代码生成工具,展示代码生成、语法检查、单元测试和优化建议等核心功能。最后,通过助老项目的设计与实现,具体讲解大模型在 Android 开发中的应用实例,帮助读者掌握大模型在实际开发中的应用方法,为未来的智能化开发打下坚实基础。

本章学习目标:

1. 知识理解

- 了解大模型的基本概念、特点及其在自然语言处理和多模态任务中的核心作用。
- 掌握大模型的产生背景,包括人工智能技术、大数据积累和计算资源进步的影响。
- 理解主流大模型(如 GPT-4、Claude、PaLM、LLaMA、通义灵码等)的特点、参数规模及其应用领域。
- 了解大模型在代码生成中的功能与实现原理,特别是通义灵码的核心功能(如代码补全、注释生成、单元测试等)。
- 理解基于 AI 大模型开发智能助老项目的设计理念及其功能模块(如紧急呼叫、用药提醒、短信播报、定位监控等)。

2. 技能应用能力

- 能够在 Android Studio 中安装和配置通义灵码插件,并熟练使用其代码生成与优化功能。
- 能够使用大模型实现常见的代码补全、语法检查、错误修复、单元测试生成等智能辅助功能。

- 能够通过大模型辅助开发，设计和实现智能助老项目，包括设置紧急联系人、拨打紧急电话、设置用药提醒、语音播报短信、实时定位与电子围栏功能。
- 能够结合 TTS（文字转语音）功能和短信接收器，开发适合老年用户的语音播报应用。
- 能够利用地图和定位技术，设计并实现实时位置共享和安全区域提醒的功能。

3. 分析与解决问题能力

- 能够分析和对比不同大模型（如 GPT、通义灵码、Claude）的特点及其适用场景，选择适合的工具应用于开发实践。
- 能够通过通义灵码的智能建议功能，识别代码中的潜在问题并进行优化。
- 能够根据用户需求，设计符合特定场景（如助老项目）的智能化功能，并分析实现过程中的技术难点。
- 能够针对多设备兼容性和特殊用户需求（如老年人群体），合理设计并优化智能应用，提高用户体验和功能可靠性。
- 能够结合人工智能技术，在实际开发中解决定位不准确、数据隐私保护等问题。

9.1　大模型概述

9.1.1　大模型介绍

大模型是指参数量级达到亿级以上的深度学习模型，能够通过海量数据训练捕捉复杂模式并完成多样化任务。其中，大语言模型（Large Language Models，LLMs）是专注于自然语言处理领域的大模型，通过超大规模文本训练实现语言理解与生成能力，其参数规模和语料广度能精准解析语法结构及语义关联。

大模型的核心特点是其庞大的规模和复杂的网络结构，这使得它们能够处理和理解大量的文本数据。通过训练，这些模型可以学习到语言的统计规律、语法结构、语义信息等，从而具备生成连贯、有意义的文本的能力。

大模型在多个 NLP 任务中取得了显著的性能提升，包括文本生成、语言理解、问答系统、机器翻译等。它们能够生成高质量的文本，甚至在某些情况下可以模拟人类的写作风格。此外，大模型还具有强大的泛化能力，能够处理未见过的词汇和句子结构。泛化能力指的是模型在面对新的、未见过的数据时，能够做出准确预测或处理的能力。

大模型的规模体现在以下几方面。

（1）参数量。参数量是衡量大模型规模的重要指标。大模型的参数量已经从最初的数百万增长到如今的数千亿甚至上万亿。例如，OpenAI 的 GPT-4 有 100 万亿个参数，Google 的 PaLM 模型则拥有 5400 亿参数。

（2）计算资源。计算资源是指用于执行复杂计算任务的硬件和软件资源，主要包括 GPU（图形处理单元）、TPU（张量处理单元）、CPU（中央处理单元）、内存和存储、网络资源等。在训练大模型时，需要庞大的计算资源，通常采用分布式计算集群进行训练。由于模型规模庞大，训练成本极为高昂，可以达到数百万美元甚至更高，可能需要数周甚至数月的时间，并消耗大量的 GPU 或 TPU 集群资源。相比 CPU，GPU 更适合深度学习任务，GPU 具有强大的并行处理能力,能够同时处理大量数据和复杂的矩阵运算。CPU 设计用于处理多样化的任务,但核心数量有限,无法高效完成深度学习所需的大规模并行运算,因此使用 GPU 能显著提升训练效率。

(3) 数据规模。大模型的训练数据集通常来自互联网的大规模语料库,涵盖不同领域、不同语言的数据。这些数据集可以包含数十亿个句子或文本片段。例如,GPT-3 和 GPT-4 的训练数据涵盖了来自书籍、百科、网页等多种来源的海量文本,数据规模达到数百 TB。相比之下,GPT-4 的数据更为庞大且多样。

9.1.2　大模型的产生基础

大模型的产生背景主要源于人工智能技术的发展需求、大数据的快速积累和计算资源的进步。

(1) 人工智能(AI)领域进步。随着深度学习的兴起,简单的神经网络模型已经无法满足复杂任务的要求。因此,需要更强大、更深层的模型来处理语言、视觉、语音等多样化任务。大模型利用海量参数和复杂结构,能够从数据中学习到更丰富的特征和关系。

(2) 大数据的积累。互联网的发展带来了丰富的文本、图片和视频数据,这为大模型的训练提供了基础。大模型通过在海量数据上进行预训练,学习通用的语言和视觉模式,然后在特定任务上微调,提升表现。

(3) 计算资源的提升。尤其是云计算的发展,为大模型提供了强大的基础。云计算通过高性能的 GPU、TPU 等硬件和灵活的扩展能力,支持大模型所需的大规模数据处理和训练。其弹性扩展、按需付费和全球分布的优势,使得大模型训练和部署更经济且高效,从而推动了大模型在人工智能领域的广泛应用。

9.1.3　人工智能与大模型的发展

从小型网络到大型网络(如 Transformer、GPT 系列、BERT 等)的发展历程如图 9.1 所示(图片引用自 https://www.indigox.me/indigo-live-tech-revolution-investment-2024/)。

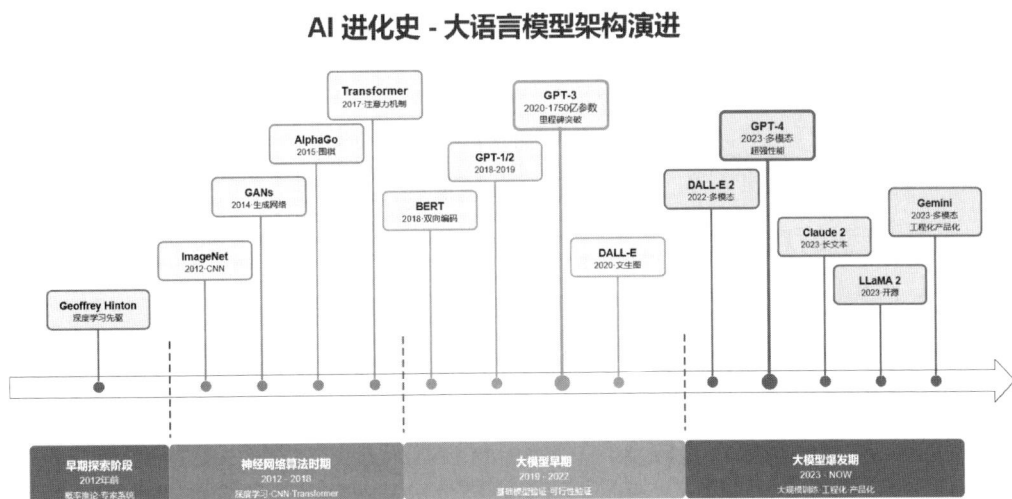

图 9.1　模型架构演进

从早期的小型网络到现在的大型网络的发展历程,主要经历了以下几个关键阶段。

1. 早期探索阶段(2012 年前)

(1)特征:在这一时期,AI 技术主要依赖于概率推论和专家系统。机器学习算法逐渐被探索,数据驱动的模型开始兴起。

(2)事件:Geoffrey Hinton 等在深度学习领域的研究引起了关注,虽然规模较小,但为神经网络的发展奠定了基础。

2. 神经网络算法时期(2012—2018 年)

2012 年,AlexNet(基于 CNN)在 ImageNet 竞赛中取得突破,标志着卷积神经网络(CNN)时代的到来,深度学习逐渐成为主流技术,深度学习开始兴起。

(1)2014 年,GAN(生成对抗网络)的提出,使得 AI 在图像生成方面取得重大突破。

(2)2015 年,AlphaGo 击败人类围棋冠军,引发全球对深度学习的关注。

(3)2017 年,Transformer 架构问世,这是一个不依赖序列计算的新型网络结构,大幅提升了自然语言处理的效率和能力。

3. 大模型早期(2019—2022 年)

大规模模型的验证阶段。基于 Transformer 架构的语言模型开始发展,BERT(2018)和 GPT-1、GPT-2 展现了预训练模型的强大潜力。BERT 通过双向编码器机制提升了文本理解的能力,而 GPT 系列则通过生成式方法在文本生成上取得了突破。

(1)2018 年,BERT 模型发布,标志着 NLP 从传统方法向预训练大模型的转变。

(2)2020 年,GPT-3 发布,拥有 1750 亿参数,展示了前所未有的文本生成能力,开启了大模型应用的新纪元。

(3)2020 年,生成式 AI 如 DALL-E,将 AI 应用从文本扩展到图像生成领域。

4. 大模型爆发期(2023 年至今)

从 2023 年开始,大模型应用进入爆发期,规模与应用得到进一步扩展。模型的规模进一步扩大,同时在多模态任务(如文本、图像和语音的结合)上取得了显著进展。新的模型如 GPT-4、Claude 2、LLaMA 2 和 PaLM 2 展示了更强的通用性和理解能力。多模态 AI 行业应用开始产品化。

(1)2022 年,多模态生成模型如 DALL-E 2 和 Midjourney 推出,使得 AI 能够生成更加真实的图像。

(2)2023 年,GPT-4 和其他模型在对话系统、内容创作和多任务处理上展示了超强性能。

(3)2023 年后,如 PaLM 2 和 Gemini 技术,逐步实现工程化和产品化,推动行业应用。

9.1.4　大模型的应用领域

随着人工智能技术的飞速发展,大模型已经成为推动各个领域创新和变革的重要力量。大模型的应用领域广泛,在自然语言处理(NLP)、计算机视觉(CV)、多模态学习以及其他领域中都有所涉及。

1. 自然语言处理

大模型在自然语言处理(NLP)中的应用非常广泛,以下是一些主要应用领域。

(1)文本生成。OpenAI 的 GPT 系列是典型的大规模语言模型,能够生成高质量的自然语言文本,应用于文章撰写、新闻摘要和创意写作等场景。例如,GPT-4 能够生成高质量的自然语言文本。通过给定少量的提示词,GPT-4 可以生成完整的文章或故事,同时相比GPT-3,GPT-4 进一步优化了上下文理解和连贯性,使其生成的内容更贴合实际应用需求。

(2) 机器翻译。大模型通过学习多语言数据,实现高质量的自动翻译,代表性的有Google 的 PaLM 和 DeepL 等。大模型通过学习大量多语言数据,能够更好地理解语言结构和语义关系,实现更精准的翻译。

(3) 情感分析。大模型能够通过理解文本的上下文,分析用户评论、社交媒体帖子等内容的情感倾向,在客户服务和舆情监控中有着重要作用。

(4) 问答系统。如 GPT 和 BERT,通过理解自然语言的问题,迅速从大量文本中提取答案,应用于智能客服、教育和搜索引擎等场景。

2. 计算机视觉

大模型在计算机视觉(CV)任务中同样表现出色,尤其在以下几方面。

(1) 图像识别。大规模的卷积神经网络(如 ResNet、EfficientNet)通过训练大规模图像数据集,在图像分类、物体识别等任务上达到高精度。例如,ImageNet 图像分类任务中,大模型取得了显著的突破。

(2) 目标检测。YOLO、Faster R-CNN 等大模型在目标检测任务中,通过检测图像中的多个对象及其边界框,已被广泛应用于安防监控、自动驾驶等领域。

(3) 视频理解。通过处理视频帧中的时序信息,大模型能够分析视频内容,如动作识别、场景理解和监控视频分析,应用于安防监控、体育分析等。

3. 多模态学习

多模态学习是大模型的前沿方向,它能够将来自不同模态(如文本、图像、语音等)的信息进行整合,推动跨模态任务的发展。跨模态任务是指人工智能模型处理和融合不同类型的数据模态(如文本、图像、音频)以完成任务。例如,生成图像描述文本、根据文字生成图像或结合视觉和语言进行问答。

(1) 文本生成图像。如 OpenAI 的 DALL·E 和 Google 的 Imagen,可以根据文本描述生成逼真的图像,用于设计、广告和创意创作。

(2) 图像生成文本。大模型如 CLIP 通过结合文本和视觉数据,实现图像描述生成和图像搜索等功能,在电商、社交媒体和视觉检索中有着广泛应用。

(3) 多模态对话系统。通过结合视觉和语言,大模型能够生成富有信息和语境感知的对话,例如,在虚拟助手中实现图片识别和语言解释的结合。

4. 其他领域

大模型不仅限于 NLP 和计算机视觉,它们在多个行业中展现出巨大潜力。

(1) 金融风控。大模型通过分析大量的金融数据,识别交易中的潜在风险,防止欺诈行为,支持信用评分和投资分析。

(2) 医疗健康。在医疗影像分析、病历记录处理、药物开发等方面,大模型通过图像和文本的综合分析,提高诊断准确率和研发效率。

(3) 智能制造。在制造业中,大模型用于预测性维护、生产优化、质量检测等,帮助企业降低成本,提高效率。如通义灵码的智能编码助手能辅助工业软件开发,提升整体研发效率。

大模型具备生成、理解、翻译和总结文本的能力,并在视觉识别、图像生成等方面表现优异。在智能化编程开发中,大模型可以作为编程助手,帮助开发者进行代码生成、错误检测、自动补全等工作。例如,在自然语言处理方面,大模型可以理解开发者的意图,通过简单的指令生成复杂的代码段,提升开发效率。多模态学习则使大模型可以同时处理文本和图像数据,帮助在更复杂的开发任务中实现高效的辅助功能。

9.1.5 主流大模型

目前国内外的主流大模型主要包括 OpenAI 的 GPT 系列、Google 的 PaLM、Meta 的 LLaMA、阿里云的通义大模型等。这些模型在参数规模和训练数据量上各不相同,各自具备独特的优势。以下是对几款主流大模型的参数级别、训练数据量以及各自特点的描述。

1. GPT-4(OpenAI)

参数级别:GPT-4 在 120 层中总共包含 1.8 万亿参数,而 GPT-3 只有约 1750 亿个参数。GPT-4 的规模是 GPT-3 的 10 倍以上。

训练数据级别:GPT-4 的训练数据涵盖了多种语言、专业领域文本以及多种文本类型(如书籍、文章、网页内容等)。相较于 GPT-3,GPT-4 还具备多模态能力,能够处理文本和图像输入,它在图像理解、图文组合分析等方面的表现有了提升。

特点:GPT 系列模型以生成式语言模型为主,能够进行自然语言生成、对话、翻译和代码编写等任务,具备少样本学习和多任务处理能力。

2. Claude(Anthropic)

参数级别:Claude 3.5 由 Anthropic 开发,拥有大约 120 亿个参数。

训练数据级别:Claude 3.5 的训练数据涵盖了广泛的文本和代码,显著提高了其在复杂任务中的响应能力和准确性。Claude 3.5 还包括广泛的主题和格式,从通用文本到结构化代码,使其能够处理复杂的上下文并支持多领域的任务。

特点:Claude 专注于安全性和可解释性,通过引入更多的安全控制和伦理设计来提高用户交互的安全性和透明度。

3. PaLM(Google)

参数级别:PaLM 2 的参数量为 3400 亿,远小于 PaLM 1 的 5400 亿参数。

训练数据级别:训练于数万亿个 token 的多语言和多模态数据,包括文本和编程代码。

特点:支持多任务和多模态处理,利用 Pathways 架构优化训练效率,具备强大的语言生成和理解能力。

4. LLaMA(Meta AI)

参数级别:65 亿、130 亿、300 亿、650 亿等多个版本。

训练数据级别:LLaMA 模型使用了数万亿个 token 的文本进行训练,涵盖多个领域和语言。

特点:LLaMA 模型优化了训练效率和资源使用,在相对较小的参数规模下表现出色,适合学术和研究应用。

5. Gemini(Google DeepMind)

参数级别:最大版本的 Gemini Ultra 拥有约 5400 亿参数,设计用于处理高复杂度的任务。Gemini Pro 版本则有 600 亿参数,优化了推理能力并更适合高效推断应用,而 Gemini Nano 则针对低计算环境,拥有大约 60 亿参数。

训练数据级别：Gemini 模型的训练数据级别涵盖了多模态和多语言数据，包括网络文档、书籍、代码、图像、音频和视频内容。

特点：强调多模态能力，结合语言与图像理解能力，并集成强化学习的策略，用于更加复杂的任务。

6. GLM（清华大学）

参数级别：GLM 系列模型从数十亿到数百亿参数不等，GLM-130B 拥有 1300 亿参数。GLM-4 的参数规模取决于具体模型版本，其中，开源版本 GLM-4-9B 包含约 90 亿参数，并配备了 128KB～1MB 的上下文长度。

训练数据级别：GLM-4 系列的训练数据量级约为 10 万亿 tokens，涵盖了多语言数据（以英语和汉语为主），数据来源包括网页、书籍、维基百科、代码及论文。在语言理解、推理和多轮对话等任务上有强劲的竞争力。

特点：GLM 专注于中英双语的对话和文本生成，具备良好的多任务迁移能力，在中文语境下表现出色。

7. Baichuan（百川智能）

参数级别：百川模型提供 7B、13B 等版本，适合中文语境应用。

训练数据级别：在多万亿 token 的中文和多语言数据上进行训练，强调对本地语言的理解和生成。

特点：针对中文环境优化，致力于为中文用户提供更好的自然语言理解和生成体验。

8. QWEN（通义千问，Alibaba Cloud）

参数级别：Qwen 模型（如 Qwen-7B）拥有 7B 参数，面向企业和多场景应用优化。

训练数据级别：在阿里巴巴云平台提供的多模态数据和文本数据上进行训练。

特点：提供企业级定制化，支持中文和多语言场景，能结合图像、文本和其他输入实现复杂任务。

9. GitHub Copilot（GitHub 和 OpenAI 合作开发）

参数级别：最初基于 OpenAI 的 Codex 模型，拥有约 120 亿参数。Codex 是 GPT-3 的专用改进版本，特别优化了代码生成能力，并训练了大量公开的 Python 代码库。

训练数据级别：在大量开源代码库和编程文档上进行训练，数据涵盖多种编程语言和框架。

特点：专注于代码补全和生成，支持主流编程语言，通过集成开发环境（IDE）帮助程序员提高效率。

10. 文心大模型 4.0（百度）

参数级别：具体参数量尚未公开，但参数规模十分庞大。

训练数据级别：在中文文本、代码和多模态数据上训练，数据覆盖广泛，特别优化中文理解。

特点：支持多模态任务，强调中文处理能力，结合图像、语音和文本，实现更广泛的智能应用。

11. 讯飞星火（iFLYTEK Spark）

参数级别：讯飞星火开源-13B（iFlytekSpark-13B）拥有 130 亿参数。

训练数据级别：大量中文文本和语音数据训练，特别适用于语音识别和生成任务。

特点：聚焦中文语言和语音交互，在中文智能语音助手、语音合成和自然语言理解方面具有优势。

上述大模型各有其特点。有些模型专注于多语言和多任务处理，如 GPT、Claude 和 PaLM；有些则强调中文语境优化，如 GLM、百川、文心和讯飞星火。此外，多模态模型如 Gemini 展示了将语言与视觉结合的能力，推动了大模型在更复杂场景中的应用。

9.2 代码生成大模型

9.2.1 通义灵码的模型基础

1. 通义灵码

通义灵码是阿里巴巴开发的一款基于 Qwen2.5 的多模态大模型，Qwen2.5 继承自阿里巴巴自研的大语言模型通义千问。通义千问具备强大的自然语言处理能力，能够执行文本生成、翻译和对话等任务，为 Qwen2.5 奠定了坚实的模型基础。在此基础上，Qwen2.5 进一步提升了语言理解和生成的性能，支持从 5 亿到 720 亿的多种参数规模，具备多语言和长上下文处理能力，并在文本和代码等跨领域任务中表现出色。通义灵码在 Qwen2.5 的框架上增加了多模态功能，使其能够在同一模型中处理文本和图像数据，不仅保留了通义千问的先进自然语言处理特性，还具备了跨模态的理解和处理能力。凭借这一技术体系，通义灵码广泛应用于智能客服、文本生成、编程辅助和图像识别等多种任务，显著提升了模型的多样化应用价值。

通义灵码的核心依赖于阿里云的通义大模型，这是一个经过大规模预训练的语言模型，具备全球领先的代码生成能力。通义灵码使用的底层模型经过了超过 3 万亿个 token 的数据预训练，并支持上百种编程语言，包括 Java、Python、C++等。通义大模型采用了 GQA (Global Query Attention)架构，具有卓越的长序列建模能力，能够支持 64KB 甚至更长的上下文输入。

2. 通义灵码优点

（1）多模态处理能力。与单一的文本模型不同，通义灵码不仅能够理解和生成文字，还可以解析和生成图像等其他类型的数据。这让它能够完成更复杂和多样化的任务。

（2）智能交互。通义灵码通过改进的自然语言理解和生成能力，实现了更智能化的交互体验，能够理解用户的意图，并给出更加精准的回答。

（3）跨任务应用。通义灵码的多模态特性使它能够在多个场景下应用，包括文本处理、图像识别、语音转文字等。用户只需使用一个平台即可完成多个任务。

3. 通义灵码功能

（1）代码生成与补全，通义灵码能够根据用户输入的代码片段或需求自动生成相应的代码，同时补全部分缺失的代码结构，提高开发效率。

（2）注释生成，自动为代码生成详细的注释，帮助开发者更好地理解代码逻辑，尤其是在复杂代码段的解释上表现出色。

（3）代码翻译，可以将代码从一种编程语言转换为另一种语言，例如，将 Python 代码转换为 Java，简化跨语言开发的过程。

（4）智能问答，支持编程相关的智能问答功能，能够解答开发者在编程中遇到的各种技术问题，如语法、函数用法等，提供实时帮助。

（5）异常报错排查，通过分析异常报错信息，帮助开发者快速定位问题，并提供可能的解决方案，减少调试时间。

（6）自然语言生成代码：根据用户输入的自然语言描述，直接生成相应的代码，帮助开发者将想法快速转换为可执行的代码。

9.2.2　通义灵码的安装与配置

通义灵码提供了强大的智能编程支持，能够在多种开发环境和平台上运行，包括 JetBrains 系列 IDE（如 IntelliJIDEA、PyCharm 等）、Visual Studio Code、Visual Studio，并且支持远程开发场景（RemoteSSH、Docker、WSL、WebIDE）。在不同平台上安装通义灵码插件后，登录阿里云账号即可轻松体验通义灵码的智能编程功能。在 Windows 中的 Android Studio 下安装通义灵码步骤如下。

（1）打开 Android Studio 设置窗口，单击 Setting，在 Plugins 中搜索 TONGYI Lingma，找到通义灵码后单击安装，如图 9.2 所示。

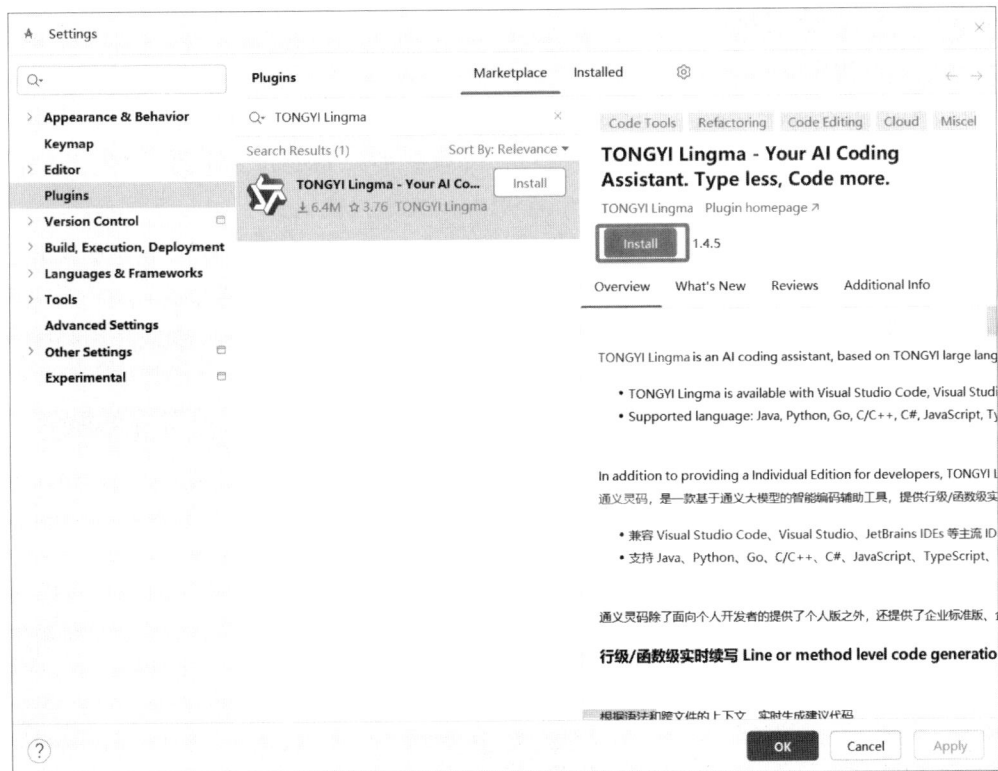

图 9.2　安装通义灵码

（2）安装完成后，重启 Android Studio。单击侧边导航的通义灵码，先注册阿里云账号，然后在通义灵码助手的窗口中单击"登录"按钮，如图 9.3 所示，登录成功后即可使用通义灵码。

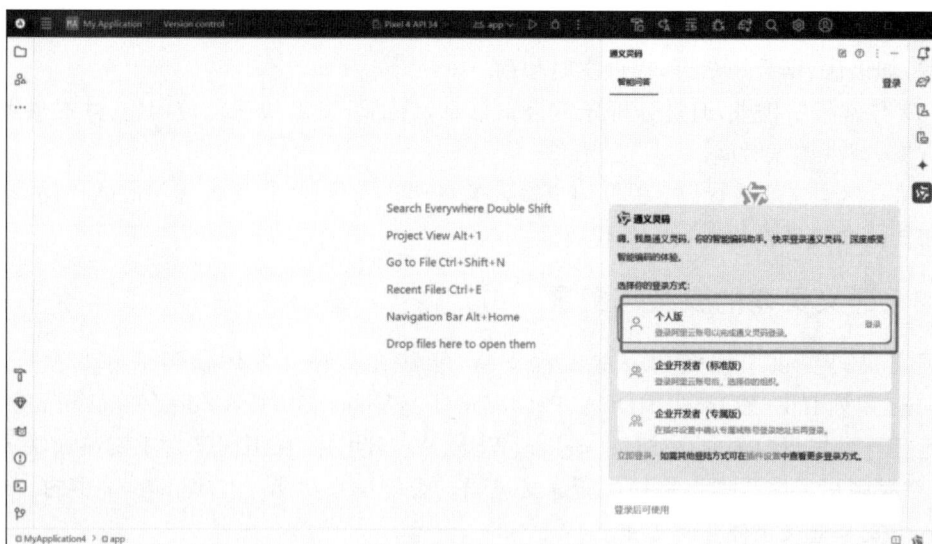

图 9.3　登录通义灵码

9.2.3　通义灵码基础功能

1. 行级代码实时补全

行级代码补全在开发者输入的每一行代码时，提供后续代码建议。在输入一部分代码后，通义灵码会预测该行的完整语句，并提供即时补全选项，帮助开发者更快完成代码输入。

【例 9.1】　在 XML 文件中设计一个按钮时，可以通过输入＜Button 等提示词，通义灵码将会实时预测与按钮相关的属性并提供智能补全，如图 9.4 所示。如果对该生成的代码段不满意，可以使用快捷键 Alt＋P 来重新生成建议。通义灵码还支持通过 Ctrl＋↓快捷键逐行采纳推荐内容，便于更细致地选择合适的属性配置，该功能可极大地提升代码编写效率，尤其适用于布局文件的编写。

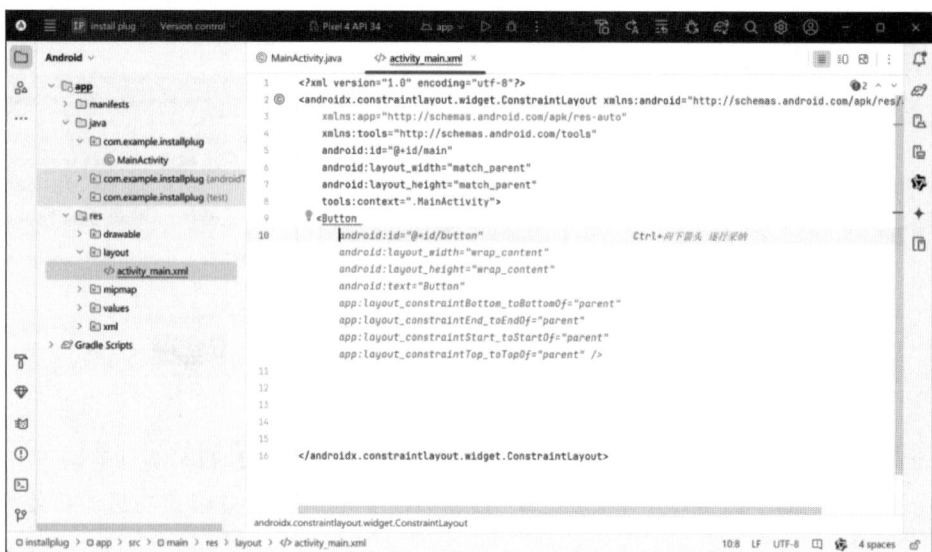

图 9.4　行级实时补全

通义灵码相关快捷键如表 9.1 所示。

表 9.1 通义灵码快捷键

操 作	Windows
接受行间代码建议	Tab
废弃行间代码建议	Esc
查看上一个行间推荐结果	Alt+[
查看下一个行间推荐结果	Alt+]
手动触发行间代码建议	Alt+P
逐行采纳补全内容	Ctrl+↓

2. 自然语言生成代码

在编辑器中,开发者可以通过直接输入自然语言描述需求,通义灵码将根据语句理解意图并生成相应的代码建议。一旦代码建议生成,开发者可以按 Tab 键快速采纳并插入代码。

【例 9.2】 在编辑器中输入"button 按钮点击事件",通义灵码会自动解析这段文字,为按钮添加点击事件逻辑代码,如图 9.5 所示。

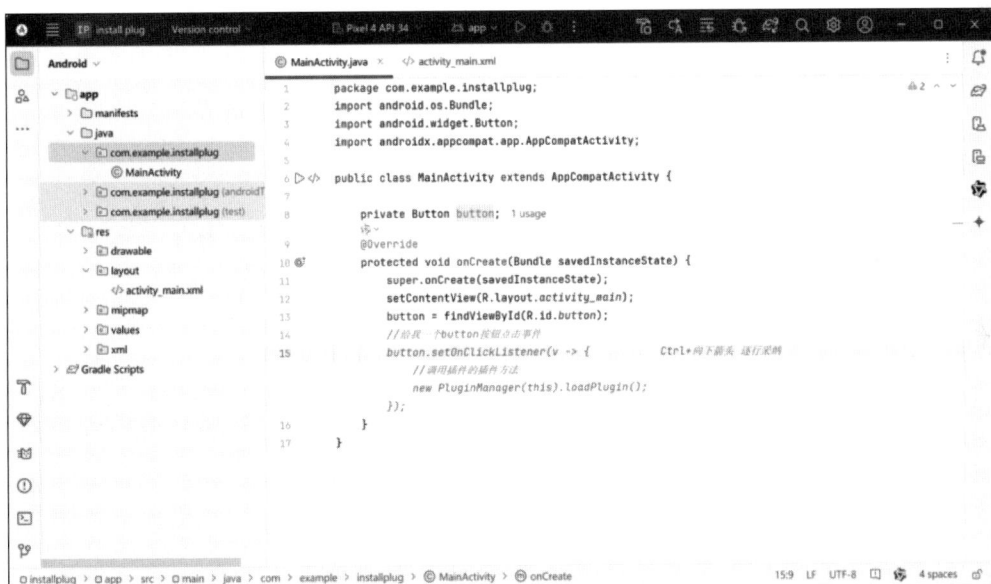

图 9.5 自然语言生成代码

3. 语法检查

通义灵码的语法检查功能在代码编写过程中提供即时的语法纠错和改进建议,帮助快速提升代码质量。当输入代码时,通义灵码会自动检测代码中的语法错误、潜在的代码缺陷,以及不符合编程规范的写法,并在编辑器中通过标记(如下画线或颜色高亮)清晰地显示问题所在。

【例 9.3】 编写代码时,通义灵码不仅帮助检测语法错误,还通过智能修复提示提供详细的解决方案。当发现语法错误时,开发者可以将光标移到错误处并按快捷键 Alt+Enter,这会打开一个包含修复选项的菜单,如图 9.6 所示。

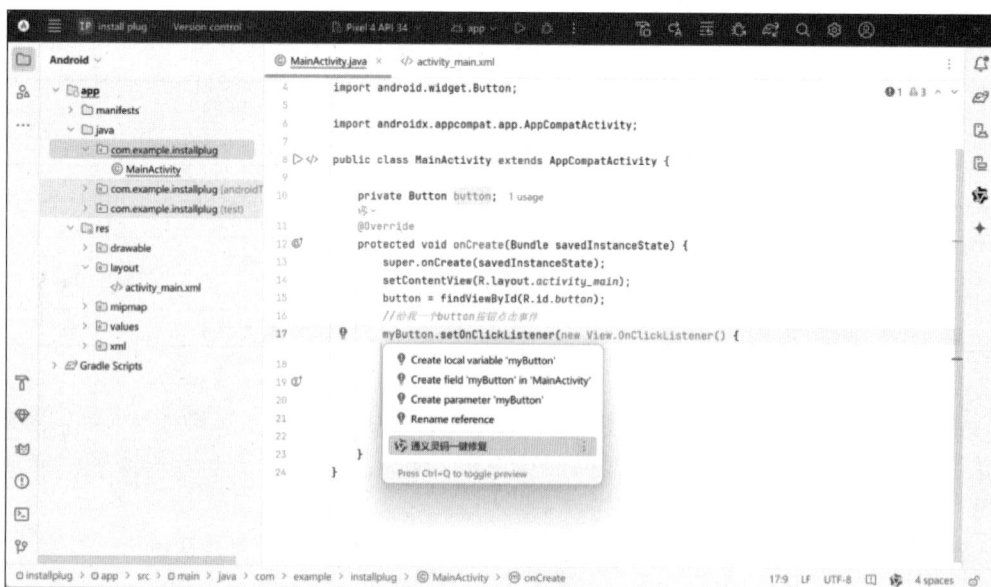

图 9.6　语法检查

　　通义灵码会自动分析错误，解释报错原因，提供修复建议，给出具体的修复代码，如图 9.7 所示。

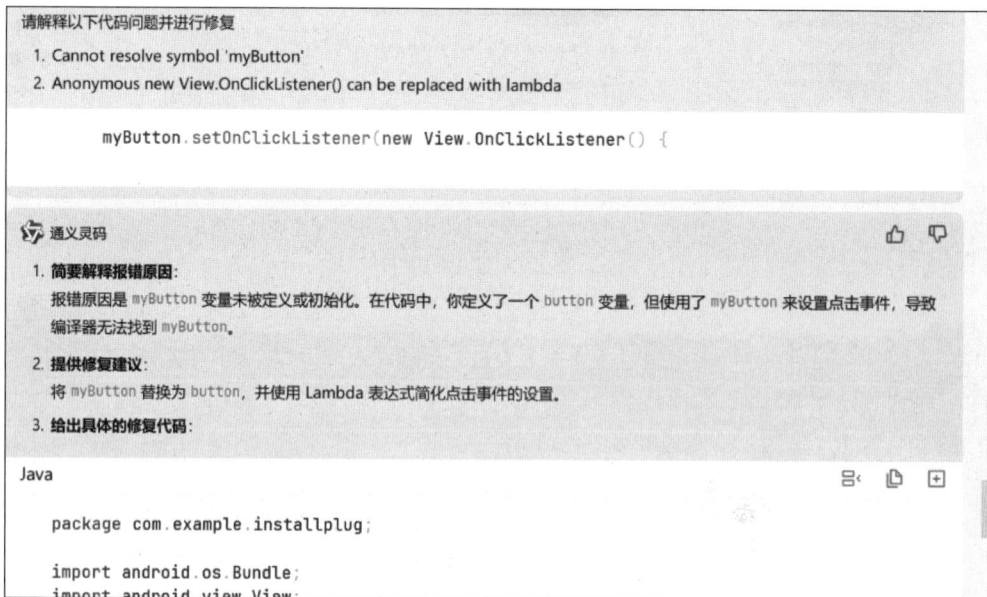

图 9.7　通义灵码修复语法错误

4．解释代码

　　通义灵码的解释代码功能通过智能分析和详细讲解，让开发者在短时间内快速理解代码逻辑，尤其适用于复杂代码段的调试和学习。自动化的解释和优化建议还可以减少开发中的错误和潜在性能问题，是提升编程效率和代码质量的得力助手。

　　开发者只需选中希望理解的代码段，右击通义灵码并在弹出菜单中选择"解释代码"，或者使用快捷键 Alt＋Shift＋P，如图 9.8 所示。

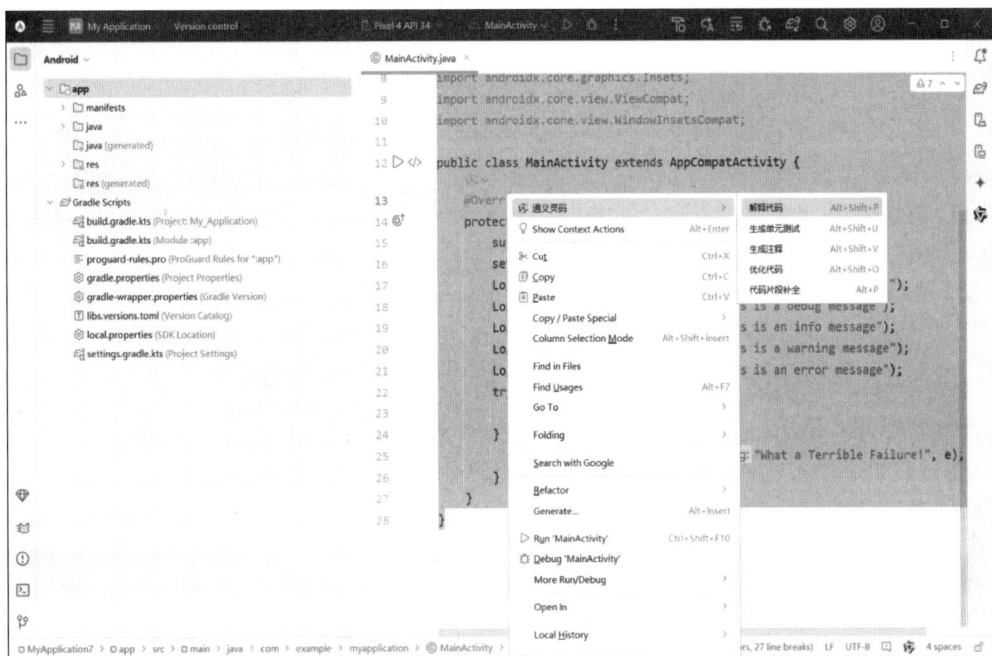

图 9.8　解释代码

通义灵码即会自动分析并详细展示该代码的逻辑结构、变量定义、方法作用等，如图 9.9 所示。这一功能旨在帮助开发者更深入、快速地理解代码的运行原理，便于高效调试与优化。

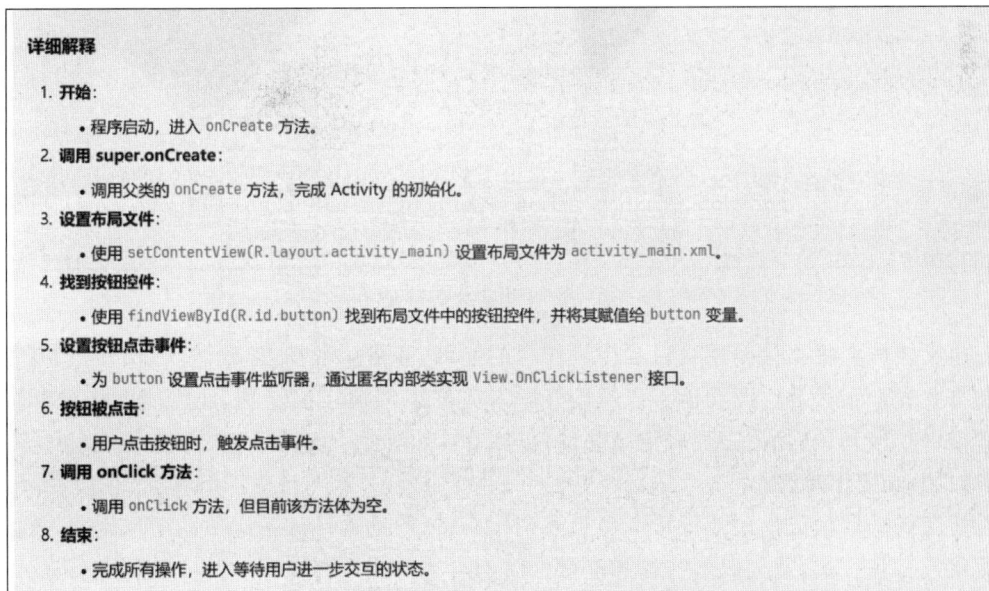

详细解释

1. **开始**：
   - 程序启动，进入 onCreate 方法。
2. **调用 super.onCreate**：
   - 调用父类的 onCreate 方法，完成 Activity 的初始化。
3. **设置布局文件**：
   - 使用 setContentView(R.layout.activity_main) 设置布局文件为 activity_main.xml。
4. **找到按钮控件**：
   - 使用 findViewById(R.id.button) 找到布局文件中的按钮控件，并将其赋值给 button 变量。
5. **设置按钮点击事件**：
   - 为 button 设置点击事件监听器，通过匿名内部类实现 View.OnClickListener 接口。
6. **按钮被点击**：
   - 用户点击按钮时，触发点击事件。
7. **调用 onClick 方法**：
   - 调用 onClick 方法，但目前该方法体为空。
8. **结束**：
   - 完成所有操作，进入等待用户进一步交互的状态。

图 9.9　通义灵码解释代码

5. 生成单元测试

通义灵码的单元测试生成功能能够帮助开发者快速编写高质量的测试代码。通过通义灵码,开发者可以根据代码结构、方法、参数等信息自动生成单元测试代码,从而提高测试的覆盖率和代码的可靠性。开发者只需选中需要理解的代码段,右击通义灵码,在弹出菜单中选择"生成单元测试"或使用快捷键 Alt+Shift+U,即可快速生成测试用例。通义灵码会自动生成大量测试用例,以确保代码的测试覆盖率达到标准要求。此功能通过自动化生成测试代码,大幅减少了手动编写测试用例的时间。同时,通义灵码提供的完善测试保障可以支持代码重构,确保改动后不影响现有功能的正常运行。

6. 生成代码注释

通义灵码的智能注释功能能够分析代码的上下文,提供有助于理解代码执行流程的逐步说明,从而保障代码的可读性和一致性。这种功能不仅提升了开发者的编码效率,还为代码重构、协作开发提供了极大的便利,确保代码在团队内外都能被准确解读并维护。开发者可以选中添加注释的代码段,右击通义灵码,在弹出菜单中选择"生成代码注释"或使用快捷键 Alt+Shift+V,即可快速生成相应注释,如图 9.10 所示。

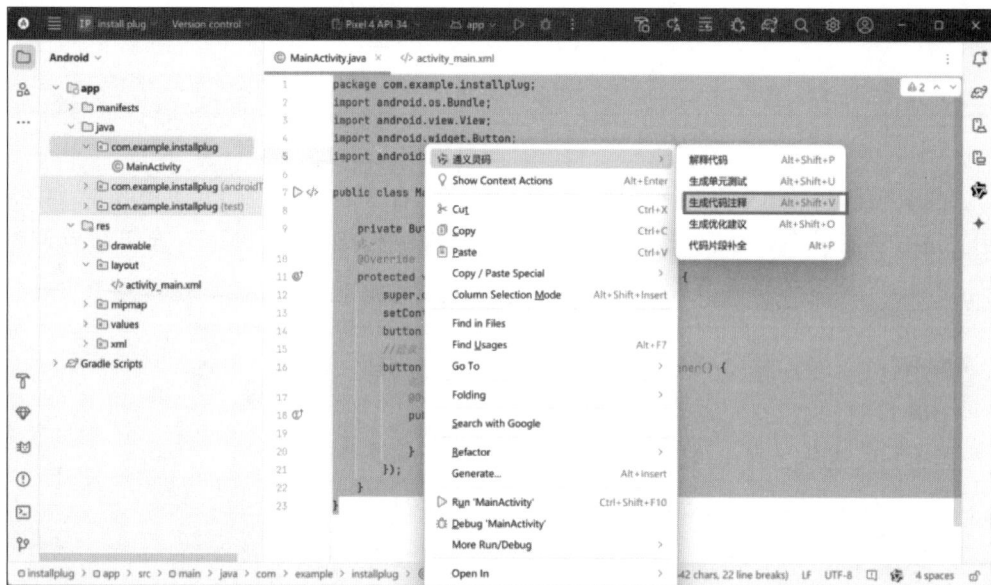

图 9.10　生成代码注释

通义灵码会根据代码逻辑自动生成详尽的注释,涵盖函数功能、输入/输出参数、变量意义和重要操作步骤等。此功能不仅帮助开发者更好地理解代码结构,还为团队协作和代码维护提供了便利,确保代码注释清晰易懂,如图 9.11 所示。

7. 生成优化建议

通义灵码的生成优化建议可以识别冗余代码、低效的循环或不必要的对象创建,从而提供简化或替代方案,使代码运行更加高效。对于可能造成内存泄漏的部分,通义灵码会给出优化建议,帮助开发者减少内存占用。建议简化代码的语法结构,例如,减少嵌套层次,或替换为更简洁的语法,确保代码更具可读性。通义灵码还能识别潜在的安全漏洞,给出更安全的实现方式,帮助开发者遵循最佳安全实践,开发者可以轻松利用通义灵码生成针对代码优

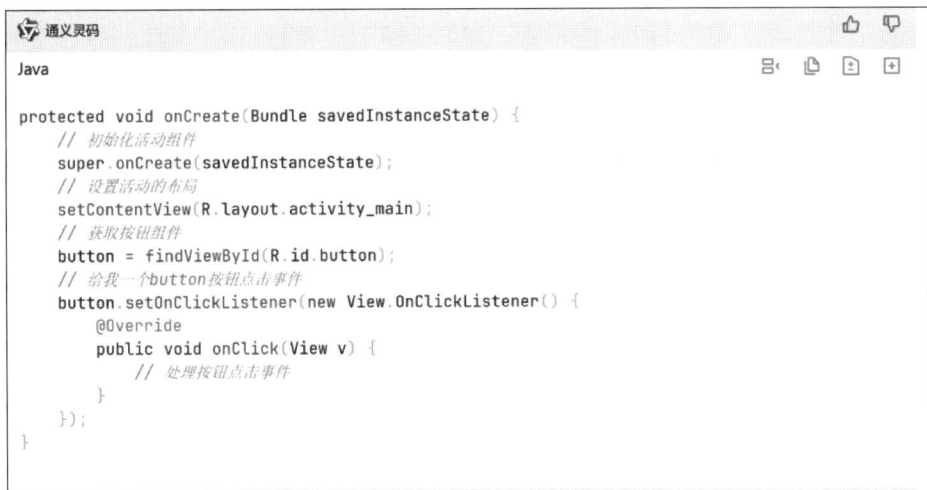

```java
protected void onCreate(Bundle savedInstanceState) {
    // 初始化活动组件
    super.onCreate(savedInstanceState);
    // 设置活动的布局
    setContentView(R.layout.activity_main);
    // 获取按钮组件
    button = findViewById(R.id.button);
    // 给我一个button按钮点击事件
    button.setOnClickListener(new View.OnClickListener() {
        @Override
        public void onClick(View v) {
            // 处理按钮点击事件
        }
    });
}
```

图 9.11　通义灵码生成代码注释

化的智能建议。只需选中需要优化的代码段,右击通义灵码,在弹出的菜单中选择"生成优化建议",或直接使用快捷键 Alt+Shift+O,即可触发此功能。

8. 智能问答

选中代码或相关片段并描述具体问题,例如,提供代码、日志、报错信息等详细内容,让通义灵码能够在理解你编写场景的基础上更好地提供帮助,如图 9.12 所示。通过右侧工具栏,单击通义灵码的图标,即可与通义灵码进行对话交流。在通义灵码生成回答后,工具栏①表示插入代码,②表示复制代码,③表示新建文件,如图 9.13 所示。

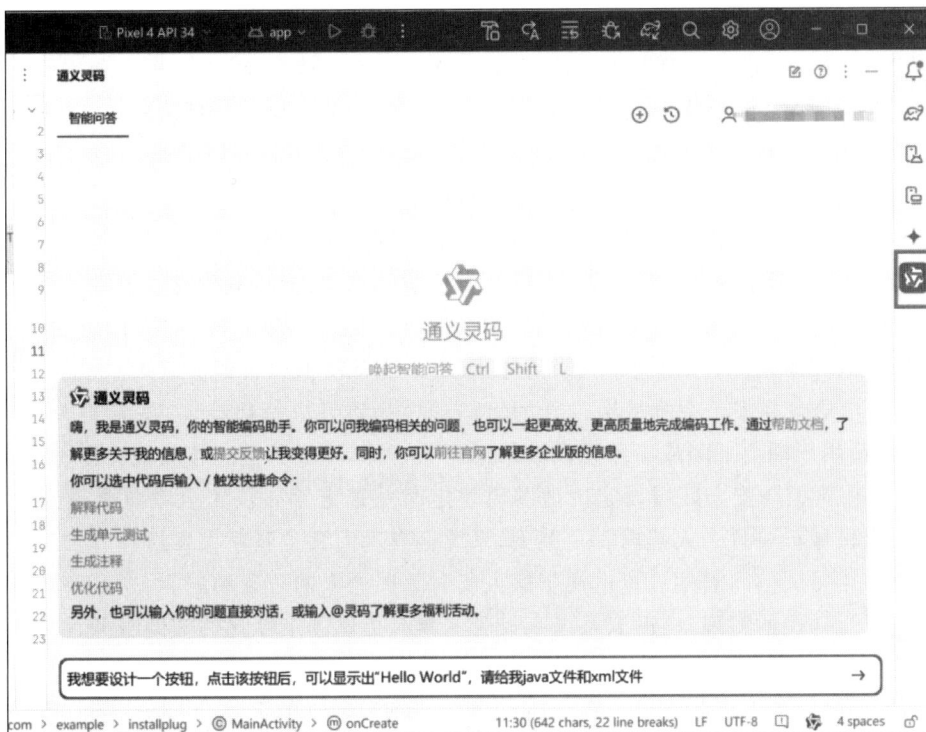

图 9.12　智能问答

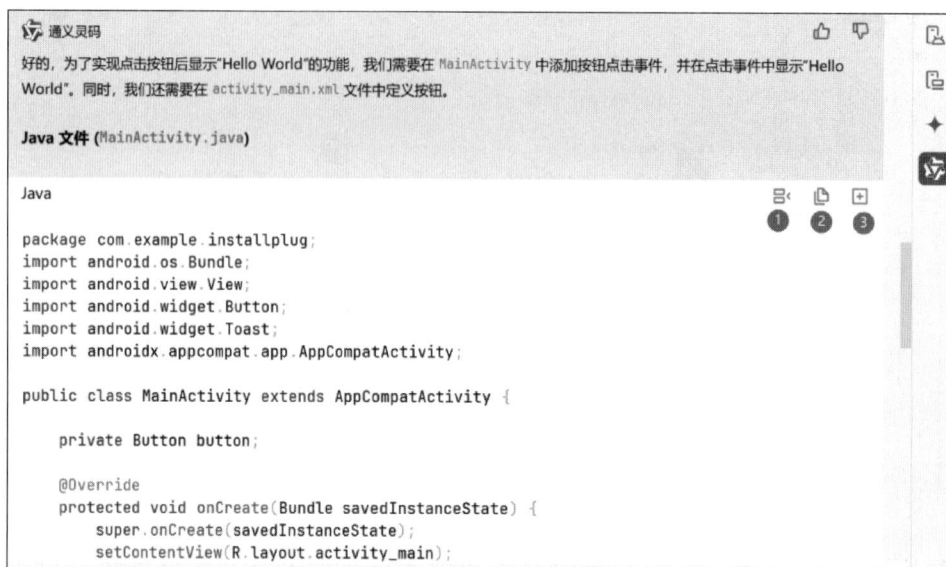

图 9.13　通义灵码智能回答

9.3　使用 AI 大模型实现助老项目

在全球范围内,老龄化社会带来的挑战愈发显著,如何提高老年人的生活质量和安全性成为各界关注的重点。许多老年人面临独居、行动不便、记忆力衰退等问题,这些问题可能导致安全隐患,给老年人及其家庭带来压力。基于 AI 大模型的智能助老系统,旨在通过大数据、人工智能和物联网等前沿技术,帮助老年人更好地管理日常生活、提升独立性,并为他们提供紧急救援与健康提醒服务,助力构建安全、便捷的智能化养老环境。

本系统的开发在多个方面为老年人及其亲属提供了实用和便捷的帮助,提升了老年人日常生活的安全性和便利性。具体包括如下功能。

(1) 紧急呼叫功能。系统在电话簿中增加紧急联系人,老年人在紧急情况下可以一键呼出,快速联系到指定的紧急联系人,提供及时有效的救援途径,减少意外风险。

(2) 用药提醒。通过定时推送和语音播报的方式提醒老年人按时服药,避免因健忘而导致的漏服或误服情况,帮助老年人维持健康状态,有效提升日常健康管理水平。

(3) 短信语音播报。系统将接收到的短信转换为语音进行播报,方便老年人及时获取信息,尤其适用于视力下降或不熟悉阅读的老年人群体,增强其信息接收能力。

(4) 定位监控与安全区域设定。地图模块定时发送老年人位置至紧急联系人,同时支持设定安全区域。一旦老人超出安全范围,系统会自动向紧急联系人发送提醒,确保老年人活动安全。重复短信间隔的设置也便于家人实时掌握老人的位置动向。

通过以上功能的实现,该助老系统不仅为老年人提供了个性化的辅助服务,增强了其独立生活的能力,还帮助家庭成员及时掌握老人的状态,减少家属的顾虑。这一系统的开发和应用,不仅助力老年人生活质量的提高,也为构建和谐、安全的老龄化社会提供了智能化的解决方案。

9.3.1　设置紧急联系人

首先对通义灵码提出设计一个助老项目 App，包括一个名为"设置紧急联系人"的按钮，点击按钮后可以输入并保存紧急联系人的姓名和电话号码，并提示保存是否成功。数据存储使用 SharedPreferences 实现，如图 9.14 所示。

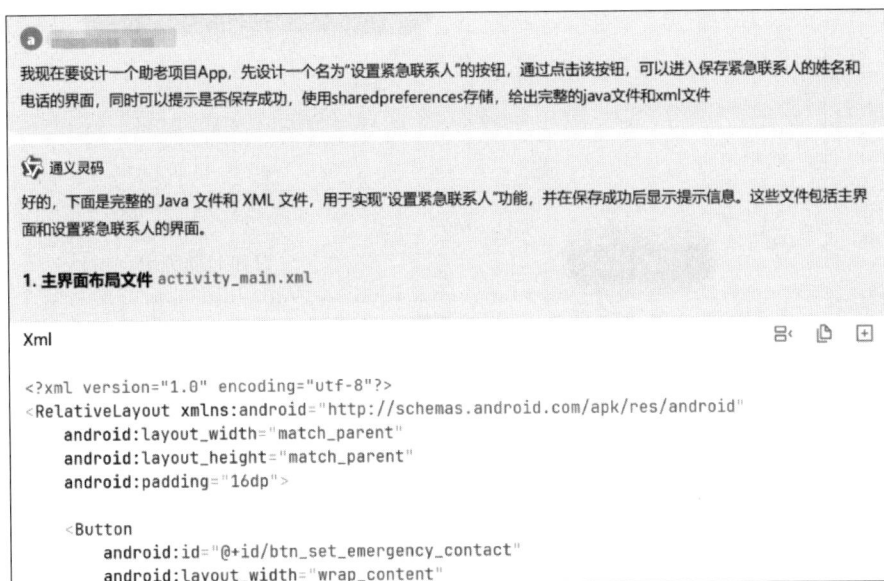

图 9.14　紧急呼叫功能设计

通义灵码提供了一套完整的文件和代码实现，用于开发助老项目 App 的紧急联系人设置功能。该项目包括以下文件。

（1）主界面布局文件（activity_main.xml）。该 XML 文件定义了主界面的布局，其中包含一个"设置紧急联系人"的按钮（btn_set_emergency_contact）。用户点击该按钮可以进入紧急联系人的设置界面。

（2）设置紧急联系人界面布局文件（activity_set_emergency_contact.xml），此文件定义了设置紧急联系人的界面布局，包括用于输入联系人姓名和电话号码的文本框以及"保存"按钮，方便用户添加紧急联系人信息。

（3）主 Activity 文件（MainActivity.java）。该文件是应用的主界面逻辑文件，负责展示主界面布局，并实现跳转到设置紧急联系人的界面 SetEmergencyContactActivity 的逻辑。

（4）设置紧急联系人 Activity 文件（SetEmergencyContactActivity.java）。此文件负责处理紧急联系人设置界面的逻辑。用户输入联系人信息并点击"保存"按钮后，数据通过 SharedPreferences 存储，并在保存成功后显示提示信息。

（5）AndroidManifest.xml 配置文件。

（6）字符串资源文件（strings.xml）。该文件包含应用中使用的文本字符串资源，如按钮文字、提示信息等，便于统一管理和多语言支持。

在运行程序后，当用户点击主界面中的"设置紧急联系人"按钮时，应用会跳转到设置紧急联系人的界面，如图 9.15 所示。此界面提供了一个简洁易用的表单，帮助用户输入紧急联系人的详细信息,包括姓名和电话号码,还设计了一个"保存"按钮,方便用户将输入的信息一键保存。

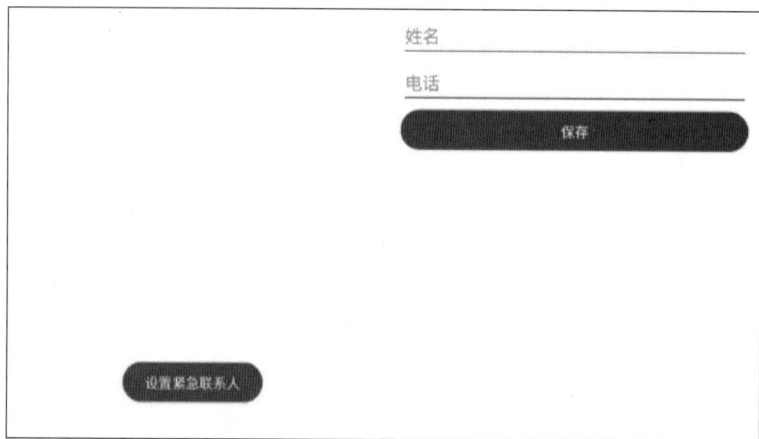

图 9.15　设置紧急联系人

在此基础上,为进一步优化界面,可以向通义灵码提出建议,使其在当前界面中进行修改,如图 9.16 所示。

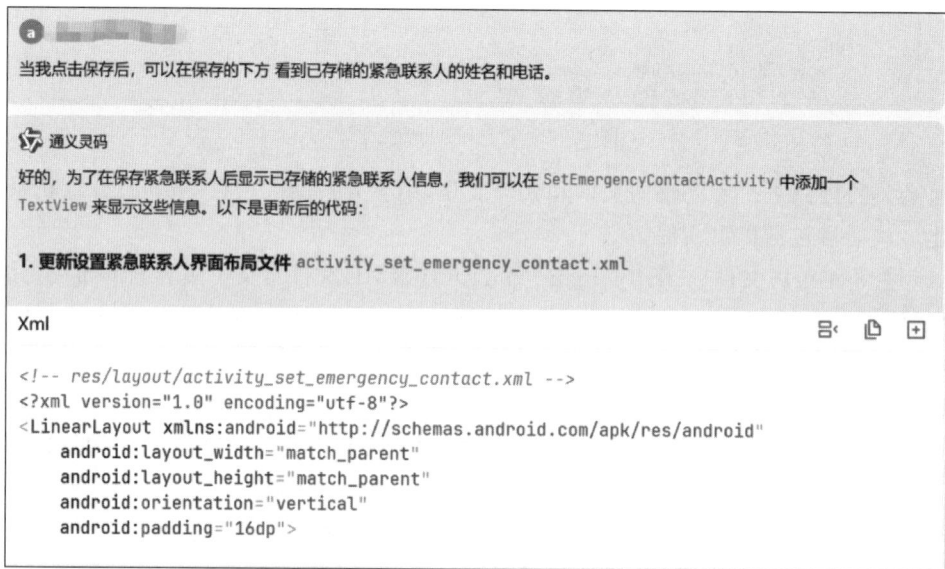

图 9.16　优化紧急联系人界面

为了进一步扩展紧急联系人信息的显示和管理功能,以增强用户体验和界面的可用性,提出以下建议:

(1) activity_set_emergency_contact. xml:添加了一个 TextView,用于显示已保存的紧急联系人信息。为了避免未保存信息时的界面冗余,初始状态下设置该 TextView 为不可见。

(2) SetEmergencyContactActivity:新增 TextView 成员变量 tvSavedContact,并在 onCreate()方法中调用 loadSavedContact()方法检查是否存在已保存的紧急联系人信息。如果有已保存信息,则将内容显示在 TextView 中,并设置其可见状态,帮助用户在进入页面时即可查看已存储的信息。同时,在 saveEmergencyContact()方法中,用户保存紧急联系人信息后,系统会自动更新 TextView 的内容,将新保存的信息显示出来,并设置 TextView 为可见,立即反馈保存结果。

在运行程序后,用户可以在界面上直观地看到已保存的紧急联系人姓名与电话信息,如图 9.17 所示,进一步增强了用户的操作体验。这一设计确保用户在每次进入页面时,能够快速确认紧急联系人信息是否已成功保存并准确显示。

继续对通义灵码补充问答,要求在信息下方提供一个"删除"按钮,便于用户在需要时快速清除联系人信息,如图 9.18 所示。当用户选择删除联系人信息后,界面会恢复输入表单状态,等待用户重新输入。系统在删除操作后增加提示信息,如"联系人已删除",以便用户清楚了解操作结果。

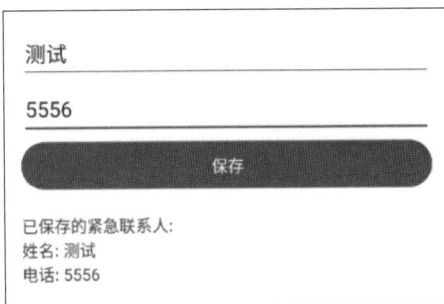

图 9.17　显示紧急联系人信息

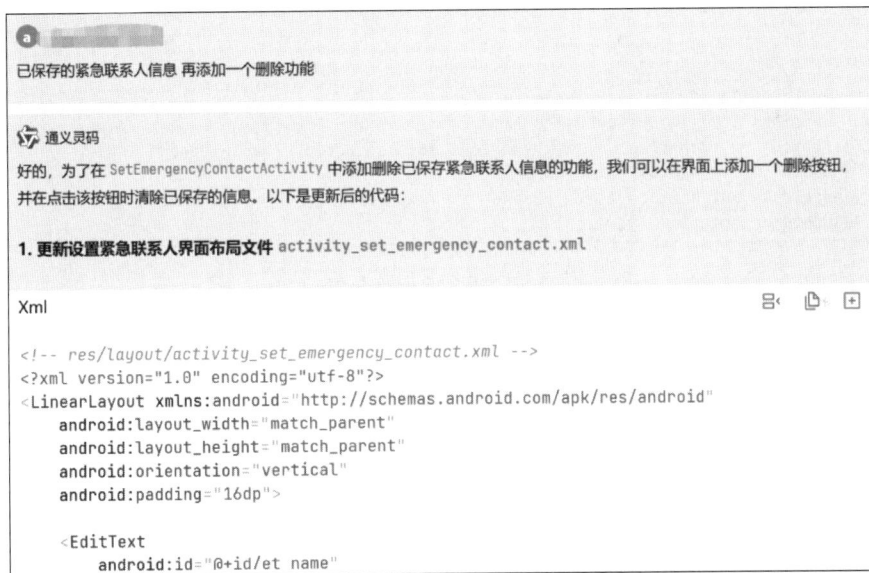

图 9.18　添加"删除"按钮

通义灵码在 SetEmergencyContactActivity 中实现删除已保存紧急联系人信息的功能,对界面布局文件和 Activity 文件进行以下更新。

(1) activity_set_emergency_contact.xml:添加一个"删除"按钮,并将其放置在显示紧急联系人信息的 TextView 下方。初始状态下,将此按钮设置为不可见。当系统检测到已保存的联系人信息时,将此按钮设置为可见,以便用户随时可以删除联系人信息。

(2) SetEmergencyContactActivity.java:在"删除"按钮的点击事件中,清除已保存的联系人信息,更新 SharedPreferences,同时隐藏联系人信息的显示 TextView 和"删除"按钮。删除完成后,恢复输入表单的显示状态,以便用户可以重新输入新的联系人信息。通过弹出消息或显示在界面上方的提示信息"联系人已删除",帮助用户明确操作结果。

在运行程序后，当点击"删除"按钮后，已保存的紧急联系人信息会被清除，并且相关的 TextView 和"删除"按钮会隐藏。

9.3.2 拨打紧急电话

对通义灵码继续问答，在"设置紧急联系人"的下方，设置一个名为"拨打紧急电话"的按钮，通过点击该按钮，可直接拨打已存储紧急联系人的电话，如图 9.19 所示。

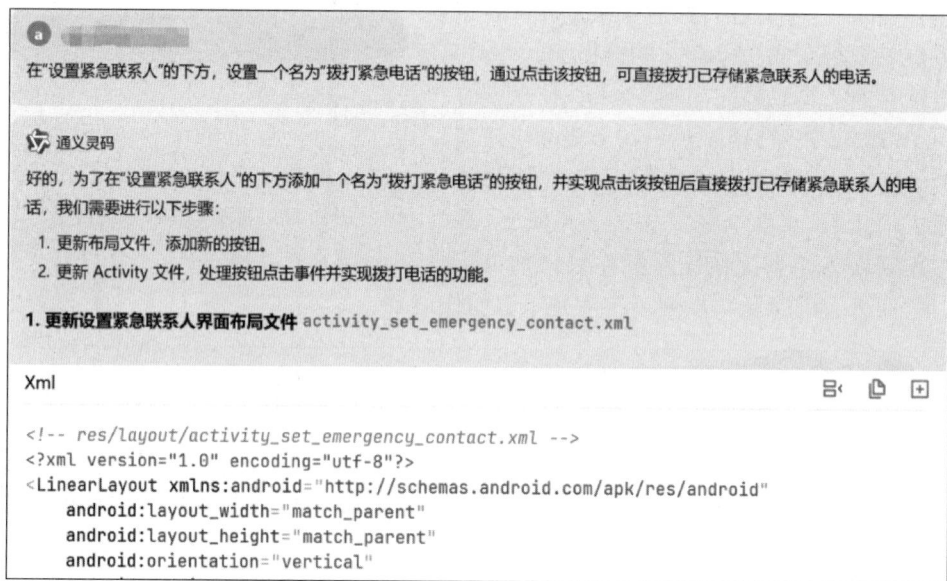

图 9.19 实现紧急拨打电话

通义灵码为了实现紧急联系人呼叫功能，对主界面布局、主界面 Activity、紧急联系人设置 Activity，以及 AndroidManifest 文件进行以下更新和优化，以确保用户能够方便地拨打紧急联系人的电话。

（1）主界面布局文件 activity_main.xml 更新。在主界面布局文件中添加一个"拨打紧急电话"按钮。当用户点击该按钮时，系统会检查是否存在已存储的紧急联系人信息。若已存储紧急联系人，则直接拨打电话；若未存储，则提示用户先设置紧急联系人信息。

（2）主界面 Activity 文件 MainActivity.java 更新。在主界面 Activity 中实现按钮点击事件的逻辑，检查紧急联系人信息的存在状态。当用户点击"拨打紧急电话"按钮时，如果检测到已保存的紧急联系人信息，将调用拨号功能；如果未设置紧急联系人信息，系统会弹出提示，提醒用户先前往 SetEmergencyContactActivity 设置紧急联系人。

（3）创建 SetEmergencyContactActivity 文件。创建 SetEmergencyContactActivity，用于用户输入并保存紧急联系人的姓名和电话号码。该 Activity 包含输入表单和保存功能，使用户能够管理紧急联系人信息。保存成功后，系统将该联系人信息持久化，以便主界面能够随时调用。

（4）更新 AndroidManifest.xml 文件。确保在 AndroidManifest.xml 文件中声明 MainActivity 和 SetEmergencyContactActivity，使它们在应用中可以正常使用。添加拨打电话所需的权限＜uses-permissionandroid：name＝"android. permission. CALL_PHONE"/＞，

确保应用具有拨打电话的权限。

　　在运行程序后,用户只需点击界面下方的"紧急电话"按钮,即可立即拨打已保存的紧急联系人电话。这一功能设计极大地简化了操作流程,尤其适用于老年人或需要紧急联系家属的用户。在紧急情况下,老年人无须多步操作,通过一键式功能即可快速联系到指定的紧急联系人,如图 9.20 所示。

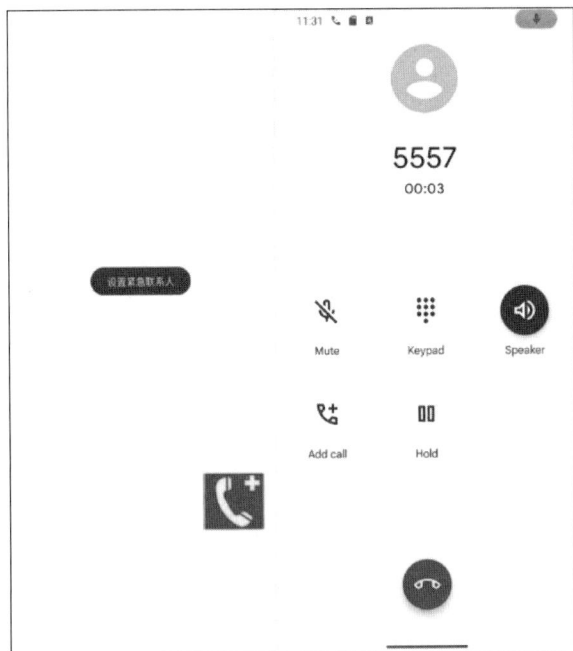

图 9.20　紧急电话拨打

9.3.3　定时用药提醒

　　在通义灵码中,通过新增一个"设置用药提醒"按钮,系统将弹出时间选择器,用户可以灵活选择提醒时间(如每日的特定时间),设定完成后保存提醒计划。时间选择器设计简单直观,确保老年用户可以轻松操作,帮助他们准时服药。这一功能结合了时间选择器和音频提醒,为用户提供便捷的健康管理体验,减少因健忘导致的漏服或误服情况,如图 9.21 所示。

　　通义灵码实现"用药提醒"功能,以下是整体实现步骤的总结。

　　(1) activity_main. xml 布局文件:在主界面 activity_main. xml 中新增一个"设置用药提醒"按钮,并将其放置在"设置紧急联系人"按钮下方。该按钮为用户提供设置用药提醒的入口。

　　(2) MainActivity. java:通过 btnSetMedicationReminder 初始化"设置用药提醒"按钮。在点击事件中调用时间选择器对话框,用户可以选择提醒时间。在时间选择器中选择提醒时间后,应用会使用 AlarmManager 设置一个定时提醒,触发在设定时间播放用药提示音。

　　(3) 创建广播接收器 AlarmReceiver. java:专门处理定时提醒事件在接收到定时提醒时,AlarmReceiver 使用 MediaPlayer 播放音频文件 reminder_sound. mp3 来提醒老年人按时服药。播放音频的同时,可以通过通知或 Toast 提示来提醒用户"请按时服药",提供双重提醒方式。

图 9.21   设置用药提醒

（4）更新 AndroidManifest.xml：确保 AlarmReceive 被注册，以便在设定时间触发用药提醒。

程序运行后，用户可以通过应用中的"设置用药提醒"按钮来实现定时提醒功能，使用 TimePickerDialog 弹出时间选择器，用户可以轻松选择每日的提醒时间。在设定的时间到达时，系统将自动播放音频文件，以此提醒老年人按时吃药，确保用药的及时性和准确性，如图 9.22 所示。

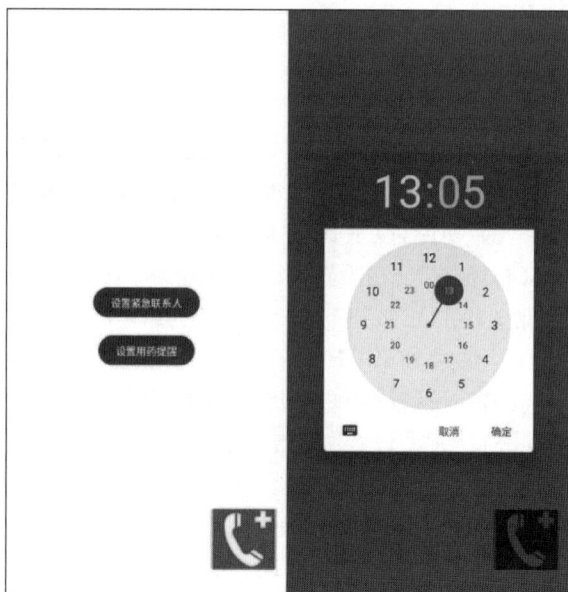

图 9.22   实现用药提醒

9.3.4　语音播报短信

对通义灵码进行提问,增加一个文字转语音(TTS)和短信播报功能,使用户在接收短信时能够自动听到短信内容,无须手动查看屏幕,如图 9.23 所示。这一功能对老年人、视力受限用户,或在开车、行走时无法方便阅读短信的用户尤为有用。

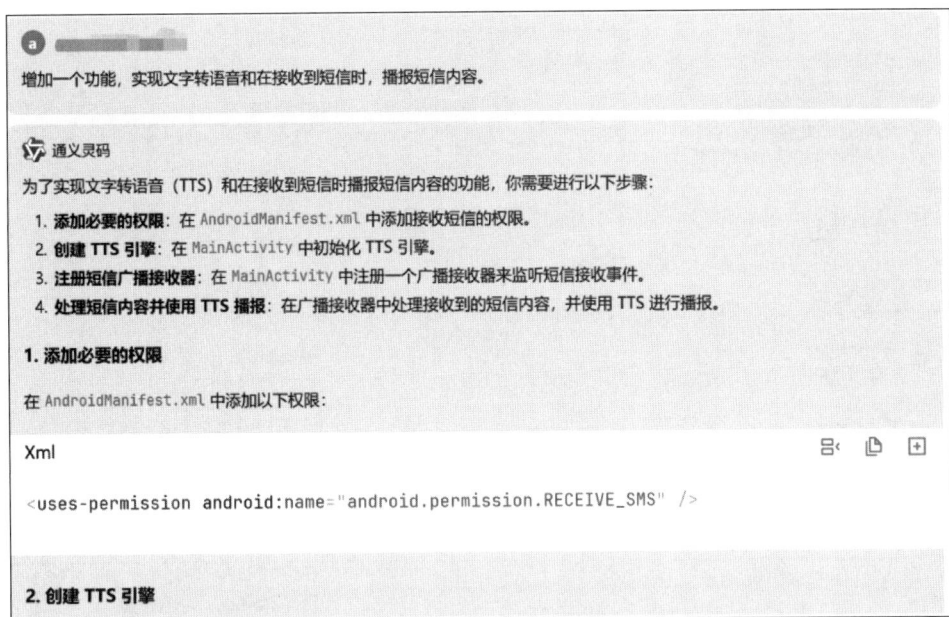

图 9.23　设置语音播报

首先要检查设备是否已安装中文 TTS(文字转语音)数据包,可以打开设备的“设置”应用,找到“语言和输入法”或“语言和区域”选项,然后选择“文字转语音”或“TTS 输出”设置,如图 9.24 所示。在文字转语音设置页面中,可以查看设备上已安装的语言包列表,确认其中是否包含中文语言包。如果没有安装中文 TTS 数据包,可以根据页面提示选择下载或安装,以确保设备能够支持中文的语音合成功能,如图 9.25 所示。通过这种设置检查,用户可以快速了解设备是否具备中文 TTS 支持,为应用的中文语音播报功能提供基础。

通义灵码为了实现文字转语音(TTS)功能并在接收到短信时自动播报短信内容,完成了如下相关任务操作。

(1) 添加必要的权限。在 AndroidManifest. xml 中添加接收短信的权限,以便应用能够监听短信接收事件。确保在文件中包含＜uses-permissionandroid：name＝"android. permission. RECEIVE_SMS"/＞和＜uses-permissionandroid：name＝"android. permission. INTERNET"/＞以支持 TTS 服务。

(2) 创建 TTS 引擎。在 MainActivity. java 中初始化 TTS 引擎。通过 TextToSpeech 类来创建 TTS 实例,并设置所需的语言(如中文)。TTS 引擎将在应用启动时准备就绪,为短信播报功能提供支持。

(3) 注册短信广播接收器。创建一个新的广播接收器类 SmsBroadcastReceiver. java,用于监听设备接收到的短信。当短信到达时,广播接收器将触发预设的操作。

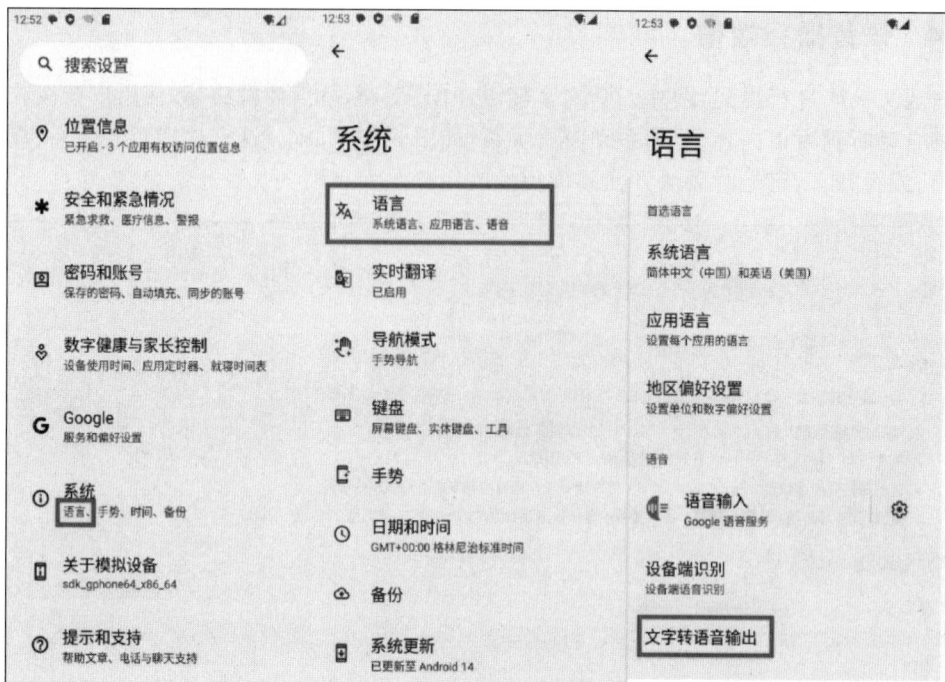

图 9.24　检查 TTS 数据包

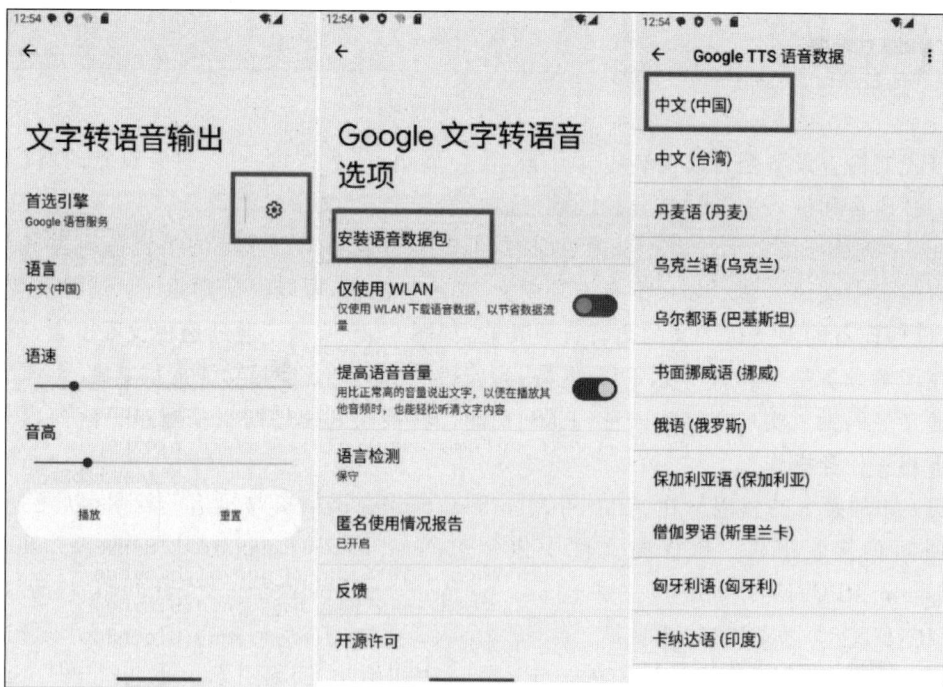

图 9.25　安装语音数据包

（4）处理短信内容并使用 TTS 播报。在 MainActivity. java 中注册 SmsBroadcastReceiver 广播接收器。在接收器中获取短信内容，并调用 TTS 引擎进行播报，将短信内容通过语音播报呈现给用户,确保即使在不查看屏幕的情况下,用户也能听到收到的短信内容。

9.3.5　实时定位与电子围栏

通过访问 https://lbsyun.baidu.com/faq/api? title＝android-locsdk,在百度地图开放平台申请 API Key,完成配置后,应用可以调用百度地图服务。在界面上添加“地图模块”按钮,点击后显示老人的实时位置,方便亲属随时了解老人的动向。为提升安全性,应用具备定时发送位置信息功能,可在指定时间间隔将老人的最新位置通过短信发送给紧急联系人,即使应用未在前台运行,信息仍能及时传递。此外,应用集成了电子围栏功能,设定安全区域,若老人超出此范围将立即发送警报短信,确保在紧急情况发生时能够及时采取应对措施,如图 9.26 所示。

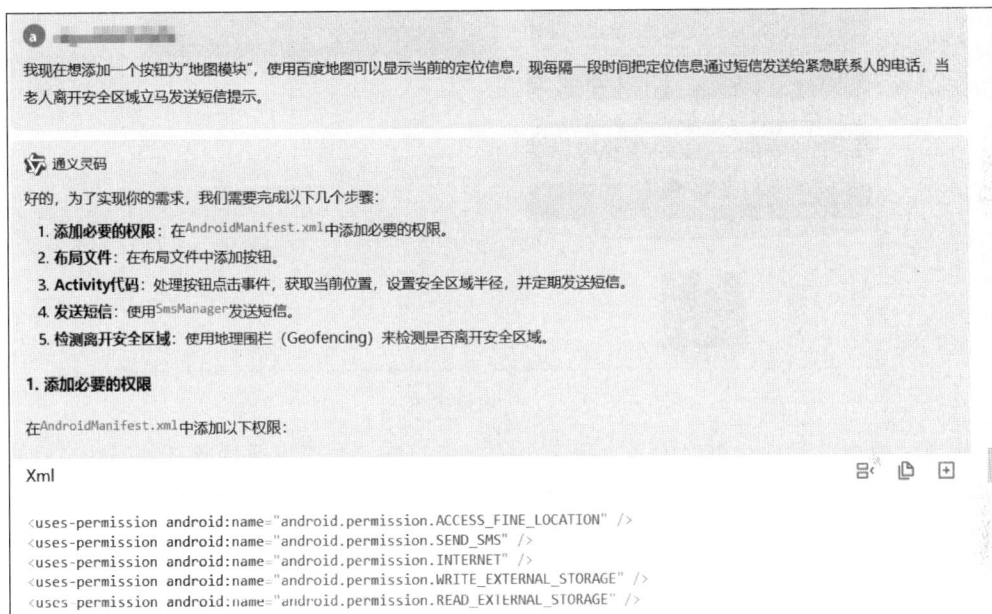

图 9.26　设置地图模块

通义灵码生动实现地图模块功能并获取定位信息定期发送定位信息短信,完成如下相关任务。

（1）布局文件中添加“地图模块”按钮:在主布局文件(如 activity_main. xml)中添加一个按钮,用于启动地图模块。

（2）配置百度地图 SDK 和权限:在 AndroidManifest. xml 中添加百度地图 SDK 所需的权限(包括位置权限和短信发送权限),并配置百度地图的 API Key。

（3）在 MainActivity 中实现“地图模块”按钮的点击事件:在 MainActivity 中找到 btn_map_module 按钮,设置点击事件以启动地图显示页面 BaiduMapActivity。

（4）创建 BaiduMapActivity 类并实现定位、短信发送和安全区域监控功能:新建 BaiduMapActivity 类,用于展示地图和定位信息,并实现定期发送短信的功能,包含以下具体功能。

① 初始化百度地图和定位功能:在 BaiduMapActivity 中配置百度地图 SDK 初始化、

位置监听器和显示当前定位。

②定期发送定位信息短信：设置定时任务，每隔一段时间将当前定位信息通过短信发送给紧急联系人。如果老人超出指定安全区域，立即发送警告短信提醒紧急联系人。

（5）创建 activity_baidu_map.xml 布局文件：在 res/layout 文件夹中创建 activity_baidu_map.xml 布局文件，用于显示百度地图 MapView。

程序运行后，通过点击"设置安全区域半径"可以设置一个安全半径，点击"地图模块"按钮，实现地图展示和实时定位功能如图 9.27 所示，同时满足定期短信发送和安全区域提醒的需要。

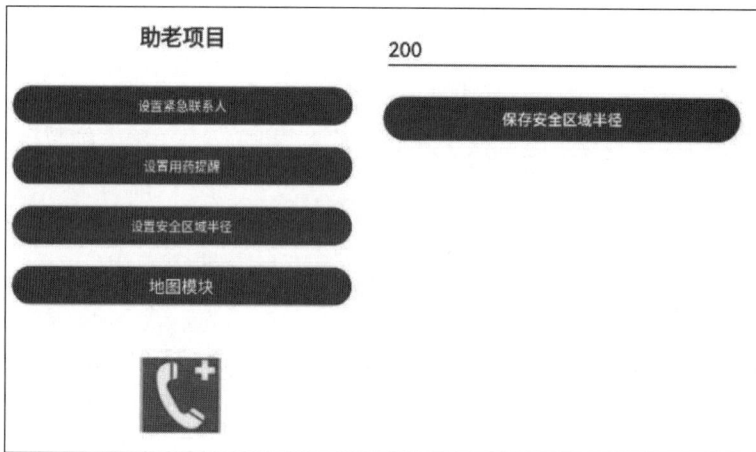

图 9.27 实现地图模块

使用大模型进行自动化程序开发是未来的一个趋势。本项目通过通义灵码的自动代码生成功能辅助完成了助务项目的开发，展示开发的基本流程。通过相关提示词语句与大模型进行交互迭代开发逐步完成各个模块的功能。

第 **10** 章
综合项目——光纤拉丝案例

本章光纤拉丝应用案例由中天智能装备有限公司协助提供。

光纤技术是现代通信和传输技术的核心之一，广泛应用于电信、互联网、医疗和军事等领域。光纤是一种由高纯石英玻璃拉制而成的光导纤维。光纤生产的关键在于相对应的光纤预制棒，光纤预制棒被誉为光通信产业"皇冠上的明珠"。为了打破预制棒制造技术受制于人的局面，2007 年，中天科技研发了多项原创性工艺技术，成功生产出第一根具备全套知识产权的光纤预制棒，并实现了所有生产设备的自主化。

为了帮助学习者、科研人员以及光纤技术行业的从业者深入了解光纤的制作过程及其应用，本应用程序以图文并茂的形式详细展示光纤的制作步骤、拉丝塔控制参数及相关技术背景。通过互动式学习和多媒体展示，用户可以清晰地掌握光纤的制作流程，提升实践技能与理论认知。通过该应用程序，用户能够学习光纤的制作过程，了解从材料准备、制造到检测的每个步骤，同时通过实时监控和互动式学习进一步掌握其工作原理和控制方法。本章将对光纤拉丝应用开发的过程进行详细的讲解。

本章学习目标：

1. 知识理解

- 理解光纤拉丝应用的功能需求和技术背景，掌握如何通过 Android 应用实现对工业控制系统的支持。
- 掌握光纤拉丝过程中的数据存储与处理需求，包括数据采集、存储设计及数据实时更新的实现方法。

2. 技能应用能力

- 能够根据项目需求进行详细的需求分析，理解并转换为 Android 应用的功能模块。
- 能够设计光纤拉丝项目中的数据存储方案（如 SQLite 数据库、文件存储等），并实现数据的持久化管理。
- 能够实现光纤拉丝应用的功能模块设计与开发。

3. 分析与解决问题能力

- 能够分析复杂问题（光纤拉丝项目）中的技术难点和挑战，提出合理的解决方案，例如，如何处理实时数据流、如何进行多线程处理等。
- 能够解决在模块设计与开发过程中可能遇到的性能瓶颈和优化问题，如界面卡顿、数据延迟等。

- 能够设计高效的数据存储与管理方案,确保复杂工业场景(光纤拉丝)过程中产生的数据能够高效、准确地存储和读取。
- 能够在项目中处理与视频播放、数据处理、实时监控等功能相关的常见问题,如视频延迟、数据同步等。
- 能够通过合理的日志记录和调试方法,定位并解决系统运行中的问题,提升应用的稳定性和用户体验。

10.1　需求分析

该应用的目标用户既包括普通用户,也包括管理员用户。普通用户通过自主学习光纤拉丝的制作步骤和视频介绍,掌握光纤拉丝相关知识,普通用户无须经过登录,便可访问"制作步骤"和"视频介绍"界面。管理员用户除了可以查阅光纤拉丝的制作步骤和视频介绍外,还可以控制光纤拉丝的参数,并实时监控光纤拉丝的情况,查看和记录光纤拉丝系统的维护日志。App 应用用例图如图 10.1 所示。

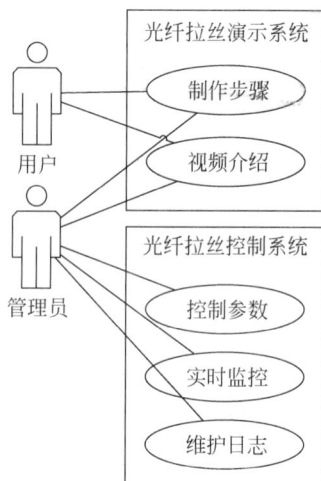

图 10.1　光纤拉丝应用用例图

10.2　数据存储设计

App 中有两个模块的数据需要存储:控制参数模块与维护日志模块的数据存储。控制参数模块中的数据使用 SharedPreference 存储,维护日志模块中的数据使用 SQLite 数据库存储。

1. 控制参数存储设计

控制参数模块中的参数数据使用 SharedPreference 存储,该数据在数据监测模块需要调用,控制参数模块中数据较少,不需要复杂的查询,SharedPreference 方式进行存储方法调用。参数含义如表 10.1 所示。

表 10.1　控制参数的数据类型

属　　性	数 据 类 型	说　　明
setTemperature	Float	设定的温度值
setSpeed	Float	设定的速度值
setTension	Float	设定的张力值

在数据处理模块中,每次启动数据处理服务时,从 SharedPreference 中读取之前保存的温度、速度、张力数值。控制参数模块中,用户参数进行修改后,调用数据处理服务将修改的数据保存到 SharedPreference 中。

2. 维护日志的内容存储设计

维护日志模块中记录的维护日志内容,采用 SQLite 数据库存储,日志内容存储在日志表 log_entries 中。表中的字段含义如表 10.2 所示。

表 10.2　log_entries 数据表结构

字　段　名	数 据 类 型	说　　明	字 段 备 注
id	integer	主键,自增	用于标识的序号
log	text	非空	日志内容
timestamp	datetime	自动生成	日志提交时间

10.3　功能模块设计

10.3.1　项目架构与代码文件

1. 光纤拉丝 App 项目架构

项目中程序以及布局文件的架构如图 10.2 所示,代码文件存放在 java 文件中,res 中存放布局文件以及图片、视频等资源文件。

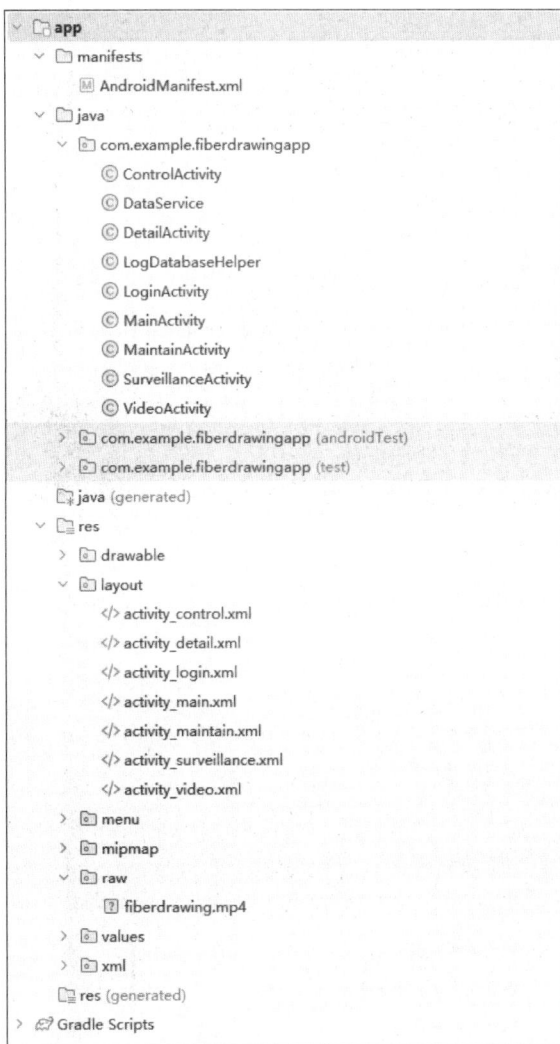

图 10.2　项目架构

2. 光纤拉丝 App 相关文件

项目中代码文件与布局文件的作用如表 10.3 所示。

表 10.3　文件作用说明

文 件 名	作 用
ControlActivity. java	控制参数界面的 Java 文件
DataService. java	数据服务的 Java 文件
DetailActivity. java	制作步骤界面的 Java 文件
LogDatabaseHelper. java	维护日志的数据库处理对象的 Java 文件
LoginActivity. java	管理员登录界面的 Java 文件
MainActivity. java	主界面的 Java 文件
MaintainActivity. java	维护日志界面的 Java 文件
SurveillanceActivity. java	实时监控界面的 Java 文件
VideoActivity. java	视频介绍界面的 Java 文件
activity_control. xml	控制参数界面的布局文件
activity_detail. xml	制作步骤界面的布局文件
activity_login. xml	管理员登录界面的布局文件
activity_main. xml	主界面的布局文件
activity_maintain. xml	维护日志界面的布局文件
activity_surveillance. xml	实时监控界面的布局文件
activity_video. xml	视频介绍界面的布局文件

10.3.2　主界面模块

应用程序的主活动界面为 MainActivity,负责导航到其他模块。主界面的主要功能为向普通用户和管理员用户展示不同的界面,并实现对应按钮的跳转功能。普通用户的导航栏中显示制作步骤、视频介绍、管理员登录等模块。管理员登录后导航栏显示制作步骤、视频介绍、管理员登出、控制参数、实时监控、维护日志等模块。

主界面的运行效果如图 10.3 所示。

主界面的布局文件 activity_main. xml 的代码如下。

```xml
<?xml version="1.0" encoding="utf-8"?>
<LinearLayout xmlns:android="http://schemas.android.com/apk/res/android"
    xmlns:tools="http://schemas.android.com/tools"
    xmlns:app="http://schemas.android.com/apk/res-auto"
    android:id="@+id/main"
    android:layout_width="match_parent"
    android:layout_height="match_parent"
    android:orientation="vertical"
    tools:context=".MainActivity">
<FrameLayout
    android:id="@+id/nav_host_fragment"
    android:layout_width="match_parent"
    android:layout_height="0dp"
    android:layout_weight="1" >
```

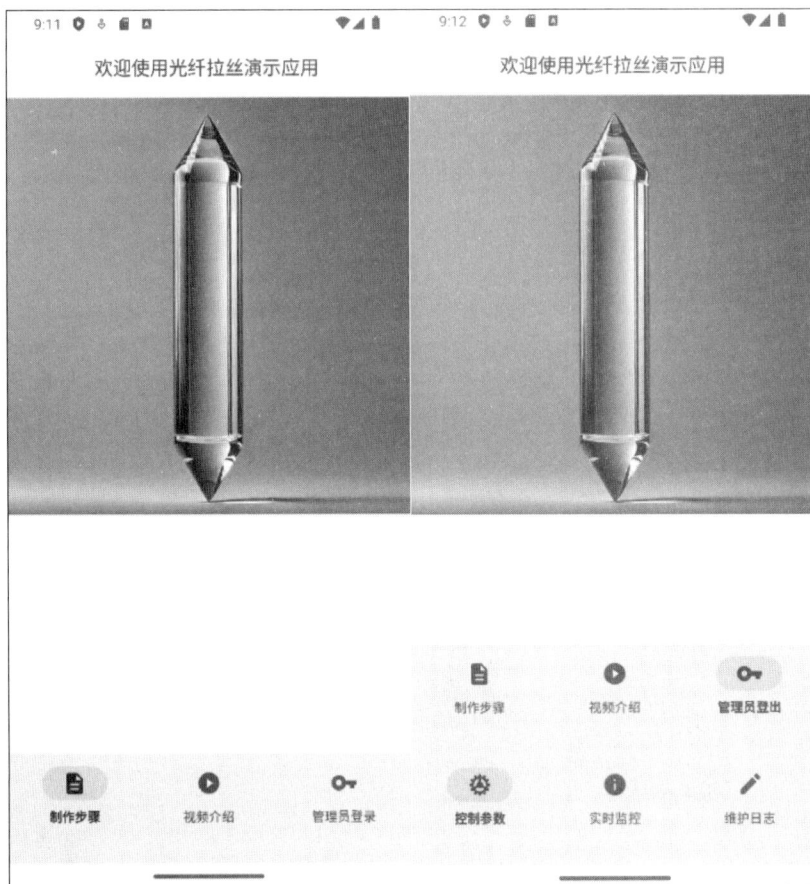

图 10.3　主界面

```
<ScrollView
    android:layout_width="match_parent"
    android:layout_height="wrap_content" >
    <LinearLayout
        android:layout_width="match_parent"
        android:layout_height="wrap_content"
        android:orientation="vertical">
        <TextView
            android:id="@+id/intro_text"
            android:layout_width="match_parent"
            android:layout_height="wrap_content"
            android:text="@string/welcome"
            android:padding="16dp"
            android:textSize="18sp"
            android:gravity="center" />
        <ImageView
            android:id="@+id/image_fiber"
            android:layout_width="match_parent"
            android:layout_height="wrap_content"
```

```
                    android:src="@drawable/fiber0"
                    android:adjustViewBounds="true" />
            </LinearLayout>
        </ScrollView>
    </FrameLayout>
    <!-- 底部导航栏容器 -->
    <LinearLayout
        android:id="@+id/bottom_navigation_container"
        android:layout_width="match_parent"
        android:layout_height="wrap_content"
        android:orientation="vertical">
        <!-- 第一行导航栏(未登录) -->
        <com.google.android.material.bottomnavigation.BottomNavigationView
            android:id="@+id/bottom_navigation_guest"
            android:layout_width="match_parent"
            android:layout_height="wrap_content"
            app:labelVisibilityMode="labeled"
            app:menu="@menu/bottom_navigation_guest_menu"/>
        <!-- 第二行导航栏(登录后),默认隐藏 -->
        <com.google.android.material.bottomnavigation.BottomNavigationView
            android:id="@+id/bottom_navigation_logged"
            android:layout_width="match_parent"
            android:layout_height="wrap_content"
            app:labelVisibilityMode="labeled"
            android:visibility="gone"
            app:menu="@menu/bottom_navigation_logged_menu"/>
    </LinearLayout>
</LinearLayout>
```

主界面 MainActivity 中采用 SharedPreferences 存储用户的登录状态,根据登录状态显示或隐藏不同的导航栏。用户可以通过点击这些按钮导航到不同的活动界面,如 DetailActivity、VideoActivity、LoginActivity、ControlActivity、SurveillanceActivity 等。

主界面 MainActivity 的代码如下。

```
package com.example.fiberdrawingapp;

import androidx.activity.EdgeToEdge;
import androidx.activity.result.ActivityResultLauncher;
import androidx.activity.result.contract.ActivityResultContracts;
import androidx.annotation.NonNull;
import androidx.core.graphics.Insets;
import androidx.core.view.ViewCompat;
import androidx.core.view.WindowInsetsCompat;

import com.google.android.material.bottomnavigation.BottomNavigationView;

public class MainActivity extends AppCompatActivity {
    private boolean isLoggedIn;
```

```java
    private ActivityResultLauncher<Intent> loginActivityResultLauncher;
    @Override
    protected void onCreate(Bundle savedInstanceState) {
        super.onCreate(savedInstanceState);
        EdgeToEdge.enable(this);
        setContentView(R.layout.activity_main);
        ViewCompat.setOnApplyWindowInsetsListener(findViewById(R.id.main),
(v, insets) -> {
            Insets systemBars = insets.getInsets(WindowInsetsCompat.Type.
systemBars());
            v.setPadding(systemBars.left, systemBars.top, systemBars.right,
systemBars.bottom);
            return insets;
        });
        //初始化底部导航栏
        BottomNavigationView bottomNavigationViewGuest = findViewById(R.id.
bottom_navigation_guest);
        BottomNavigationView bottomNavigationViewLogged = findViewById(R.id.
bottom_navigation_logged);
        //获取登录状态
        isLoggedIn = getSharedPreferences("app_prefs", MODE_PRIVATE)
                .getBoolean("is_logged_in", false);
        //初始化 ActivityResultLauncher
        loginActivityResultLauncher = registerForActivityResult(
                new ActivityResultContracts.StartActivityForResult(),
                result -> {
                    if (result.getResultCode() == RESULT_OK) {
                        isLoggedIn = true;
                        updateNavigationMenu(bottomNavigationViewGuest, bottom-
NavigationViewLogged);
                    }
                });
        //设置未登录状态下的导航栏点击监听器
        bottomNavigationViewGuest.setOnItemSelectedListener(item -> {
            int itemId = item.getItemId();
            if (itemId == R.id.nav_detail) {
                navigateToDetail();
                return true;
            } else if (itemId == R.id.nav_video) {
                navigateToVideo();
                return true;
            } else if (itemId == R.id.nav_admin_login) {
                handleAdminButton(bottomNavigationViewGuest, bottomNavigation-
ViewLogged);
                return true;
            }
            return false;
        });
        //设置已登录状态下的导航栏点击监听器
```

```
            bottomNavigationViewLogged.setOnItemSelectedListener(item -> {
                int itemId = item.getItemId();
                if (itemId == R.id.nav_control) {
                    navigateToControl();
                    return true;
                } else if (itemId == R.id.nav_surveillance) {
                    navigateToSurveillance();
                    return true;
                } else if (itemId == R.id.nav_maintain) {
                    navigateToMaintain();
                    return true;
                }
                return false;
            });
            //更新导航栏菜单
            updateNavigationMenu(bottomNavigationViewGuest, bottomNavigationViewLogged);
        }
        //更新导航栏菜单的方法
        private void updateNavigationMenu(BottomNavigationView bottomNavigationViewGuest,
    BottomNavigationView bottomNavigationViewLogged) {
            if (!isLoggedIn) {
                bottomNavigationViewLogged.setVisibility(View.GONE);

                    bottomNavigationViewGuest.getMenu().findItem(R.id.nav_admin_
    login).setTitle(R.string.admin_login);
            } else {
                bottomNavigationViewLogged.setVisibility(View.VISIBLE);

                    bottomNavigationViewGuest.getMenu().findItem(R.id.nav_admin_
    login).setTitle(R.string.admin_logout);
            }
        }
        //导航到主界面的方法
        private void navigateToMain() {
            startActivity(new Intent(this, MainActivity.class));
        }
        //导航到详情界面的方法
        private void navigateToDetail() {
            startActivity(new Intent(this, DetailActivity.class));
        }
        //导航到视频界面的方法
        private void navigateToVideo() {
            startActivity(new Intent(this, VideoActivity.class));
        }
        //导航到控制界面的方法
        private void navigateToControl() {
            startActivity(new Intent(this, ControlActivity.class));
        }
        //导航到监控界面的方法
        private void navigateToSurveillance() {
            startActivity(new Intent(this, SurveillanceActivity.class));
        }
        //导航到维护界面的方法
        private void navigateToMaintain() {
```

```
        startActivity(new Intent(this, MaintainActivity.class));
    }
    //处理管理员按钮点击事件的方法
    private void handleAdminButton(BottomNavigationView bottomNavigationViewGuest,
BottomNavigationView bottomNavigationViewLogged) {
        if (isLoggedIn) {
            //注销
            getSharedPreferences("app_prefs", MODE_PRIVATE)
                    .edit()
                    .putBoolean("is_logged_in", false)
                    .apply();
            isLoggedIn = false;
        } else {
            //登录
            Intent loginIntent = new Intent(this, LoginActivity.class);
            loginActivityResultLauncher.launch(loginIntent);
        }
        updateNavigationMenu(bottomNavigationViewGuest, bottomNavigationViewLogged);
    }
}
```

10.3.3　制作步骤模块

制作步骤界面是普通用户无须登录便可使用的界面之一,它是使用图片与文字详细展示光纤与光纤拉丝的步骤的模块。在制作步骤界面中,最外层是一个用于上下滚动的滚动视图,内嵌一个垂直线性布局。其中上方是一个用于标题的居中文本框,介绍本界面的名称,界面中通过文本框与图片控件存放介绍光纤制作步骤的内容。界面效果如图 10.4 所示。

图 10.4　制作步骤界面

制作步骤界面的布局文件 activity_detail. xml 的代码如下。

```xml
<?xml version="1.0" encoding="utf-8"?>
<LinearLayout xmlns:android="http://schemas.android.com/apk/res/android"
    android:layout_width="match_parent"
    android:layout_height="match_parent"
    android:orientation="vertical"
    android:padding="16dp">
    <TextView
        android:layout_width="match_parent"
        android:layout_height="wrap_content"
        android:text="@string/menu_detail"
        android:padding="16dp"
        android:textSize="20sp"
        android:gravity="center" />
    <ScrollView
        android:layout_width="match_parent"
        android:layout_height="match_parent" >
        <LinearLayout
            android:layout_width="match_parent"
            android:layout_height="wrap_content"
            android:orientation="vertical">
            <TextView
                android:layout_width="match_parent"
                android:layout_height="wrap_content"
                android:text="@string/fiber_detail"
                android:textSize="20sp" />
            <ImageView
                android:id="@+id/image_fiber1"
                android:layout_width="match_parent"
                android:layout_height="wrap_content"
                android:src="@drawable/fiber1"
                android:contentDescription="@string/fiber_drawing_detail"
                android:adjustViewBounds="true" />
            <TextView
                android:layout_width="match_parent"
                android:layout_height="wrap_content"
                android:text="@string/fiber_drawing_detail"
                android:textSize="20sp" />
            <ImageView
                android:id="@+id/image_fiber2"
                android:layout_width="match_parent"
                android:layout_height="wrap_content"
                android:src="@drawable/fiber2"
                android:contentDescription="@string/fiber_drawing_detail"
                android:adjustViewBounds="true" />
        </LinearLayout>
    </ScrollView>
</LinearLayout>
```

制作步骤界面代码文件 DetailActivity.java 中的代码如下。

```
package com.example.fiberdrawingapp;
public class DetailActivity extends AppCompatActivity {
    @Override
    protected void onCreate(Bundle savedInstanceState) {
        super.onCreate(savedInstanceState);
        setContentView(R.layout.activity_detail);
    }
}
```

10.3.4　视频介绍模块

视频介绍界面中使用 VideoView 组件播放视频的方式介绍光线拉丝过程。在视频介绍界面中,上方为视频组件,用于播放视频;下方是文本框,用于放置视频的说明文字。界面效果如图 10.5 与图 10.6 所示。

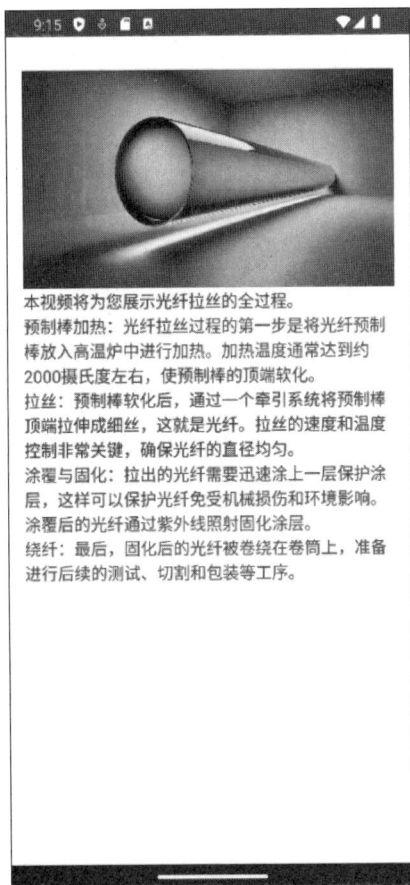

图 10.5　视频介绍

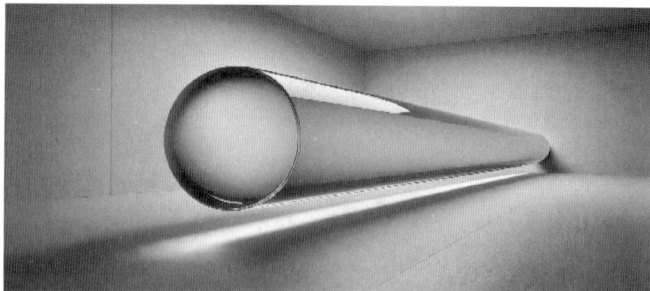

图 10.6　视频介绍横屏播放

视频介绍界面的布局文件 activity_video.xml 中的代码如下。

```xml
<?xml version="1.0" encoding="utf-8"?>
<LinearLayout xmlns:android="http://schemas.android.com/apk/res/android"
    android:layout_width="match_parent"
    android:layout_height="match_parent"
    android:orientation="vertical"
    android:padding="16dp">
    <VideoView
        android:id="@+id/video_view"
        android:layout_width="match_parent"
        android:layout_height="wrap_content"
        android:layout_marginTop="16dp" />
    <ScrollView
        android:layout_width="match_parent"
        android:layout_height="match_parent" >
        <LinearLayout
            android:layout_width="match_parent"
            android:layout_height="wrap_content"
            android:orientation="vertical">
            <TextView
                android:id="@+id/video_description"
                android:layout_width="match_parent"
                android:layout_height="wrap_content"
                android:text="@string/fiber_drawing_video"
                android:textSize="16sp" />
        </LinearLayout>
    </ScrollView>
</LinearLayout>
```

视频介绍模块的代码文件 VideoActivity.java 中的代码如下。

```java
public class VideoActivity extends AppCompatActivity {
    @Override
    protected void onCreate(Bundle savedInstanceState) {
        super.onCreate(savedInstanceState);
        setContentView(R.layout.activity_video);
```

```
        //初始化 VideoView
        VideoView videoView = findViewById(R.id.video_view);
        //设置要播放的视频的 URI
        Uri videoUri = Uri.parse("android.resource://" + this.getPackageName() +
"/" + R.raw.fiberdrawing);
        videoView.setVideoURI(videoUri);
        //开始播放视频
        videoView.start();
        //设置 OnClickListener,当视频被点击时进入全屏模式
        videoView.setOnClickListener(v -> toggleFullScreen());
    }
    //切换全屏模式的方法
    private void toggleFullScreen() {
        View decorView = getWindow().getDecorView();
        //设置系统 UI 可见性为全屏,隐藏导航栏,并启用沉浸式黏性模式
        int uiOptions = View.SYSTEM_UI_FLAG_FULLSCREEN | View.SYSTEM_UI_FLAG_
HIDE_NAVIGATION | View.SYSTEM_UI_FLAG_IMMERSIVE_STICKY;
        decorView.setSystemUiVisibility(uiOptions);
    }
}
```

10.3.5　管理员登录模块

　　管理员登录界面是用于将普通用户身份升级至管理员身份的界面。管理员点击主界面的"管理员登录"按钮可以跳转到登录界面,登录界面两个 EditText 用于接收管理员的账号和密码,登录 Button 触发登录验证代码,如图 10.7 所示。输入正确的账号和密码后,点击"登录"按钮,便可以返回主界面,并成功升级为管理员界面。若账号或密码不匹配,会提示对应错误信息,需要重新登录。默认用户名与密码存储在代码文件中。

　　管理员登录模块布局文件 activity_login.xml 中的代码如下。

```
<?xml version="1.0" encoding="utf-8"?>
<LinearLayout xmlns:android="http://schemas.android.com/apk/res/android"
    android:layout_width="match_parent"
    android:layout_height="match_parent"
    android:orientation="vertical"
    android:padding="16dp">
    <TextView
        android:id="@+id/text_maintain"
        android:layout_width="match_parent"
        android:layout_height="wrap_content"
        android:layout_marginStart="8dp"
        android:layout_marginTop="8dp"
        android:layout_marginEnd="8dp"
        android:textAlignment="center"
        android:text="@string/admin_login"
        android:textSize="20sp" />
    <EditText
```

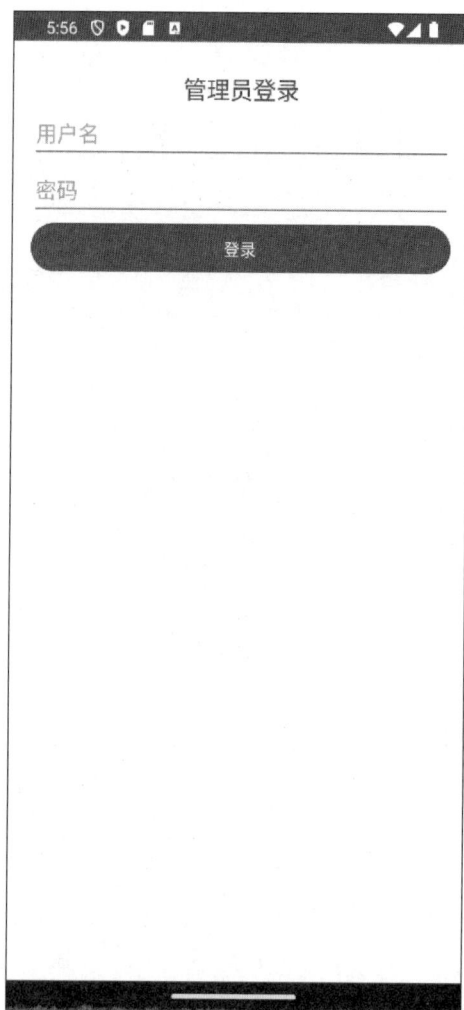

图 10.7　管理员登录

```
        android:id="@+id/username"
        android:layout_width="match_parent"
        android:layout_height="wrap_content"
        android:hint="@string/username" />
    <EditText
        android:id="@+id/password"
        android:layout_width="match_parent"
        android:layout_height="wrap_content"
        android:hint="@string/password"
        android:inputType="textPassword" />
    <Button
        android:id="@+id/login_button"
        android:layout_width="match_parent"
        android:layout_height="wrap_content"
        android:text="@string/login" />
</LinearLayout>
```

管理员登录模块代码文件 LoginActivity.java 中的代码如下。

```java
package com.example.fiberdrawingapp;

public class LoginActivity extends AppCompatActivity {
    private EditText usernameEditText;
    private EditText passwordEditText;
    private String demo_username = "admin";
    private String demo_password = "password";
    @Override
    protected void onCreate(Bundle savedInstanceState) {
        super.onCreate(savedInstanceState);
        setContentView(R.layout.activity_login);
        //初始化用户名和密码输入框
        usernameEditText = findViewById(R.id.username);
        passwordEditText = findViewById(R.id.password);
        Button loginButton = findViewById(R.id.login_button);
        //设置"登录"按钮的点击监听器
        loginButton.setOnClickListener(this::attemptLogin);
    }
    //尝试登录的方法
    private void attemptLogin(View view) {
        String username = usernameEditText.getText().toString();
        String password = passwordEditText.getText().toString();
        //检查用户名和密码是否正确
        if (username.equals(demo_username) && password.equals(demo_password)) {
            //保存登录状态
            getSharedPreferences("app_prefs", MODE_PRIVATE)
                    .edit()
                    .putBoolean("is_logged_in", true)
                    .apply();
            //返回结果给 MainActivity
            setResult(RESULT_OK);
            finish();
        } else {
            //显示无效凭据的提示
            Toast.makeText(this, "Invalid credentials", Toast.LENGTH_SHORT).show();
        }
    }
}
```

10.3.6　数据处理模块

在程序开始运行时,会自动启动光纤拉丝后台服务,该服务是光纤拉丝模拟的核心模块,负责根据参数的配置情况(温度单位为 m℃、速度单位为 mm/s、张力单位为 mN),结合当前光纤棒的重量、噪声干扰,通过加上随机数倍数的噪声进行计算(温度±1%、速度±0.5%、张力±2%),模拟计算输入的参数生成的光纤拉丝数据。

DataService 是一个用于管理和提供应用程序中数据的服务。它在后台运行,并通过绑定机制与活动进行通信。DataService 的主要功能如下。

（1）数据存储和管理：DataService 负责存储和管理应用程序中的关键数据，如温度、速度和张力等参数。

（2）数据提供：DataService 提供方法供活动调用，以获取当前的数据值。

（3）数据更新：DataService 允许其他组件更新数据值，并在必要时执行相应的操作。

（4）后台运行：DataService 可以在后台运行，确保数据的持续可用性，即使用户界面组件被销毁或重新创建。

数据处理的后台服务文件 DataService.java 中的代码如下。

```java
package com.example.fiberdrawingapp;

import java.util.Random;

public class DataService extends Service {
    //Binder 实例，用于客户端绑定服务
    private final IBinder binder = new LocalBinder();
    //Handler 用于在主线程中执行任务
    private final Handler handler = new Handler(Looper.getMainLooper());
    //Random 实例，用于生成随机数
    private final Random random = new Random();
    //温度、速度和张力的波动范围
    private float fluctuationRangeTemperature = 0.01f;
    private float fluctuationRangeSpeed = 0.005f;
    private float fluctuationRangeTension = 0.02f;
    //设定值
    private float setTemperature = 273;
    private float setSpeed = 0;
    private float setTension = 0;
    //显示值
    private float displayTemperature = 273;
    private float displaySpeed = 0;
    private float displayTension = 0;
    //SharedPreferences 实例，用于保存和加载数据
    private SharedPreferences sharedPreferences;
    @Override
    public void onCreate() {
        super.onCreate();
        //初始化 SharedPreferences
        sharedPreferences = getSharedPreferences("DataServicePrefs", MODE_PRIVATE);
        //加载保存的设定值
        loadPreferences();
        //开始生成数据
        startGeneratingData();
    }
    //Binder 类，用于客户端绑定服务
    public class LocalBinder extends Binder {
        DataService getService() {
            return DataService.this;
```

```
        }
    }
    @Override
    public IBinder onBind(Intent intent) {
        return binder;
    }
    @Override
    public void onDestroy() {
        super.onDestroy();
        //保存当前的设定值
        savePreferences();
    }
    //保存设定值到 SharedPreferences
    private void savePreferences() {
        SharedPreferences.Editor editor = sharedPreferences.edit();
        editor.putFloat("setTemperature", setTemperature);
        editor.putFloat("setSpeed", setSpeed);
        editor.putFloat("setTension", setTension);
        editor.apply();
    }
    //从 SharedPreferences 加载设定值
    private void loadPreferences() {
        setTemperature = sharedPreferences.getFloat("setTemperature", 273);
        setSpeed = sharedPreferences.getFloat("setSpeed", 0);
        setTension = sharedPreferences.getFloat("setTension", 0);
        displayTemperature = setTemperature;
        displaySpeed = setSpeed;
        displayTension = setTension;
    }
    //设置温度的方法
    public void setTemperature(float temperature) {
        this.setTemperature = temperature + 273;
        this.displayTemperature = this.setTemperature; //更新显示值
    }
    //设置速度的方法
    public void setSpeed(float speed) {
        this.setSpeed = speed;
        this.displaySpeed = this.setSpeed;            //更新显示值
    }
    //设置张力的方法
    public void setTension(float tension) {
        this.setTension = tension;
        this.displayTension = this.setTension;        //更新显示值
    }
    //获取显示温度的方法
    public float getDisplayTemperature() {
        return displayTemperature - 273;
    }
    //获取显示速度的方法
```

```
public float getDisplaySpeed() {
    return displaySpeed;
}
//获取显示张力的方法
public float getDisplayTension() {
    return displayTension;
}
//开始生成数据的方法
public void startGeneratingData() {
    handler.postDelayed(new Runnable() {
        @Override
        public void run() {
            //生成波动后的温度、速度和拉力值
            displayTemperature = fluctuateValue(setTemperature, fluctuatio-
nRangeTemperature);
            displaySpeed = fluctuateValue(setSpeed, fluctuationRangeSpeed);
            displayTension = fluctuateValue(setTension, fluctuationRangeTension);
            handler.postDelayed(this, 1000);
        }
    }, 1000);
}
//生成波动值的方法
private float fluctuateValue(float setValue, float fluctuationRange) {
    return setValue + (random.nextFloat() * setValue * fluctuationRange * 2) -
setValue * fluctuationRange;
}
}
```

10.3.7　控制参数模块

控制参数界面允许用户通过三个滚动条调节光纤拉丝过程中各项可控参数,如温度、张力和速度。

温度控制是光纤拉丝过程中最重要的参数之一。玻璃预制棒在高温下熔化,通过重力和拉力拉伸成细长的光纤。温度的精确控制可以确保玻璃熔融的均匀性,并避免光纤内部的缺陷,如气泡或裂纹。如果温度太高,光纤可能会变得过细或断裂;如果温度太低,光纤可能无法顺利拉伸,导致质量问题。

张力是光纤拉丝过程中施加在光纤上的拉力。通过控制张力,可以调节光纤的直径,使其保持在所需的规格范围内。张力过大会导致光纤拉细、变薄甚至断裂,而张力不足则会导致光纤变粗。精确的张力控制可以确保光纤的机械性能和光学特性满足标准。

拉丝速度直接影响到光纤的直径和生产效率。拉丝速度和张力需要相互配合,以保持光纤的稳定性和均匀性。提高拉丝速度可以提高生产效率,但速度过快可能会导致光纤的强度下降,甚至引发断裂。反之,速度太慢则会影响生产效率。因此,在拉丝过程中,需要根据温度和张力,调整速度以确保光纤的尺寸和特性稳定。

控制这些参数可以确保生产过程的稳定性和最终产品的质量。界面采用滚动条和滑块等组件,便于用户进行精细调节。在初次打开此界面时会使用文本框显示当前的温度、速度和张力值,通过滚动条和输入框控件调整温度、速度和张力。在滚动条调节数据后,输入框和文本框中会即时显示当前调整的数值,同样地,在使用输入框修改数据后,滚动条和文本框也会即时显示当前调整的数值。之后将用户设置的值传递给数据处理服务 DataService,以便在后台进行处理和存储并传递到其他的界面中。界面如图 10.8 所示。

图 10.8　控制参数界面

控制参数模块的布局文件 activity_control. xml 中的代码如下。

```xml
<?xml version="1.0" encoding="utf-8"?>
<LinearLayout xmlns:android="http://schemas.android.com/apk/res/android"
    android:layout_width="match_parent"
    android:layout_height="match_parent"
    android:orientation="vertical"
    android:padding="16dp">
<TextView
    android:id="@+id/text_control"
    android:layout_width="match_parent"
    android:layout_height="wrap_content"
    android:layout_marginStart="8dp"
    android:layout_marginTop="8dp"
    android:layout_marginEnd="8dp"
    android:textAlignment="center"
    android:text="请使用以下控件控制光纤拉丝相关参数"
    android:textSize="20sp" />
<TextView
```

```
            android:id="@+id/temperature_value"
            android:layout_width="wrap_content"
            android:layout_height="wrap_content"
            android:text="温度: 0 ℃"
            android:textSize="18sp" />
    <SeekBar
            android:id="@+id/seekBarTemperature"
            android:layout_width="match_parent"
            android:layout_height="wrap_content"
            android:max="1200000" />
    <EditText
            android:id="@+id/editTextTemperature"
            android:layout_width="match_parent"
            android:layout_height="wrap_content"
            android:inputType="numberDecimal"
            android:hint="输入温度 (℃)" />
    <TextView
            android:id="@+id/speed_value"
            android:layout_width="wrap_content"
            android:layout_height="wrap_content"
            android:text="速度: 0 m/s"
            android:textSize="18sp"
            android:layout_marginTop="16dp" />
    <SeekBar
            android:id="@+id/seekBarSpeed"
            android:layout_width="match_parent"
            android:layout_height="wrap_content"
            android:max="50000" />
    <EditText
            android:id="@+id/editTextSpeed"
            android:layout_width="match_parent"
            android:layout_height="wrap_content"
            android:inputType="numberDecimal"
            android:hint="输入速度 (m/s)" />
    <TextView
            android:id="@+id/tension_value"
            android:layout_width="wrap_content"
            android:layout_height="wrap_content"
            android:text="拉力: 0 N"
            android:textSize="18sp"
            android:layout_marginTop="16dp" />
    <SeekBar
            android:id="@+id/seekBarTension"
            android:layout_width="match_parent"
            android:layout_height="wrap_content"
            android:max="500000" />
    <EditText
            android:id="@+id/editTextTension"
            android:layout_width="match_parent"
```

```
        android:layout_height="wrap_content"
        android:inputType="numberDecimal"
        android:hint="输入拉力 (N)" />
</LinearLayout>
```

控制参数模块代码文件 ControlActivity.java 中的代码如下。

```java
package com.example.fiberdrawingapp;

public class ControlActivity extends AppCompatActivity {
    private TextView temperatureText;
    private TextView speedText;
    private TextView tensionText;
    private SeekBar temperatureSeekBar;
    private SeekBar speedSeekBar;
    private SeekBar tensionSeekBar;
    private EditText temperatureEditText;
    private EditText speedEditText;
    private EditText tensionEditText;
    private DataService dataService;
    private boolean isBound = false;
    //服务连接，用于绑定和解绑 DataService
    private final ServiceConnection connection = new ServiceConnection() {
        @Override
        public void onServiceConnected(ComponentName name, IBinder service) {
            DataService.LocalBinder binder = (DataService.LocalBinder) service;
            dataService = binder.getService();
            isBound = true;
            //更新 UI，显示 DataService 中的当前值
            updateUI();
        }
        @Override
        public void onServiceDisconnected(ComponentName name) {
            isBound = false;
        }
    };
    @Override
    protected void onCreate(Bundle savedInstanceState) {
        super.onCreate(savedInstanceState);
        setContentView(R.layout.activity_control);
        //初始化 UI 元素
        temperatureText = findViewById(R.id.temperature_value);
        speedText = findViewById(R.id.speed_value);
        tensionText = findViewById(R.id.tension_value);
        temperatureSeekBar = findViewById(R.id.seekBarTemperature);
        speedSeekBar = findViewById(R.id.seekBarSpeed);
        tensionSeekBar = findViewById(R.id.seekBarTension);
        temperatureEditText = findViewById(R.id.editTextTemperature);
        speedEditText = findViewById(R.id.editTextSpeed);
```

```java
tensionEditText = findViewById(R.id.editTextTension);
//设置温度 SeekBar 的监听器
    temperatureSeekBar. setOnSeekBarChangeListener ( new  SeekBar.
OnSeekBarChangeListener() {
    @Override
    public void onProgressChanged(SeekBar seekBar, int progress, boolean
fromUser) {
        temperatureText.setText(String.format("温度: %.3f °C", progress /
1000.0));
        temperatureEditText.setText(String.valueOf(progress / 1000.0));
        if (isBound) {
            dataService.setTemperature(progress);
        }
    }
    @Override
    public void onStartTrackingTouch(SeekBar seekBar) {
    }
    @Override
    public void onStopTrackingTouch(SeekBar seekBar) {
    }
});
//设置速度 SeekBar 的监听器
 speedSeekBar.setOnSeekBarChangeListener(new SeekBar.OnSeekBarChange-
Listener() {
    @Override
    public void onProgressChanged(SeekBar seekBar, int progress, boolean
fromUser) {
        speedText.setText(String.format("速度: %.3f m/s", progress /
1000.0));
        speedEditText.setText(String.valueOf(progress / 1000.0));
        if (isBound) {
            dataService.setSpeed(progress);
        }
    }
    @Override
    public void onStartTrackingTouch(SeekBar seekBar) {
    }
    @Override
    public void onStopTrackingTouch(SeekBar seekBar) {
    }
});
//设置张力 SeekBar 的监听器
tensionSeekBar.setOnSeekBarChangeListener(new SeekBar.OnSeekBarChang-
eListener() {
    @Override
    public void onProgressChanged(SeekBar seekBar, int progress, boolean
fromUser) {
        tensionText.setText(String.format("拉力: %.3f N", progress /
1000.0));
```

```java
                tensionEditText.setText(String.valueOf(progress / 1000.0));
                if (isBound) {
                    dataService.setTension(progress);
                }
            }
            @Override
            public void onStartTrackingTouch(SeekBar seekBar) {
            }
            @Override
            public void onStopTrackingTouch(SeekBar seekBar) {
            }
        });
        //设置温度 EditText 的监听器
        temperatureEditText.addTextChangedListener(new TextWatcher() {
            @Override
            public void beforeTextChanged(CharSequence s, int start, int count,
int after) {
            }
            @Override
            public void onTextChanged(CharSequence s, int start, int before, int
count) {
                try {
                    double value = Double.parseDouble(s.toString());
                    if(value < 0.0) value = 0.0;
                    if(value > 1200.0) value = 1200.0;
                    int progress = (int) (value *1000);
                    temperatureSeekBar.setProgress(progress);
                    if (isBound) {
                        dataService.setTemperature(progress);
                    }
                } catch (NumberFormatException e) {
                    //处理无效输入
                }
            }
            @Override
            public void afterTextChanged(Editable s) {
            }
        });
        //设置速度 EditText 的监听器
        speedEditText.addTextChangedListener(new TextWatcher() {
            @Override
            public void beforeTextChanged(CharSequence s, int start, int count,
int after) {
            }
            @Override
            public void onTextChanged(CharSequence s, int start, int before, int
count) {
                try {
                    double value = Double.parseDouble(s.toString());
```

```
                    if(value < 0.0) value = 0.0;
                    if(value > 50.0) value = 50.0;
                    int progress = (int) (value *1000);
                    speedSeekBar.setProgress(progress);
                    if (isBound) {
                        dataService.setSpeed(progress);
                    }
                } catch (NumberFormatException e) {
                    //处理无效输入
                }
            }
            @Override
            public void afterTextChanged(Editable s) {
            }
        });
        //设置张力 EditText 的监听器
        tensionEditText.addTextChangedListener(new TextWatcher() {
            @Override
            public void beforeTextChanged(CharSequence s, int start, int count,
int after) {
            }
            @Override
            public void onTextChanged(CharSequence s, int start, int before, int
count) {
                try {
                    double value = Double.parseDouble(s.toString());
                    if(value < 0.0) value = 0.0;
                    if(value > 500.0) value = 500.0;
                    int progress = (int) (value *1000);
                    tensionSeekBar.setProgress(progress);
                    if (isBound) {
                        dataService.setTension(progress);
                    }
                } catch (NumberFormatException e) {
                    //处理无效输入
                }
            }
            @Override
            public void afterTextChanged(Editable s) {
            }
        });
    }
    @Override
    protected void onStart() {
        super.onStart();
        Intent intent = new Intent(this, DataService.class);
        bindService(intent, connection, Context.BIND_AUTO_CREATE);
    }
    @Override
```

```
protected void onStop() {
    super.onStop();
    if (isBound) {
        unbindService(connection);
        isBound = false;
    }
}
//更新 UI,显示 DataService 中的当前值
private void updateUI() {
    if (isBound) {
        temperatureText.setText(String.format("温度: %.3f °C", dataService.
getDisplayTemperature() / 1000.0));
        speedText.setText(String.format("速度: %.3f m/s", dataService.
getDisplaySpeed() / 1000.0));
        tensionText.setText(String.format("张力: %.3f N", dataService.
getDisplayTension() / 1000.0));

        temperatureSeekBar.setProgress((int)(dataService.getDisplayTemp-
erature()));
        speedSeekBar.setProgress((int)(dataService.getDisplaySpeed()));
        tensionSeekBar.setProgress((int)(dataService.getDisplayTension()));
    }
}
}
```

10.3.8 实时监控功能

实时监控界面是以管理员身份才能访问的界面,在之前的控制界面输入完参数后,绑定服务便会参考上一步用户输入的参数,生成当前的各个参数,而实时监控界面会从前面的数据处理服务中读取并展示当前光纤拉丝的各个综合参数。

SurveillanceActivity 主要用于实时监控系统的状态。它的功能包括显示当前的温度、速度和张力值。通过定时器(Handler)定期从 DataService 获取最新的数据并更新显示。确保在活动启动时绑定到 DataService,并在活动停止时解除绑定。界面如图 10.9 所示。

实时监控模块的布局文件 activity_surveillance.xml 的具体代码如下。

```
<?xml version="1.0" encoding="utf-8"?>
<LinearLayout xmlns:android="http://schemas.android.com/apk/res/android"
    android:layout_width="match_parent"
    android:layout_height="match_parent"
    android:orientation="vertical"
    android:padding="16dp">
    <TextView
        android:id="@+id/text_maintain"
        android:layout_width="match_parent"
        android:layout_height="wrap_content"
        android:layout_marginStart="8dp"
        android:layout_marginTop="8dp"
```

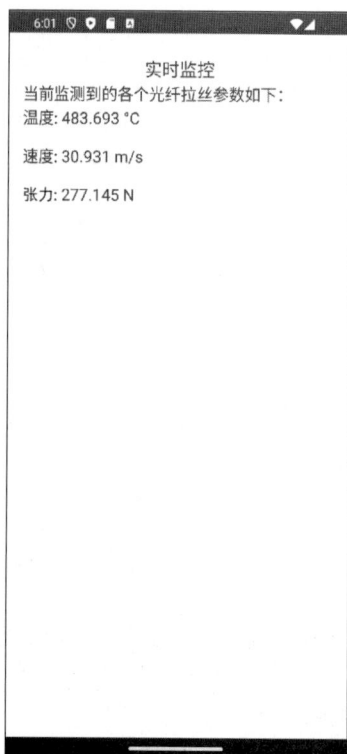

图 10.9 实时监控模块界面

```
        android:layout_marginEnd="8dp"
        android:textAlignment="center"
        android:text="@string/menu_surveillance"
        android:textSize="20sp" />
<TextView
        android:id="@+id/text_surveillance"
        android:layout_width="match_parent"
        android:layout_height="wrap_content"
        android:text="当前监测到的各个光纤拉丝参数如下："
        android:textSize="18sp" />
<TextView
        android:id="@+id/temperature_display"
        android:layout_width="wrap_content"
        android:layout_height="wrap_content"
        android:text="温度: 0 °C"
        android:textSize="18sp" />
<TextView
        android:id="@+id/speed_display"
        android:layout_width="wrap_content"
        android:layout_height="wrap_content"
        android:text="速度: 0 m/s"
        android:textSize="18sp"
        android:layout_marginTop="16dp" />
```

```
    <TextView
        android:id="@+id/tension_display"
        android:layout_width="wrap_content"
        android:layout_height="wrap_content"
        android:text="张力: 0 N"
        android:textSize="18sp"
        android:layout_marginTop="16dp" />
</LinearLayout>
```

实时监控模块的代码文件 SurveillanceActivity.java 中的代码如下。

```java
package com.example.fiberdrawingapp;

public class SurveillanceActivity extends AppCompatActivity {

    private TextView temperatureDisplay;
    private TextView speedDisplay;
    private TextView tensionDisplay;
    private DataService dataService;
    private boolean isBound = false;
    private final Handler handler = new Handler(Looper.getMainLooper());
    //服务连接,用于绑定和解绑 DataService
    private final ServiceConnection connection = new ServiceConnection() {
        @Override
        public void onServiceConnected(ComponentName name, IBinder service) {
            DataService.LocalBinder binder = (DataService.LocalBinder) service;
            dataService = binder.getService();
            isBound = true;
            startUpdatingUI();
        }
        @Override
        public void onServiceDisconnected(ComponentName name) {
            isBound = false;
        }
    };
    @Override
    protected void onCreate(Bundle savedInstanceState) {
        super.onCreate(savedInstanceState);
        setContentView(R.layout.activity_surveillance);
        //初始化 UI 元素
        temperatureDisplay = findViewById(R.id.temperature_display);
        speedDisplay = findViewById(R.id.speed_display);
        tensionDisplay = findViewById(R.id.tension_display);
    }
    @Override
    protected void onStart() {
        super.onStart();
        //绑定 DataService
        Intent intent = new Intent(this, DataService.class);
```

```
        bindService(intent, connection, Context.BIND_AUTO_CREATE);
    }
    @Override
    protected void onStop() {
        super.onStop();
        //解绑 DataService
        if (isBound) {
            unbindService(connection);
            isBound = false;
        }
    }
    //开始更新 UI 的方法
    private void startUpdatingUI() {
        handler.postDelayed(new Runnable() {
            @Override
            public void run() {
                if (isBound) {
                    //更新温度、速度和张力显示
                    temperatureDisplay.setText(String.format("温度: %.3f °C",
dataService.getDisplayTemperature() / 1000));
                    speedDisplay.setText(String.format("速度: %.3f m/s",
dataService.getDisplaySpeed() / 1000));
                    tensionDisplay.setText(String.format("张力: %.3f N",
dataService.getDisplayTension() / 1000));
                    handler.postDelayed(this, 1000);
                }
            }
        }, 1000);
    }
}
```

10.3.9 维护日志功能

　　管理员对光纤拉丝设备进行维护后,使用维护日志模块记录下维护日志。维护日志界面由日志的 EditText 组件、提交 Button 组件、ScrollView 组件以及用于展示日志的 TextView 组件组成。管理员在 EditText 输入框组件中写下需要记录的日志信息,点击"提交"按钮,便可将日志记录下来,并更新下方的日志框,追加上本次更新的日志内容。

　　打开界面时会自动读取数据库中之前的日志,并输出到 TextView 中。管理员写完日志后点击"提交"按钮,会将日志存储到数据库中,并更新日志展示框。界面如图 10.10 所示。

　　维护日志模块布局文件 activity_maintain. xml 的代码如下。

```
<?xml version="1.0" encoding="utf-8"?>
<LinearLayout xmlns:android="http://schemas.android.com/apk/res/android"
    android:layout_width="match_parent"
    android:layout_height="match_parent"
    android:orientation="vertical"
```

图 10.10　维护日志界面

```
android:padding="16dp">
<TextView
    android:id="@+id/text_maintain"
    android:layout_width="match_parent"
    android:layout_height="wrap_content"
    android:layout_marginStart="8dp"
    android:layout_marginTop="8dp"
    android:layout_marginEnd="8dp"
    android:textAlignment="center"
    android:text="@string/menu_maintain"
    android:textSize="20sp" />
<EditText
    android:id="@+id/log_input"
    android:layout_width="match_parent"
    android:layout_height="wrap_content"
    android:layout_marginTop="16dp"
    android:hint="@string/enter_maintenance_log" />
<Button
    android:id="@+id/submit_log_button"
    android:layout_width="wrap_content"
    android:layout_height="wrap_content"
    android:layout_marginTop="16dp"
    android:text="@string/submit" />
```

```xml
            <TextView
                android:layout_width="match_parent"
                android:layout_height="wrap_content"
                android:layout_marginTop="16dp"
                android:text="日志列表"
                android:textSize="20sp" />
            <ScrollView
                android:layout_width="match_parent"
                android:layout_height="0dp"
                android:layout_weight="1">
                <TextView
                    android:id="@+id/log_display"
                    android:layout_width="match_parent"
                    android:layout_height="wrap_content"
                    android:text="" />
            </ScrollView>
    </LinearLayout>
```

数据存储帮助类 LogDatabaseHelper 继承自 SQLiteOpenHelper，并负责创建和升级数据库。类中的 onCreate()方法创建 log_entries 的表，用于存储日志条目。onUpgrade()方法中处理数据库的升级，删除旧表并创建新表。

数据存储帮助类 LogDatabaseHelper.java 中的代码如下。

```java
package com.example.fiberdrawingapp;

import android.database.sqlite.SQLiteDatabase;
import android.database.sqlite.SQLiteOpenHelper;

public class LogDatabaseHelper extends SQLiteOpenHelper {
    //数据库名称
    private static final String DATABASE_NAME = "logs.db";
    //数据库版本
    private static final int DATABASE_VERSION = 1;
    //构造方法,创建数据库帮助类实例
    public LogDatabaseHelper(Context context) {
        super(context, DATABASE_NAME, null, DATABASE_VERSION);
    }
    @Override
    public void onCreate(SQLiteDatabase db) {
        //创建日志表
        db.execSQL("CREATE TABLE log_entries (id INTEGER PRIMARY KEY AUTOINCREMENT,
log TEXT, timestamp DATETIME DEFAULT CURRENT_TIMESTAMP)");
    }
    @Override
    public void onUpgrade(SQLiteDatabase db, int oldVersion, int newVersion) {
        //升级数据库时删除旧表并创建新表
        db.execSQL("DROP TABLE IF EXISTS log_entries");
        onCreate(db);
    }
}
```

维护日志模块的主程序为 MaintainActivity，类的功能包括接收日志输入与日志存储，日志的加载与显示功能。

维护日志模块主程序文件 MaintainActivity.java 中的代码如下。

```java
package com.example.fiberdrawingapp;

public class MaintainActivity extends AppCompatActivity {
    private EditText logInput;
    private Button submitLogButton;
    private TextView logDisplay;
    private LogDatabaseHelper dbHelper;
    @Override
    protected void onCreate(Bundle savedInstanceState) {
        super.onCreate(savedInstanceState);
        setContentView(R.layout.activity_maintain);
        //初始化 UI 元素
        logInput = findViewById(R.id.log_input);
        submitLogButton = findViewById(R.id.submit_log_button);
        logDisplay = findViewById(R.id.log_display);
        dbHelper = new LogDatabaseHelper(this);
        //设置提交日志按钮的点击监听器
        submitLogButton.setOnClickListener(v -> {
            String log = logInput.getText().toString();
            if (!log.isEmpty()) {
                saveLog(log);
                logInput.setText("");
            } else {
                Toast.makeText(this, "请输入日志内容", Toast.LENGTH_SHORT).show();
            }
        });
        //加载日志
        loadLogs();
    }
    //保存日志的方法
    private void saveLog(String log) {
        SQLiteDatabase db = dbHelper.getWritableDatabase();
        ContentValues values = new ContentValues();
        values.put("log", log);
        values.put("timestamp", System.currentTimeMillis());
        db.insert("log_entries", null, values);
        loadLogs();
    }
    //加载日志的方法
    private void loadLogs() {
        SQLiteDatabase db = dbHelper.getReadableDatabase();
```

```
        Cursor cursor = db.query("log_entries", new String[]{"log"}, null, null,
null, null, "timestamp DESC");
        StringBuilder logText = new StringBuilder();
        while (cursor.moveToNext()) {

            logText.append(cursor.getString(cursor.getColumnIndexOrThrow("
log"))).append("\n\n");
        }
        cursor.close();
        logDisplay.setText(logText.toString());
    }
}
```

参 考 答 案

第 1 章参考答案：

第 2 章参考答案：

第 3 章参考答案：

第 4 章参考答案：

第 5 章参考答案：

第 6 章参考答案：

第 7 章参考答案：

第 8 章参考答案：

参 考 文 献

[1] 王坤,谢宇,张玮.Android 移动开发基础教程:慕课版[M].北京:人民邮电出版社,2024.

[2] 史梦安,张伟华.Android 应用开发[M].西安:西安电子科技大学出版社,2022.

[3] 兰红,李淑芝.Android Studio 移动应用开发从入门到实战:微课版[M].北京:清华大学出版社,2018.

[4] 王向辉,张国印,沈洁.Android 应用程序开发[M].4 版.北京:清华大学出版社,2022.

[5] 赖友源,李海平,贾羽.Android 程序设计[M].上海:上海交通大学出版社,2022.

[6] 王英强,张文胜.Android 应用程序设计[M].北京:清华大学出版社,2021.

[7] 薛岗.基于 Kotlin 的 Android 应用程序开发[M].北京:人民邮电出版社,2019.

[8] (美)克莉丝汀·马西卡诺(Kristin Marsicano)等著;王明发译.Android 编程权威指南[M].4 版.北京:人民邮电出版社,2021.

[9] 刘凡馨,夏帮贵.Android 移动应用开发基础教程:微课版[M].北京:人民邮电出版社,2018.

[10] 张思民.Android Studio 应用程序设计:微课视频版[M].北京:清华大学出版社,2023.

[11] 汪杭军,张广群,吕锋华.Android 应用程序开发[M].北京:机械工业出版社,2018.

[12] 欧阳燊.Android Studio 开发实战:从零基础到 App 上线[M].北京:清华大学出版社,2022.